2024

Abitur

W0299634

Original-Prüfungsaufgaben
mit Lösungen

Schleswig-Holstein

Mathematik

STARK

17. ergänzte Auflage
www.stark-verlag.de

Inhalt

Vorwort
Stichwortverzeichnis

Hinweise und Tipps zum Zentralabitur 2024

1 Ablauf der Prüfung I
2 Inhalte III
3 Operatoren III
4 Methodische Hinweise und allgemeine Tipps zur schriftlichen Prüfung V

Zentralabitur 2020

Hilfsmittelfreier Teil 2020-1
Aufgabe 1: Analysis: $f(x) = 5x \cdot e^{-x} + 1$ 2020-9
Aufgabe 2: Analysis: $f(x) = -\frac{1}{32}x^4 + \frac{3}{4}x^3 - 6x^2 + 16x$ 2020-19
Aufgabe 3: Analytische Geometrie 2020-28
Aufgabe 4: Stochastik 2020-39
Aufgabe 1 (CAS): Analysis: $f(x) = \frac{1}{25\,000}x^4 - \frac{3}{2\,500}x^3 - \frac{3}{200}x^2 + \frac{1}{2}x + 7$ 2020-46
Aufgabe 2 (CAS): Analysis: $w(t) = 60 \cdot e^{-\frac{1}{3\,000} \cdot (t-40)^2}$ 2020-53

Zentralabitur 2021

Hilfsmittelfreier Teil 2021-1
Aufgabe 1: Analysis: $f(x) = \frac{1}{27}x^3 - \frac{1}{3}x^2 + x + 3$ 2021-14
Aufgabe 2: Analysis: $g(t) = 13 \cdot t^3 \cdot -78 \cdot t^2 + 104 \cdot t + 96$ 2021-26
Aufgabe 3: Analytische Geometrie 2021-39
Aufgabe 4: Stochastik 2021-50
Aufgabe 1 (CAS): Analysis: $f(x) = -288 \cdot (x-9) \cdot e^{-0,1 \cdot (x-9)^2 - 6}$ 2021-56
Aufgabe 2 (CAS): Analysis: $f(x) = -0,05 \cdot x^3 \cdot -0,35 \cdot x^2 + 0,55 \cdot x$ 2021-63

Zentralabitur 2022

Hilfsmittelfreier Teil 2022-1
Aufgabe 1: Analysis: $f(x) = x \cdot e^{-\frac{1}{2}x^2 + \frac{1}{2}}$ 2022-11
Aufgabe 2: Analysis: $f(x) = -0,01x^3 + 0,21x^2 - 1,2x + 3$ 2022-21
Aufgabe 3: Analytische Geometrie 2022-33

Aufgabe 4: Stochastik 2022-45
Aufgabe 1 (CAS): Analysis: $f_a(x) = x \cdot e^{-\frac{1}{2}a \cdot x^2 + \frac{1}{2}}$ 2022-53
Aufgabe 2 (CAS): Analysis: $f(x) = -\frac{3}{250} \cdot x^4 + \frac{18}{125} \cdot x^3 - \frac{54}{125} \cdot x^2 + 2$ 2022-60

Zentralabitur 2023

Aufgaben .... **www.stark-verlag.de/mystark**
Sobald die Original-Prüfungsaufgaben 2023 freigegeben sind, können sie als PDF auf der Plattform MyStark heruntergeladen werden (Zugangscode auf der Umschlaginnenseite).

Bei **MyStark** finden Sie:
– **Interaktives Training** zum hilfsmittelfreien Prüfungsteil
– **Jahrgang 2023**, sobald dieser zum Download bereit steht

Den Zugangscode zu MyStark finden Sie auf der Umschlaginnenseite.

Sitzen alle mathematischen Begriffe? Im Interaktiven Training und unter www.stark-verlag.de/mathematik-glossar/ finden Sie ein kostenloses **Glossar** zum schnellen Nachschlagen aller wichtigen Definitionen mitsamt hilfreicher Abbildungen und Erläuterungen.

Kostenlose **Webinare** zur Prüfungsvorbereitung finden Sie ab Mitte März 2024 unter:
www.stark-verlag.de/schule/unser-angebot/kurse/online-kurse

Lösungen der Aufgaben:

Prof. Dr. Hinrich Lorenzen:
2020 bis 2023: Aufgaben 1, 2, 3
Oliver Thomsen:
2020 bis 2023: hilfsmittelfreier Teil, Aufgaben 4, 1 (CAS), 2 (CAS)

Vorwort

Liebe Schülerin, lieber Schüler,

mit diesem Buch möchten wir Ihnen helfen, sich effektiv auf das **Zentralabitur 2024** vorzubereiten:

- Sie erhalten im ersten Teil des Buches zahlreiche **Informationen zum Abitur**, deren Kenntnis für die gezielte Vorbereitung auf die Abiturklausur hilfreich und wichtig ist. Dazu gehören u. a. eine komplette Aufstellung der für die Prüfung 2024 relevanten Themen, Hinweise zum genauen Ablauf der Prüfung sowie alles Wissenswerte zur Struktur und zu den Anforderungen der Prüfungsaufgaben.
- Sie finden darüber hinaus viele **praktische Hinweise**, die Ihnen sowohl in der Vorbereitung auf das Abitur als auch während der Prüfung dazu verhelfen, Prüfungsaufgaben gut zu lösen.
- Der Band enthält alle **in den Jahren 2020 bis 2022 in Schleswig-Holstein zentral gestellten Aufgaben** des Haupttermins der schriftlichen Abiturprüfung. Zudem stehen Ihnen die Aufgaben des Jahres 2023 als PDF zum Download zur Verfügung, sobald sie zur Veröffentlichung freigegeben sind. Damit können Sie sich ein genaues Bild davon machen, wie die Prüfung in den letzten Jahren ausgesehen hat.
- Sämtliche Aufgaben enthalten **vollständige, kommentierte Lösungsvorschläge** sowie separate **Tipps zum Lösungsansatz**, die Ihnen das selbstständige Lösen der Aufgaben erleichtern.

Sollten nach Erscheinen dieses Bandes noch wichtige Änderungen in der Abitur-Prüfung 2024 vom Ministerium für Allgemeine und Berufliche Bildung, Wissenschaft, Forschung und Kultur bekannt gegeben werden, finden Sie aktuelle Informationen dazu im Internet unter:
www.stark-verlag.de/mystark

Wir wünschen Ihnen viel Erfolg bei der Abiturprüfung!

Prof. Dr. H. Lorenzen   Oliver Thomsen

Stichwortverzeichnis

Folgende Abkürzungen wurden zur Kennzeichnung der einzelnen Aufgaben gewählt:

20 HMF 6.1	Abiturprüfung 20**20**, **h**ilfs**m**ittel**f**reier Teil, Aufgabe **6.1**
21 2a2	Abiturprüfung 20**21**, Aufgabe **2**, Teilaufgabe **a2**
22 CAS 2b2	Abiturprüfung 20**22**, **CAS**, Aufgabe **2**, Teilaufgabe **b2**

I. Analysis

Ableitung	20 1b2; 20 2a2; 21 1a3; 21 2b1; 21 CAS 2b2; 22 HMF 1; 22 1a4; 22 2c2; 23 HMF 2; 23 1a3; 23 2c5; 23 CAS 1b2; 23 CAS 2d4
Abstand	20 1a3; 21 CAS 2a3; 22 CAS 2a3; 23 CAS 1b1, c4
– mittlerer	20 1b3
Änderungsrate	21 2b2
– durchschnittliche	23 2a6; 23 CAS 2b2
– lokale	20 HMF 6.1
– momentane	21 2b3; 23 2a, b; 23 CAS 2
Breite	21 CAS 1a2; 21 CAS 2a2
Brücke	23 1
Dreieck	20 HMF 7; 20 CAS 1c4; 23 CAS 1a4
– gleichschenklig	23 CAS 1a4
Durchschnitt	21 2a4; 22 2d2; 23 CAS 1c3
Element der Schar	21 1c1; 21 2c3; 21 CAS 1b1; 22 CAS 2d1
Extrempunkt	22 CAS 1c1; 23 HMF 3; 23 CAS 1a4
Extremstelle	21 1b3; 22 1d
Flächeninhalt	20 HMF 7.1; 20 1d1; 20 CAS 1c4; 21 2d1; 22 HMF 3.2; 22 1d3; 22 CAS 1c2; 22 CAS 2b2; 23 2c5;23 CAS 1a3; 23 CAS 2d4
Flächenstück	23 1a5
Funktion	
– abschnittsweise definiert	23 CAS 1c
– Exponential-	20 HMF 7; 20 1; 20 2b, c, d, e; 20 CAS 1b; 20 CAS 2a, b, d; 21 1b; 21 CAS 1; 22 1; 22 2c; 22 CAS 1; 22 CAS 2b; 23 1a; 23 CAS 1

– ganzrationale	20 HMF 6; 20 2a; 20 CAS 1a; 20 CAS 2c; 21 HMF 1, 2; 21 1a; 21 2a; 21 CAS 2a; 22 HMF 1, 3; 22 2b; 22 CAS 2; 23 HMF 1, 2; 23 1b; 23 2a; 23 CAS 2
– Wurzel-	21 CAS 2b, c
Funktionenschar	20 HMF 8; 20 1c, d; 20 2c, d, e; 20 CAS 1c; 21 1c; 21 2c, d; 21 CAS 1b; 22 1c; 22 CAS 1; 22 CAS 2d; 23 1c; 23 2c; 23 CAS 1; 23 CAS 2d
Funktionsterm	20 CAS 1a1; 21 HMF 3.2; 21 1a1, a3; 21 CAS 1b2, b4; 21 CAS 2a1; 22 2d1; 22 CAS 2b1; 23 1a6, b1; 23 CAS 1a2
Funktionswert	20 CAS 1a2, b1; 20 CAS 2a2; 22 HMF 1.1, 2.2; 22 1a1; 22 2a1; 22 CAS 2a3; 23 2b1, b2; 23 CAS 2b3, c1, c2
gemeinsamer Punkt	22 2c4; 23 2c3; 23 CAS 1a2
Gerade	20 2a1; 20 CAS 1c3; 22 1c2, d2; 22 CAS 1a5; 22 CAS 1c1; 22 CAS 2c2
Gleichung	21 2d; 21 CAS 2b3; 23 1b3
Grad	23 HMF 2.1
Graph	20 HMF 7; 20 2a; 20 CAS 1a, c; 20 CAS 2a; 21 HMF 2; 22 HMF 2, 3; 22 1; 22 2a; 23 HMF 3; 23 2a, b; 23 CAS 1; 23 CAS 2c
Graphen zeichnen, skizzieren	20 CAS 2a3, d2; 21 HMF 3.1; 21 1b1; 22 2c1; 22 CAS 2a2; 23 HMF 2.2, 3.2; 23 2c1; 23 CAS 2d1
Grenzwert	20 CAS 1b2; 22 1a3; 22 CAS 1a2
Hochpunkt	20 1c2; 20 2c2; 20 CAS 1c1, c3; 21 2c1; 21 CAS 1b3; 22 1d3; 22 CAS 1a1, c2; 23 CAS 1
Höhe	21 1a2; 21 CAS 1a3, b3, c1; 23 1a2, b2
Integral	20 1d2; 20 2e; 20 CAS 2a3; 21 HMF 4.2; 21 2d; 22 HMF 2.1; 22 CAS 1a7
Integration	
– partielle	20 1b4
Interpretation	22 1b; 22 CAS 1a4
Intervall	23 1a6
knickfrei	20 CAS 1a; 21 1b2; 22 2c3
Koordinate	20 1a1, a3; 20 CAS 2b1; 21 CAS 1b3; 21 CAS 2b3; 23 HMF 3.1
Koordinatenachse	22 1a6; 22 CAS 1a3; 23 CAS 1a2
Koordinatensystem	21 HMF 3.1; 22 HMF 3.1

Länge 21 2a1; 21 CAS 2b1; 23 1a4
– einer Strecke 20 1c3
– eines Kurvenstücks 22 2b3; 22 CAS 2b4; 23 1b5
Längeneinheit 21 CAS 1
Längsschnitt 20 CAS 1a

Masse 20 2b, c, d; 22 CAS 2b3
Maximum 20 HMF 7.2; 20 1b1; 20 CAS 2a1, b3; 21 CAS 2a, c2; 22 HMF 3.2; 22 2b2; 23 2a3, a4; 23 CAS 1c2; 23 CAS 2a3, a4
– lokales 20 CAS 1c3
Menge 21 CAS 1c3
Minimum 21 2a2; 22 2b1; 23 HMF 2
– lokales 21 HMF 1.1
Modell 20 1; 20 2b, c, d; 20 CAS 1a, b; 20 CAS 2a, b; 21 1a; 21 CAS 1; 23 1; 23 2; 23 CAS 1c; 23 CAS 2
Monotonieverhalten 20 CAS 1b2; 22 1a5

negativ 23 2a2; 23 CAS 2a2
Neigung 21 CAS 1c2
Nullstelle 20 1b2; 20 2a2, c1; 21 HMF 2.1; 21 CAS 1b2; 21 CAS 2b; 22 1a3; 22 CAS 1a2; 23 HMF 1.1, 2; 23 2a1, c4; 23 CAS 2a1, d2

Ortskurve 20 1c2

Parabel 22 2d1
Parameter 20 1c1; 20 2a3; 20 CAS 1c1, c4; 21 2c1; 21 CAS 1b3; 21 CAS 2c1, c3; 22 1c1, d1; 23 CAS 1a3, a4, b
Prozent 21 CAS 1c2; 23 1c
prozentuale Abweichung 20 CAS 2b3
prozentualer Anteil 20 2b1
Punkt 20 1a1; 20 CAS 1a, c2; 21 HMF 2.2; 22 1a2, c1; 22 2c4

Rechteck 22 HMF 3
rechtsgekrümmt 21 1a4

Sachzusammenhang 20 1d2; 20 2b1; 20 CAS 2a3; 21 2b1; 21 CAS 2b2; 23 1b4
Sattelpunkt 20 2a4
Schnittpunkt
– mit den Koordinatenachsen 23 CAS 1b1
– mit der x-Achse 22 CAS 2c2
– mit der y-Achse 22 1c2; 22 CAS 1a5
– von zwei Graphen 20 2d2; 22 2d3

Skizze	20 HMF 8.2
Spiegelung	21 1b4
Spitze	21 1c3
Sprung	23 CAS 1c1
Stammfunktion	20 HMF 8.1; 20 1b4; 20 2e; 21 HMF 1.2, 4.1; 22 HMF 2; 22 1b; 22 CAS 1a4; 23 HMF 3.2; 23 2a5; 23 CAS 2b1
Steigung	20 1a2; 20 2a; 21 1a3, c2; 21 CAS 1a1; 22 HMF 1.1; 22 1a1, c2; 22 2a2, b2; 22 CAS 1a5; 23 HMF 1.2; 23 1c; 23 CAS 1a1
Stelle	21 CAS 2a3; 23 HMF 1.2; 23 1a1
Streckung	20 2d1; 22 CAS 1b2
Surfbrett	21 CAS 2
Symmetrie	20 CAS 1c4
symmetrisch	21 CAS 2b3; 22 1; 22 CAS 1; 23 HMF 1.1; 23 1a6, b1
Tangente	20 1a2; 20 2a; 20 CAS 2b3; 21 HMF 2; 21 2c2; 22 CAS 2c2; 23 CAS 2d3
– waagerechte	20 CAS 1a; 21 1a
Tiefpunkt	20 2a2; 21 2b1; 22 CAS 2a1; 23 HMF 3.1; 23 CAS 1
Trapez	23 2c5; 23 CAS 2d4
Ungleichung	20 1d3; 20 2e; 20 CAS 2d1
Veranschaulichung	22 HMF 2.2
Verhalten der Ableitung	21 CAS 2b2
Verhalten im Unendlichen	23 2c2
Verhältnis	21 CAS 2c4
Verlauf des Graphen	22 1c3; 22 CAS 1b1
Verschiebung	21 1b4; 21 2c3
Volumen	20 CAS 2e; 21 CAS 2a5
waagerecht	21 CAS 1c2
Wachstumsgeschwindigkeit	20 CAS 2b2
Wachstumsrate	20 CAS 1b; 20 CAS 2a
Wendepunkt	20 2a; 20 CAS 1c2; 20 CAS 2b; 21 1a; 21 CAS 1b4; 22 CAS 2d3; 23 CAS 1a1
Wendestelle	20 HMF 6.2; 21 1b3; 21 CAS 1b4; 22 HMF 1.2; 22 CAS 1b3; 22 CAS 2d2
Wertetabelle	21 1b1
Winkel	21 1c3; 21 2c2; 21 CAS 1b5; 21 CAS 2a4; 22 CAS 1a6; 22 CAS 2c1; 23 1a3
y-Achsenabschnitt	20 CAS 1c1
zeitliche Entwicklung	20 1c, d; 20 2b2; 20 CAS 1b3; 20 CAS 2a1

II. Analytische Geometrie

Abstand
– Punkt – Ebene 20 3c2; 22 3b2; 23 HMF 6.1; 23 3a4
– Punkt – Punkt 20 HMF 4.2; 22 HMF 5.2
– Punkt – Strecke 22 3c3

Berührpunkt 20 HMF 3.2
Blickrichtung 22 3d1

Drehung 23 3d
Dreieck 21 HMF 5.1; 22 3c2; 23 HMF 8.2
– gleichschenklig 23 3a1
– rechtwinklig 23 3b4

Ebene 20 3a2; 21 HMF 5, 6; 21 3a; 22 HMF 4; 23 HMF 6
Ebenenschar 21 HMF 7; 21 3c

Flächeninhalt 20 3b2; 23 HMF 8.2; 23 3b2

gemeinsamer Punkt 20 HMF 5; 21 HMF 7.2
Gerade 20 HMF 3.2, 5; 20 3a; 23 HMF 7, 8
Geradengleichung 20 3b3; 21 HMF 5.2; 22 HMF 4.1
Geradenschar 21 HMF 7; 22 HMF 4.2

identisch 20 HMF 5.1

Kante 23 3c2
Koordinaten 20 3d1, d2; 21 3b3; 23 HMF 8.2; 23 3b4
– ganzzahlige 21 3a5
Koordinatenform 20 3a2; 21 3a3; 22 HMF 5.1; 22 3b1; 23 3a2, c1
Kugel 20 HMF 3

Lagebeziehung
– Punkt – Gerade 23 HMF 7
Länge 21 3a1; 22 3a3
Lotfußpunkt 21 3b1

Maximum 20 3d3
Mittelpunkt 20 HMF 3.1, 4; 22 3a1
Mittelsenkrechte 23 HMF 8.1
Modell 20 3c, d

orthogonal siehe senkrecht

parallel 20 3a1; 21 HMF 5.2; 22 HMF 4.2
Parallelogramm 21 3a2
Parameter 21 3c1, c3; 23 3c
Parameterform 23 HMF 6.2; 23 3a5
Punkt 20 HMF 3, 4.1; 20 3a, c3; 21 HMF 6.1; 21 3b2; 22 3a2, c1; 23 HMF 6, 7, 8

Punkteschar 20 3d
Pyramide 22 3b2

Quader 22 3

Radius 20 HMF 3.1
Raute 23 HMF 7.2
Rechteck 20 3b2; 21 3a2
Richtungsvektor 23 HMF 7

Schatten 20 3c4
schematische Darstellung 22 3d2
Schnitt von
– Ebene – Koordinatenachse 21 HMF 5; 21 3a4
Schnittfläche 23 3c1
Schnittgerade 23 3a5
Schnittpunkt 21 HMF 5, 6.2
Schnittwinkel 21 3c2; 22 3b3
senkrecht 20 HMF 5.2; 21 HMF 6.2, 7.1; 22 HMF 4.1
Spiegelung eines Punktes 20 3b4; 22 HMF 5
Spurpunkt 21 HMF 5
Stelle 20 3b1
Strecke 22 3a2; 23 HMF 8.2
Streckenzug 22 3
symmetrisch 22 HMF 5.2

Trapez 23 3b1

Vektoren 22 3d1; 23 HMF 6.2
Viereck 20 3b, c; 21 3a
Volumen 22 3b2; 23 3b3

Winkel
– zwischen zwei Ebenen 20 3c1; 22 3b3; 23 3a3

Zylinder 20 HMF 4

III. Stochastik

abhängig 22 4a4
Anteil 20 4b, c; 23 HMF 4.2
Anzahl 20 4a4, c1; 23 4b3, c1
Auszahlung 23 4b

Baumdiagramm 20 4d1; 21 HMF 8.1, 8.2; 22 4a1
Begründung 22 HMF 7.1, 7.2
Beweis einer Aussage 20 4e
Binomialverteilung 20 4a; 21 4a

Diagramm 22 HMF 7.2

Entscheidungsregel	20 4d2; 21 4c1
Ereignis	20 HMF 1; 20 4a3, e; 21 HMF 9.1, 9.2; 22 HMF 6; 22 4a6, b1; 23 HMF 5.1; 23 4a1, a2
Erwartungswert	20 HMF 2.2; 20 4a2; 22 HMF 8; 23 HMF 5.2; 23 4b2, b3
Fehler 1. Art	22 4c1
Fehler 2. Art	21 4c2
Gewinnchance	21 4b3
Glücksrad	23 4
Hypothese, H_0, H_1, Hypothesentest	20 4d2; 21 4c1; 23 4c
Kombinatorik	23 4d
Nullhypothese	22 4c; 23 4c1
Parameter	23 HMF 5.2
Sachzusammenhang	20 4a3; 22 HMF 6.2; 22 4a6, c1
Spiel	23 4b, d
Signifikanzniveau	20 4d2; 21 4c1; 22 4c2; 23 4c1
Stichprobe	20 4d2; 22 4c3; 23 4c2
systematisches Probieren	21 4a2
Term	20 4a3
unabhängig	23 4a2
Urne	
– mit Zurücklegen	21 HMF 10; 22 HMF 7
Verwerfungsbereich	23 4c2
Vierfeldertafel	20 HMF 1.1; 21 4b; 22 HMF 6.1; 23 HMF 4.1
Wahrscheinlichkeit	20 HMF 2.1; 20 4a1, a2, a4, d1; 21 HMF 9.1, 9.2, 10.1; 21 4a1, a2, b2, d1, d2; 22 4a2, a5, b1, b2; 23 HMF 5.1; 23 4a1, b1, d2, d3
– bedingte	20 HMF 1.2; 22 HMF 6.2; 22 4a3
Wahrscheinlichkeitsverteilung	22 HMF 7.2
Würfel	20 HMF 2; 21 HMF 9; 22 HMF 7; 23 4c
Zufallsexperiment	20 HMF 1; 20 4a3, e
Zufallsgröße	21 HMF 10.2; 21 4a; 22 HMF 7; 23 HMF 5.2

Hinweise und Tipps zum Zentralabitur 2024

1 Ablauf der Prüfung

Einführung des Zentralabiturs in Schleswig-Holstein

Zur Sicherung der Vergleichbarkeit und Qualität aller schulischen Abschlüsse hat die Landesregierung Schleswig-Holstein schrittweise zentrale Abschlussprüfungen in Schleswig-Holstein eingeführt.
Seit dem Schuljahr 2010/2011 werden in der Abiturprüfung an den Gymnasien und Gemeinschaftsschulen mit Oberstufe des Landes Schleswig-Holstein für die schriftlichen Prüfungen der Kernfächer Deutsch, Englisch, Französisch, Spanisch, Russisch, Dänisch, Latein und Mathematik zentrale Aufgaben gestellt.

Aufbau der Prüfung (ab 2024)

Die Prüfung besteht aus zwei Teilen:

- Der hilfsmittelfreie Teil (Teil A) besteht aus insgesamt 10 Kurzformataufgaben, davon vier Aufgaben, deren Anforderungen in den Anforderungsbereichen I und II liegen (Aufgabengruppe 1). Zwei dieser vier Aufgaben beziehen sich auf die Analysis und je eine Aufgabe auf die Analytische Geometrie und die Stochastik. Von den weiteren sechs hilfsmittelfreien Aufgaben, deren Anforderungen in Teilen im Anforderungsbereich III liegen (Aufgabengruppe 2) beziehen sich jeweils zwei auf die Analysis, die Analytische Geometrie und die Stochastik. Die vier Aufgaben der Aufgabengruppe 1 sind von allen Prüflingen zu bearbeiten. Ferner wählen sie zwei der sechs Aufgaben der Aufgabengruppe 2 zur Bearbeitung aus. Für diese Wahl gibt es keine Einschränkung; die gewählten Aufgaben dürfen auch im selben Sachgebiet liegen.
- Der zweite Teil (Teil B) besteht aus komplexeren Aufgabenstellungen. Die Schule erhält dazu jeweils zwei Aufgaben aus den Sachgebieten Analysis, Analytische Geometrie und Stochastik. Die Abiturprüfungskommission wählt auf Vorschlag der Prüfungslehrkraft im Fach Mathematik aus jedem Sachgebiet jeweils eine Aufgabe aus, die dann von allen Prüflingen zu bearbeiten ist.

Bis zur Prüfung 2023 bestand die Prüfung aus den folgenden beiden Teilen:

- Der hilfsmittelfreie Teil mit Kurzformataufgaben enthielt auch Aufgaben, die aus einem gemeinsam von den Ländern Bayern, Bremen, Hamburg, Mecklenburg-Vorpommern, Niedersachsen, Sachsen und Schleswig-Holstein bzw. vom Institut zur Qualitätsentwicklung im Bildungswesen (IQB) in Berlin entwickelten Aufgabenpool entnommen wurden. Dieser Teil war von allen Prüflingen zu Beginn der Prüfung zu bearbeiten.

- Der zweite Teil bestand aus komplexeren Aufgabenstellungen. Die Schule erhielt dazu zwei Aufgaben aus dem Sachgebiet Analysis und je eine aus den Sachgebieten Analytische Geometrie und Stochastik. Die Abiturprüfungskommission wählte auf Vorschlag der Prüfungslehrkraft im Fach Mathematik eine der beiden Analysisaufgaben aus, die dann von allen Prüflingen zu bearbeiten war. Von den beiden Aufgaben der anderen Sachgebiete konnte sich jede Schülerin bzw. jeder Schüler selbst eine zur Bearbeitung auswählen.

Zeitlicher Ablauf

Zu Beginn der Prüfung erhalten die Prüflinge alle Aufgaben, sowohl für Teil A als auch für Teil B. Sie bearbeiten zunächst Teil A. Nach der Abgabe dieses Teils (inklusive der nicht gewählten Aufgaben und einem Bogen, auf dem die Auswahl der gewählten und bearbeiteten Aufgaben der Aufgabengruppe 2 kenntlich gemacht ist) erhalten sie die Hilfsmittel (siehe unten). 100 Minuten nach Prüfungsbeginn wird von allen Prüflingen, die noch nicht abgegeben haben, Teil A eingesammelt. Eine Mindestbearbeitungszeit für Teil A ist nicht vorgegeben. Innerhalb der vorgegebenen 100 Minuten für Teil A können die Prüflinge bereits mit der Bearbeitung von Aufgaben des Teils B beginnen, allerdings ohne Hilfsmittel. Geben Prüflinge Teil A vorzeitig ab, verlängert sich ihre Zeit zur Bearbeitung des zweiten Aufgabenteils mit Hilfsmitteln. Eine Rückgabe und erneute Bearbeitung des hilfsmittelfreien Aufgabenteils ist nach dessen Abgabe nicht mehr möglich.

Dauer der Prüfung

Die Bearbeitungszeit beträgt 300 Minuten. Bis zur Prüfung im Jahr 2020 wurde zusätzlich eine Einlesezeit von 15 Minuten gewährt.

Zugelassene Hilfsmittel

Als Hilfsmittel ist ein deutsches Wörterbuch grundsätzlich zugelassen. Für Teil B sind neben dem vorgegebenen Formeldokument (bis zur Prüfung 2023: eine beliebige Formelsammlung) Taschenrechner (nicht programmierbar und nicht grafikfähig) zugelassen. Über den Einsatz grafikfähiger Taschenrechner entscheidet das Ministerium für Allgemeine und Berufliche Bildung, Wissenschaft, Forschung und Kultur. Der Einsatz solcher Taschenrechner musste dort von der Fachlehrkraft beantragt werden. Die Zulassung kann mit einer veränderten Aufgabenstellung verbunden sein. Ebenfalls mussten die Fachlehrerinnen und Fachlehrer beim Ministerium die Genehmigung für den Einsatz von Computer-Algebra-Systemen (CAS) beantragen. Als Folge der Genehmigung erhalten ihre/seine Schülerinnen und Schüler im Themenbereich Analysis besondere Aufgaben zur Bearbeitung in der Abiturprüfung.

Korrektur

Die Korrektur der Prüfungsarbeiten erfolgt dezentral: Der Kurslehrer/die Kurslehrerin führt die Erstkorrektur und eine weitere Lehrkraft der Schule die Zweitkorrektur durch. Wie bisher wird das Ministerium an einem Teil der Gymnasien und Gemeinschaftsschulen Drittkorrekturen durchführen.

2 Inhalte

Bei der Erstellung der Abituraufgaben gelten für das Zentralabitur 2024 die „Fachanforderungen Mathematik“ sowie zusätzlich die „Regelungen für die Abiturprüfung im Fach Mathematik für das Jahr 2024“. Diese finden Sie auf der Internetseite
za.schleswig-holstein.de
unter den Menü-Punkten „2024“ bzw. „Fachanforderungen“.

Die Aufgaben beziehen sich auf die drei in den Fachanforderungen genannten Sachgebiete Analysis, Analytische Geometrie und Stochastik. Je nach Aufgabenart und Aufgabenstellung können unterschiedliche Akzente gesetzt werden.

3 Operatoren

Bei der Formulierung der zentralen Prüfungsaufgaben werden sogenannte Operatoren verwendet, die sicherstellen sollen, dass alle Prüflinge und Lehrkräfte unter einer bestimmten Aufgabenstellung das gleiche verstehen. Damit Sie die Aufgabenstellungen korrekt erfassen können, ist es sehr zu empfehlen, sich mit den in der folgenden Liste definierten Operatoren auseinanderzusetzen:

Operatoren	**Definition**	**Beispiel**
angeben, nennen	Die erfragten Objekte, Sachverhalte, Begriffe oder Daten werden ohne Erläuterungen, Begründungen oder Lösungswege mitgeteilt bzw. notiert.	2022 – hilfsmittelfreier Teil – Aufgabe 1.1
auflösen	Gleichungen werden unter Angabe von wesentlichen Zwischenschritten in eine äquivalente Form gebracht. Ziel ist im Allgemeinen eine Form, aus der ein Variablen- bzw. Parameterwert unmittelbar abzulesen ist. Ziel kann auch eine vorgegebene Form sein.	Lösen Sie die Gleichung nach x auf.
begründen	Ein Sachverhalt wird durch logische Schlüsse auf Gesetzmäßigkeiten oder kausale Zusammenhänge zurückgeführt. Hierbei sind mathematische Regeln und Beziehungen zu nutzen.	2020 – Aufgabe 1 d1
berechnen	Ergebnisse werden von einem Ansatz ausgehend auf rechnerischem Wege gewonnen.	2020 – Aufgabe 3 b2
beschreiben	Sachverhalte oder Verfahren werden in Textform unter Verwendung der Fachsprache in vollständigen Sätzen dargestellt.	2020 – Aufgabe 4 a3
bestimmen, ermitteln	Ergebnisse werden durch Nutzung mathematischer Überlegungen oder Verfahren gewonnen.	2022 – Aufgabe 2 a2

Operatoren	Definition	Beispiel
beurteilen	Zu einem Sachverhalt wird eine selbstständige Bewertung unter Verwendung von Fachwissen und Fachmethoden formuliert.	Beurteilen Sie die vorgegebene Aussage.
beweisen, widerlegen	Aussagen oder Sachverhalte werden unter Verwendung von bekannten mathematischen Sätzen, logischen Schlüssen und Äquivalenzumformungen bestätigt oder falsifiziert, ggf. unter Verwendung von Gegenbeispielen.	2020 – Aufgabe 4 e
entscheiden	Unter mehreren Möglichkeiten werden eine oder mehrere ausgewählt.	2020 – Aufgabe 4 c2
ergänzen, vervollständigen	Ein teilweise vorgegebener Entwurf oder Sachverhalt wird nach Vorgaben erweitert oder weiterentwickelt.	2021 – Aufgabe 1 b1
erläutern	Sachverhalte oder Verfahren werden in angemessener Textform nachvollziehbar und verständlich dargestellt und ggf. durch zusätzliche Informationen und Beispiele veranschaulicht.	2022 – Aufgabe 3 c3
erstellen	Zu einem Sachverhalt wird eine mathematische Darstellung in fachlich korrekter, meist vorgegebener Form angefertigt.	2021 – Aufgabe 4 c1
herleiten	Die Entstehung oder Entwicklung eines gegebenen Sachverhalts aus allgemeineren Sachverhalten wird nachvollziehbar dargestellt.	2021 – Aufgabe 1 a1
interpretieren, deuten	Eine grafische Darstellung oder ein Term bzw. die Ergebnisse einer mathematischen Überlegung (z. B. das Ergebnis einer Rechnung) werden rückübersetzt auf das ursprüngliche Problem.	2020 – Aufgabe 1 d2
klassifizieren	Objekte oder Sachverhalte werden nach vorgegebenen oder selbstständig zu wählenden Kriterien unter Benennung des Ordnungsschemas in Klassen eingeteilt.	Klassifizieren Sie die Graphen der Funktionenschar.
modellieren	Zu einem realen Sachverhalt wird ein mathematisches Modell entwickelt.	Modellieren Sie den Sachverhalt durch eine geeignete Funktion.

Operatoren	Definition	Beispiel
skizzieren	Die wesentlichen Eigenschaften eines Objektes oder einer Struktur werden grafisch angemessen dargestellt – eventuell als Freihandzeichnung; in der Regel ohne Berücksichtigung eines Maßstabs.	2020 – Aufgabe 2 a3 (CAS)
untersuchen, prüfen	Sachverhalte oder mathematische Objekte werden nach vorgegebenen oder selbst gewählten Aspekten analysiert und nach fachlich üblichen, sinnvollen Kriterien dargestellt. Dabei müssen unter Umständen selbstständig Fallunterscheidungen vorgenommen werden.	2021 – hilfsmittelfreier Teil – Aufgabe 7.2
vergleichen	Nach vorgegebenen oder selbst gewählten Gesichtspunkten werden Gemeinsamkeiten, Ähnlichkeiten und Unterschiede ermittelt und dargestellt.	2020 – Aufgabe 2 b2 (CAS)
zeichnen, konstruieren	Eine hinreichend exakte Abbildung wird – ggf. maßstabsgetreu – angefertigt.	2021 – Aufgabe 1 b1
zeigen, nachweisen	Eine Aussage oder ein Sachverhalt wird nach gültigen Schlussregeln, mit Berechnungen, Herleitungen oder logischen Begründungen bestätigt.	2020 – Aufgabe 2 c1
zuordnen	Zwischen den Objekten zweier Mengen wird nach sinnvollen Kriterien eine Beziehung hergestellt.	2021 – hilfsmittelfreier Teil – Aufgabe 9.1

4 Methodische Hinweise und allgemeine Tipps zur schriftlichen Prüfung

Vorbereitung

- Bereiten Sie sich langfristig auf die Abiturprüfung vor. Beachten Sie, dass prinzipiell die gesamten Inhalte der Oberstufe relevant sind, das gilt auch für den Stoff des E-Jahrgangs. Erstellen Sie anhand des Themenkorridors eine Übersicht über die zu wiederholenden Inhalte und legen Sie fest, bis wann Sie welche Inhalte wiederholt haben wollen. Wenn bei Ihrer Wiederholung Fragen auftreten, notieren Sie diese und fragen Sie Mitschüler oder Ihren Mathematiklehrer.
- Benutzen Sie zur Prüfungsvorbereitung neben diesem Übungsbuch auch Ihre Unterrichtsmitschriften, Ihr Lehrbuch und Ihre Klausuren.
- Bearbeiten Sie die Übungsaufgaben grundsätzlich mit den in der Prüfung zugelassenen Hilfsmitteln. Stellen Sie sicher, dass Sie im Umgang mit dem Formeldokument, dem Taschenrechner oder ggf. dem CAS-Rechner gut geübt sind.

- Bearbeiten Sie die Übungsaufgaben auch in einer simulierten Prüfungssituation. Testen Sie, ob Sie die Aufgaben auch in der dafür vorgesehenen Zeit lösen können.

Bearbeitung der Prüfung

- Lesen Sie zunächst die hilfsmittelfreien Aufgaben durch und beginnen dann mit derjenigen Aufgabe, die Ihnen am leichtesten vorkommt. Beachten Sie, dass eine hilfsmittelfreie Aufgabe im Durchschnitt etwa 10 Minuten in Anspruch nehmen sollte.
- In den für die Bearbeitung der hilfsmittelfreien Aufgaben vorgesehenen (maximal) 100 Minuten ist eine Einlese- und Auswahlzeit einkalkuliert. Nehmen Sie sich also 15 bis 30 Minuten Zeit, die sechs Aufgaben der Aufgabengruppe 2 sorgfältig zu lesen und die beiden für Sie passenden auszuwählen. Für die Auswahl gibt es keine Einschränkung, die beiden Aufgaben dürfen aus demselben Sachgebiet stammen.
- Beginnen Sie dann mit der Komplexaufgabe (Analysis, Analytische Geometrie oder Stochastik), die Ihnen am leichtesten vorkommt.
- Lesen Sie die Aufgabenstellungen genau und beachten Sie die Definition der Operatoren. Oft ist es hilfreich, wenn Sie bei der Analyse einer Aufgabenstellung wichtige Informationen (gegebene Größen, Lösungshinweise) farbig markieren.
- Überlegen Sie, ob eine Skizze zum Verständnis der Aufgabenstellung bzw. zum Finden eines Lösungsweges hilfreich sein kann.
- Beachten Sie, dass bei einigen Aufgaben Zwischenlösungen angegeben sein können, die Ihnen zur Kontrolle dienen oder auch die Bearbeitung folgender Aufgabenteile ermöglichen sollen.
- Falls Sie mit einer Aufgabe gar nicht weiterkommen, so verwenden Sie nicht zu viel Zeit auf diese. Versuchen Sie, mit einer anderen Teilaufgabe weiterzumachen und kommen Sie später wieder auf die noch ungelöste Aufgabe zurück. Vermeiden Sie aber zu häufiges Springen von Aufgabe zu Aufgabe: Eine gewisse Zeit ist zur Lösungsfindung und Durchführung der Lösungsschritte stets erforderlich!
- Orientieren Sie sich an der angegebenen Punktezahl: Je mehr Punkte einer Aufgabe zugeordnet sind, desto mehr Zeit ist für deren Bearbeitung anzusetzen.
- Achten Sie auf die sprachliche Richtigkeit und eine saubere äußere Form. Insbesondere durch entsprechende Kommentare sollte Ihr Lösungsweg Dritten verständlich gemacht werden.

Lösungsplan

Aufgrund des Umfangs und der Komplexität von Aufgaben auf Abiturniveau empfiehlt es sich, beim Lösen systematisch zu arbeiten. Folgende Vorgehensweise hilft Ihnen dabei:

Schritt 1:
Nehmen Sie sich ausreichend Zeit zum **Analysieren** der Aufgabenstellung. Stellen Sie fest, zu welchem Themenbereich die Aufgabe gehört. Sammeln Sie alle Informationen, welche direkt gegeben sind, und achten Sie darauf, ob evtl. versteckte Informationen enthalten sind.

Schritt 2:
Markieren Sie die **Operatoren** in der Aufgabenstellung. Diese geben an, was in der Aufgabe von Ihnen verlangt wird. Vergegenwärtigen Sie sich die Bedeutung der verwendeten Fachbegriffe.

Schritt 3:
Versuchen Sie, den Sachverhalt zu veranschaulichen. Fertigen Sie ggf. mithilfe der Angaben und Zwischenergebnisse aus vorherigen Teilaufgaben eine **Skizze** an.

Schritt 4:
Erarbeiten Sie nun schrittweise den **Lösungsplan**, um aus den gegebenen Größen die gesuchte Größe zu erhalten. Notieren Sie sich, welche Einzel- bzw. Zwischenschritte auf dem Lösungsweg notwendig sind. Prinzipiell haben Sie zwei Möglichkeiten, oft hilft auch eine Kombination beider Vorgehensweisen:

- Sie gehen vom Gegebenen aus und versuchen, das Gesuchte zu erschließen.
- Sie gehen von dem Gesuchten aus und überlegen „rückwärts“, wie Sie zur Ausgangssituation kommen.

Bei diesem Schritt wird dann sukzessive die **Lösung dargestellt**.

Schritt 5:
Suchen Sie nach geeigneten Möglichkeiten, das Endergebnis zu **kontrollieren**. Oftmals sind bereits Überschlagsrechnungen, Punktproben oder Grobskizzen ausreichend.

Anhand der folgenden **Beispielaufgabe** werden diese Schritte veranschaulicht:

Gegeben ist eine Schar von Funktionen f_k durch die Gleichung $f_k(x) = kx^3 + 4x^2$ mit $k \in \mathbb{R} \setminus \{0\}$. Der Graph von f_k sei G_k.

a) Untersuchen Sie G_k auf Extrempunkte.

b) Zeigen Sie: Die Stammfunktion der Schar ist $F_k(x) = \frac{k}{4}x^4 + \frac{4}{3}x^3$.

   Berechnen Sie für $k = -1$ die Fläche, die G_k mit der x-Achse einschließt.

Lösungsvorschlag für Teilaufgabe a:

Schritt 1:

- Themenbereich: Kurvendiskussion einer Funktionenschar
- Der Funktionsterm weist einen Parameter k auf. Dieser Parameter bereitet jedoch beim Rechnen keine Probleme, solange er nicht im Nenner, unter einer Wurzel usw. steht. Er wird ganz normal wie eine Zahl behandelt.
- Der Definitionsbereich ist nicht angegeben, daher wird $\mathbb{R}$ als der größtmögliche angenommen.

Schritt 2:

- Der Operator „Untersuchen Sie“ bedeutet, mögliche Eigenschaften festzustellen und anzugeben.
- Unter Extrempunkten versteht man Hoch- oder Tiefpunkte.

Schritt 3:

Eine Veranschaulichung ist aufgrund des Parameters k nur schwer möglich. Anzahl, Art und Lage der Extrempunkte können zudem von k abhängen. Eine Skizze ist daher wenig sinnvoll.

Schritt 4:

Ausgehend von der gegebenen Funktionenschar werden mögliche Extremstellen berechnet und damit Art und Lage der Extrempunkte bestimmt:

- f_k ist ein Polynom und lässt sich trotz Parameter leicht ableiten (Summenregel, Faktorregel, Potenzregel):

  $$f_k'(x) = 3kx^2 + 8x$$

  Die Nullstellen der Ableitung sind mögliche Extremstellen:

  $$3kx^2 + 8x = x \cdot (3kx + 8) = 0 \overset{k \neq 0}{\Leftrightarrow} x = 0 \lor x = -\frac{8}{3k}$$

- Ob tatsächlich Extremstellen vorliegen, lässt sich durch Einsetzen in die zweite Ableitung überprüfen:

  $$f_k''(x) = 6kx + 8$$

  $$f_k''(0) = 8 > 0 \Rightarrow \text{Minimum bei } x = 0$$

  $$f_k''\left(-\frac{8}{3k}\right) = 6k\left(-\frac{8}{3k}\right) + 8 = -8 < 0 \Rightarrow \text{Maximum bei } x = -\frac{8}{3k}$$

- Um die Lage angeben zu können, braucht man noch die y-Koordinate. Dazu werden die Extremstellen in den Funktionsterm f_k eingesetzt:

  $$f_k(0) = 0$$

  $$f_k\left(-\frac{8}{3k}\right) = k\left(-\frac{8}{3k}\right)^3 + 4\left(-\frac{8}{3k}\right)^2 = -\frac{512}{27k^2} + \frac{256 \cdot 3}{3 \cdot 9k^2} = \frac{256}{27k^2}$$

- Ergebnis:

  $$\text{Tiefpunkt } (0 \mid 0) \text{ und Hochpunkt } \left(-\frac{8}{3k} \,\middle|\, \frac{256}{27k^2}\right)$$

Schritt 5:

Um das Ergebnis zu überprüfen, könnte man die Funktion f_k für ein gewähltes k skizzieren. Dazu muss eine Wertetabelle erstellt werden. Ablesen der Extrempunkte aus dem Graphen ermöglicht einen Vergleich mit den berechneten Punkten.

Lösungsvorschlag für Teilaufgabe b:

Schritt 1:
- Themenbereich: Flächenberechnung mithilfe eines Integrals
- Es ist die Funktion, die Stammfunktion und der Parameterwert $k=-1$ gegeben. Weiter ist implizit gegeben, dass die Funktion mindestens zwei verschiedene Nullstellen hat, weil der Graph eine Fläche mit der x-Achse einschließt.

Schritt 2:
- Der erste Operator ist „Zeigen Sie". Das bedeutet, dass Sie die Aussage mithilfe von Berechnungen bestätigen sollen. Die Funktion und die zugehörige Stammfunktion sind dabei gegeben.
- Um zu zeigen, dass F(x) eine Stammfunktion von f(x) ist, kann entweder f(x) integriert oder F(x) abgeleitet werden. Es muss dann $F'(x)=f(x)$ gelten. Da das Bilden der Ableitung leichter ist als die Funktion zu integrieren, bietet es sich hier an, die Stammfunktion abzuleiten.

  $$F(x)=\frac{k}{4}x^4+\frac{4}{3}x^3$$

  $$F'(x)=kx^3+4x^2 \quad\Rightarrow\quad F'(x)=f(x) \quad \text{q. e. d.}$$
- Der zweite Operator in der Aufgabe ist „Berechnen Sie", das bedeutet, dass Sie das Ergebnis durch Berechnungen erzielen sollen.

Schritt 3:
Nutzen Sie die Lage des Hochpunkts und die Vorgabe $k=-1$, um den Graphen zu skizzieren.

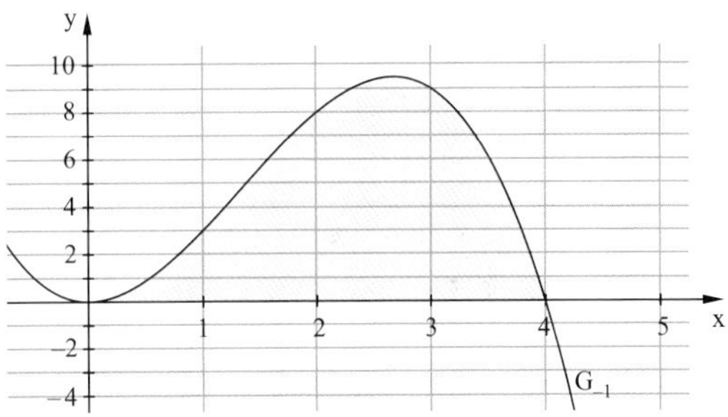

Schritt 4: Vom Gegebenen zum Gesuchten
Wie Sie an der Lösungsskizze erkennen, brauchen Sie für die Bestimmung der Fläche die beiden Nullstellen:

$$-x^3+4x^2=0 \quad\Leftrightarrow\quad x^2(-x+4)=0 \quad\Leftrightarrow\quad x_1=0 \vee x_2=4$$

Für die Berechnung der Fläche benötigen Sie die Stammfunktion der Funktion, die angegeben ist:

$$\int_0^4 f(x)\,dx=[F(x)]_0^4=\left[-\frac{1}{4}x^4+\frac{4}{3}x^3\right]_0^4=-\frac{256}{4}+\frac{256}{3}=\frac{256}{12}=\frac{64}{3}$$

Schritt 4: Vom Gesuchten zum Gegebenen
Um die gesuchte Fläche zu berechnen, benötigen Sie die Stammfunktion der Funktion, die angegeben ist:

$$\int_{x_1}^{x_2} f(x)\,dx=[F(x)]_{x_1}^{x_2}=\left[-\frac{1}{4}x^4+\frac{4}{3}x^3\right]_{x_1}^{x_2}$$

Für die Berechnung des Integrals benötigen Sie die Integralgrenzen. Diese sind die Nullstellen der Funktion, wie Sie an der Lösungsskizze erkennen können.

$$-x^3+4x^2=0 \quad \Leftrightarrow \quad x^2(-x+4)=0 \quad \Leftrightarrow \quad x_1=0 \vee x_2=4$$

Damit ergibt sich für das Integral:

$$\left[-\frac{1}{4}x^4+\frac{4}{3}x^3\right]_{x_1}^{x_2}=\left[-\frac{1}{4}x^4+\frac{4}{3}x^3\right]_0^4=-\frac{256}{4}+\frac{256}{3}=\frac{256}{12}=\frac{64}{3}$$

Schritt 5:

Um die Fläche abzuschätzen, können Sie in der Skizze die Kästchen abzählen, die von dem Graphen und der x-Achse eingeschlossen werden. Man erhält ca. 21 Kästchen, das passt gut zu dem errechneten Wert.

Schleswig-Holstein – Kernfach Mathematik
2020 – hilfsmittelfreier Teil

1 **Stochastik (Pool 1)**
Für ein Zufallsexperiment mit den beiden Ereignissen A und B gilt $P(A) = 0{,}6$ und $P(\overline{B}) = 0{,}3$ sowie $P(A \cap \overline{B}) = 0{,}2$.

1.1 Erstellen Sie für die beschriebene Situation eine vollständige Vierfeldertafel. 3 P

1.2 Bestimmen Sie die Wahrscheinlichkeit $P_A(\overline{B})$. 2 P

2 **Stochastik (Pool 1)**
Die Abbildung zeigt das Netz eines Würfels.

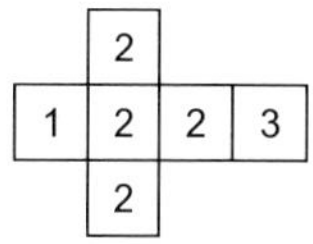

2.1 Der Würfel wird zweimal geworfen. Berechnen Sie die Wahrscheinlichkeit dafür, dass die Summe der beiden geworfenen Zahlen 4 ist. 2 P

2.2 Die Zahlen „1“ und „3“ werden jeweils durch eine neue Zahl ersetzt. Das Verhältnis der beiden neuen Zahlen ist ebenfalls 1 : 3. Betrachtet man bei einmaligem Werfen des geänderten Würfels die geworfene Zahl, so ist der zugehörige Erwartungswert 4.
Ermitteln Sie die beiden neuen Zahlen. 3 P

3 **Analytische Geometrie (Pool 1)**
Gegeben ist eine Kugel K mit
$K: (x_1 - 4)^2 + (x_2 - 4)^2 + (x_3 - 1)^2 = 1.$

3.1 Geben Sie die Koordinaten des Mittelpunktes M und den Radius r der Kugel K sowie die Koordinaten eines Punktes P auf dieser Kugel an. 2 P

3.2 Gegeben sind die Punkte $A(4\,|\,4\,|\,0)$ und $B(0\,|\,8\,|\,0)$.
Zeigen Sie, dass die Gerade durch A und B die Kugel K in genau einem Punkt berührt. 3 P

4 **Analytische Geometrie (Pool 1)**
In einem Koordinatensystem ist ein gerader Zylinder mit dem Radius 5 und der Höhe 10 gegeben, dessen Grundfläche in der x_1x_2-Ebene liegt. $M(8\,|\,5\,|\,10)$ ist der Mittelpunkt der Deckfläche.

4.1 Weisen Sie nach, dass der Punkt $P(5\,|\,1\,|\,0)$ auf dem Rand der Grundfläche des Zylinders liegt. 2 P

4.2 Unter allen Punkten auf dem Rand der Deckfläche hat der Punkt S den kleinsten Abstand von P, der Punkt T den größten.
Geben Sie die Koordinaten von S an und bestimmen Sie die Koordinaten von T. 3 P

5 **Analytische Geometrie (Pool 2)**

Für jedes $a \in \mathbb{R}$ sind die Geraden g_a und h_a gegeben durch

$$g_a\colon \vec{x} = \begin{pmatrix} 1 \\ 1 \\ 1 \end{pmatrix} + r \cdot \begin{pmatrix} a \\ 4 \\ 1 \end{pmatrix} \text{ und } h_a\colon \vec{x} = \begin{pmatrix} 1 \\ 1 \\ 1 \end{pmatrix} + s \cdot \begin{pmatrix} 2a \\ a \\ 2 \end{pmatrix}.$$

Die Geraden g_a und h_a haben den gemeinsamen Punkt $P(1\,|\,1\,|\,1)$.

5.1 Untersuchen Sie, ob es ein $a \in \mathbb{R}$ gibt, für das g_a und h_a sogar identisch sind. 2 P

5.2 Zeigen Sie, dass es genau ein $a \in \mathbb{R}$ derart gibt, sodass g_a und h_a orthogonal zueinander sind. 3 P

6 **Analysis (Pool 1)**

Gegeben ist die Funktion f mit $f(x) = \frac{1}{5}x^5 + x^4 - \frac{8}{3}x^3$ mit $x \in \mathbb{R}$.

6.1 Berechnen Sie die lokale Änderungsrate der Funktion an der Stelle $x = -1$. 2 P

6.2 Die Funktion f hat drei Wendestellen. Bestimmen Sie diese Stellen. 3 P

7 **Analysis (Pool 1)**

Die Abbildung zeigt den Graphen der Funktion f mit $f(x) = x \cdot e^{-x}$ und $x \in \mathbb{R}$. Betrachtet werden die Dreiecke mit den Eckpunkten $O(0\,|\,0)$, $P(a\,|\,0)$ und $Q(a\,|\,f(a))$ mit $a > 0$.

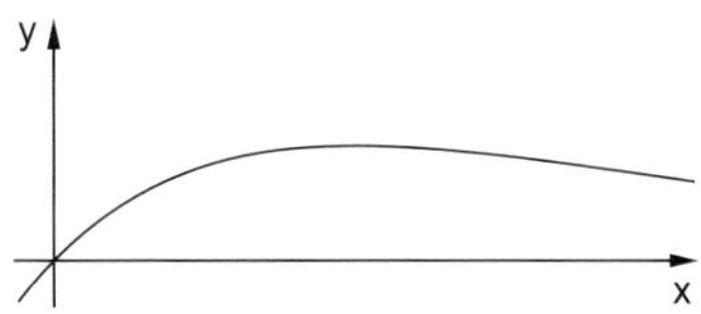

7.1 Begründen Sie, dass der Flächeninhalt jedes dieser Dreiecke mit dem Term $\frac{1}{2}a^2e^{-a}$ bestimmt werden kann. 2 P

7.2 Unter den betrachteten Dreiecken hat eines den größten Flächeninhalt. Bestimmen Sie den zugehörigen Wert a. 3 P

8 **Analysis (Pool 2)**

Für jeden Wert von $a \in \mathbb{R} \setminus \{0\}$ ist eine Funktion f_a gegeben mit $f_a(x) = a \cdot (x-2)^3$ und $x \in \mathbb{R}$.

8.1 Zeigen Sie, dass die in $\mathbb{R}$ definierte Funktion F mit $F(x) = \frac{1}{2} \cdot (x-2)^4 + 3$ eine Stammfunktion von f_2 ist. 1 P

8.2 Untersuchen Sie mithilfe von Skizzen, für welche Werte von a sich unter den Stammfunktionen von f_a solche befinden, die nur negative Funktionswerte haben. 4 P

Hinweise und Tipps

Teilaufgabe 1.1

Die Vierfeldertafel hat die folgende Form:

	A	$\overline{A}$	
B			
$\overline{B}$			

Sie können mit den gegebenen Werten zwei der äußeren Felder und eines der inneren Felder ausfüllen.

Ergänzen Sie danach zunächst die äußeren Felder.

Teilaufgabe 1.2

Die zu bestimmende bedingte Wahrscheinlichkeit berechnet sich als Quotient zweier Wahrscheinlichkeiten aus der Vierfeldertafel.

Es ist: $P_A(\overline{B}) = \frac{P(A \cap \overline{B})}{P(A)}$

Teilaufgabe 2.1

Überlegen Sie, bei welchen Ergebnissen die Summe der Zahlen gleich 4 ist.

Zeichnen Sie ggf. ein reduziertes Baumdiagramm.

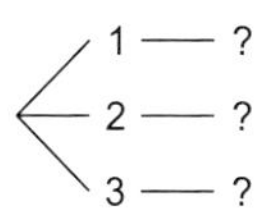

Ermitteln Sie die gesuchte Wahrscheinlichkeit über die günstigen Pfade des Baumdiagramms.

Teilaufgabe 2.2

Benennen Sie eine der gesuchten Zahlen z. B. mit x.

Stellen Sie einen Term für den Erwartungswert in Abhängigkeit von x auf.

Untersuchen Sie, für welchen Wert von x dieser Term den Wert 4 annimmt.

Teilaufgabe 3.1

Die allgemeine Gleichung einer Kugel mit Mittelpunkt $M(m_1 \mid m_2 \mid m_3)$ und Radius r lautet K: $(x_1 - m_1)^2 + (x_2 - m_2)^2 + (x_3 - m_3)^2 = r^2$.

„Bewegen" Sie sich gedanklich vom Mittelpunkt M aus um eine Längeneinheit in eine Koordinatenrichtung.

Teilaufgabe 3.2

- Stellen Sie eine Gleichung in Parameterform für die Gerade g durch die Punkte A und B auf.
- Zeigen Sie mittels einer Schnittpunktberechnung, dass die Gerade g nur einen gemeinsamen Punkt mit der Kugel K hat.
- Oder: Zeigen Sie, dass der Punkt A(4 | 4 | 0), der auf der Geraden g liegt, auch auf der Kugel K liegt und dass g orthogonal zu $\overline{MA}$ ist. Dann ist g nämlich eine Tangente an K mit Berührpunkt A.
- Die Orthogonalität lässt sich mit dem Skalarprodukt der Vektoren $\overrightarrow{MA}$ und $\overrightarrow{AB}$ nachweisen.

Teilaufgabe 4.1

- P liegt in einer Koordinatenebene.
- Bestimmen Sie die Koordinaten des Mittelpunktes N der Grundfläche.
- Zeigen Sie, dass der Punkt P fünf Längeneinheiten von N entfernt ist.

Teilaufgabe 4.2

- Erstellen Sie eine Skizze des Zylinders.
- Tragen Sie die Punkte M, P, S und T in die Skizze ein.
- „Bewegt" man sich von P aus um 10 Längeneinheiten in die positive x_3-Richtung, so gelangt man zu S.
- Der Ortsvektor $\overrightarrow{OT}$ lässt sich als Summe des Ortsvektors $\overrightarrow{OM}$ bzw. $\overrightarrow{OS}$ und einem weiteren Vektor (siehe Skizze) ermitteln.

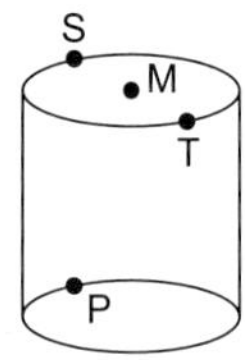

Teilaufgabe 5.1

- Da die Geraden einen gemeinsamen Punkt enthalten, reicht es, die Richtungen der Geraden zu betrachten.
- Zwei Geraden sind parallel zueinander, wenn ihre Richtungsvektoren linear abhängig (kollinear) sind.

Teilaufgabe 5.2

- Zwei sich schneidende Geraden sind orthogonal zueinander, wenn ihre Richtungsvektoren orthogonal zueinander sind.
- Die Orthogonalität zweier Vektoren, die jeweils nicht der Nullvektor sind, lässt sich mit deren Skalarprodukt prüfen.
- Das Skalarprodukt der Richtungsvektoren muss den Wert null haben. Aus dieser Bedingung folgt eine Gleichung mit der Variablen a.
- Lösen Sie diese Gleichung.

Teilaufgabe 6.1

- Die lokale Änderungsrate einer Funktion f an der Stelle x wird durch die erste Ableitung von f an dieser Stelle gegeben.
- Berechnen Sie also $f'(-1)$.

Teilaufgabe 6.2

- Notwendig für eine Wendestelle x der Funktion f ist $f''(x) = 0$.
- Bilden Sie die zweite Ableitung von f und setzen Sie diese gleich null.
- Lösen Sie die dadurch entstehende Gleichung dritten Grades, indem Sie faktorisieren.
- Sie können die Variable x ausklammern und die Nullstellen des quadratischen Faktors bestimmen, indem Sie die entsprechende quadratische Gleichung lösen.

Teilaufgabe 7.1

- Tragen Sie die Punkte O, P und Q in die Abbildung ein.
- Das betrachtete Dreieck ist immer rechtwinklig.
- Betrachten Sie $\overline{OP}$ als Grundseite des Dreiecks und $\overline{PQ}$ als zugehörige Höhe.

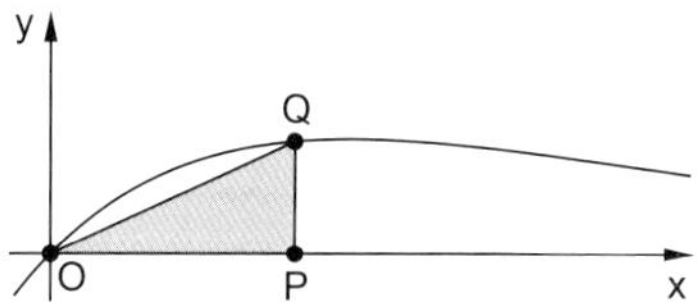

Teilaufgabe 7.2

- Betrachten Sie die Funktion A, die jedem a den zugehörigen Flächeninhalt des Dreiecks zuordnet.
- Der Funktionsterm dieser Funktion ergibt sich aus Teilaufgabe 7.1.
- Bestimmen Sie das globale Maximum von A für $a > 0$.
- Bestimmen Sie die lokalen Extremstellen von A für $a > 0$. Eine notwendige Bedingung dafür ist $A'(a) = 0$.
- Beachten Sie bei der Begründung dafür, dass an einer der bestimmten Stellen das globale Maximum vorliegt, dass die Existenz eines globalen Maximums in der Aufgabe vorausgesetzt ist.

Teilaufgabe 8.1

- Zeigen Sie, dass $F'(x) = f_2(x)$ ist.

Teilaufgabe 8.2

- Bestimmen Sie die Menge aller Stammfunktionen von f_a.
- Beachten Sie, dass man zu einer Stammfunktion eine beliebige Konstante addieren kann und damit eine weitere Stammfunktion erhält.
- Die Menge der Stammfunktionen zu f_a ist gegeben durch die Schar $F_{a,b}$ mit $F_{a,b}(x) = \frac{a}{4} \cdot (x-2)^4 + b$ mit $b \in \mathbb{R}$.

- Interpretieren Sie die Parameter a und b geometrisch. Der Graph von $F_{a,b}$ lässt sich durch Verschiebungen und Streckspiegelungen aus dem Graphen der Funktion y mit $y(x) = x^4$ erzeugen.
- Untersuchen Sie jetzt die Fälle $a > 0$ und $a < 0$ getrennt.
- Zeichnen Sie für die Fälle jeweils einen Graphen. Interpretieren Sie die Parameter a und b und begründen Sie so, dass es für jedes $a < 0$ stets eine Stammfunktion von f_a gibt, die nur negative Funktionswerte hat.
- Begründen Sie, dass für jedes $a > 0$ jede Stammfunktion $F_{a,b}$ auch positive Funktionswerte hat.

Lösung

1.1

	A	$\overline{A}$	
B	0,4	0,3	0,7
$\overline{B}$	0,2	0,1	0,3
	0,6	0,4	1

1.2 $P_A(\overline{B}) = \frac{P(A \cap \overline{B})}{P(A)} = \frac{0,2}{0,6} = \frac{1}{3}$

2.1 $2 \cdot \frac{1}{6} \cdot \frac{1}{6} + \frac{4}{6} \cdot \frac{4}{6} = \frac{2}{36} + \frac{16}{36} = \frac{18}{36} = \frac{1}{2}$

2.2 $\frac{1}{6} \cdot x + \frac{4}{6} \cdot 2 + \frac{1}{6} \cdot 3x = 4 \quad \Leftrightarrow \quad \frac{4}{6} \cdot x = \frac{8}{3} \quad \Leftrightarrow \quad x = 4$

Die neuen Zahlen sind 4 und 12.

3.1 Mittelpunkt $M(4|4|1)$ und Radius $r = 1$

Beispielsweise liegt der Punkt $P(4|4|2)$ auf der Kugel.

3.2 Die Gerade g mit g: $\vec{x} = \begin{pmatrix} 4 \\ 4 \\ 0 \end{pmatrix} + s \cdot \begin{pmatrix} -4 \\ 4 \\ 0 \end{pmatrix}$ verläuft durch die Punkte A und B. Das

Einsetzen der Koordinaten in die Kugelgleichung liefert:

$$(4-4s-4)^2 + (4+4s-4)^2 + (0-1)^2 = 1 \quad \Leftrightarrow \quad (-4s)^2 + (4s)^2 = 0 \quad \Leftrightarrow \quad 32s^2 = 0$$
$$\Leftrightarrow \quad s = 0$$

Da die Gleichung genau eine Lösung hat, berührt die Gerade g die Kugel in genau einem Punkt.

4.1 P liegt in der x_1x_2-Ebene. Der Mittelpunkt der Grundfläche ist $N(8|5|0)$.

Wegen $|\overrightarrow{NP}| = \left| \begin{pmatrix} -3 \\ -4 \\ 0 \end{pmatrix} \right| = \sqrt{(-3)^2 + (-4)^2} = 5$ liegt P auf dem Rand der Grundfläche des Zylinders.

4.2 $S(5|1|10)$

$$\overrightarrow{OT} = \overrightarrow{OM} + \overrightarrow{SM} = \begin{pmatrix} 8 \\ 5 \\ 10 \end{pmatrix} + \begin{pmatrix} 3 \\ 4 \\ 0 \end{pmatrix} = \begin{pmatrix} 11 \\ 9 \\ 10 \end{pmatrix}$$

Der Punkt T hat die Koordinaten $T(11|9|10)$.

5.1 Die Geraden g_a und h_a sind identisch, wenn es ein k gibt, sodass $k \cdot \begin{pmatrix} a \\ 4 \\ 1 \end{pmatrix} = \begin{pmatrix} 2a \\ a \\ 2 \end{pmatrix}$ ist. Für $a = 8$ und $k = 2$ ist dies wegen $2 \cdot \begin{pmatrix} 8 \\ 4 \\ 1 \end{pmatrix} = \begin{pmatrix} 16 \\ 8 \\ 2 \end{pmatrix}$ erfüllt.

5.2 Wegen

$$\begin{pmatrix} a \\ 4 \\ 1 \end{pmatrix} \circ \begin{pmatrix} 2a \\ a \\ 2 \end{pmatrix} = 0 \quad \Leftrightarrow \quad 2a^2 + 4a + 2 = 0 \quad \Leftrightarrow \quad 2(a+1)^2 = 0 \quad \Leftrightarrow \quad a = -1$$

sind die Geraden g_a und h_a nur für $a = -1$ orthogonal zueinander.

6.1 $f'(x) = x^4 + 4x^3 - 8x^2$

$f'(-1) = (-1)^4 + 4 \cdot (-1)^3 - 8 \cdot (-1)^2 = 1 - 4 - 8 = -11$

6.2 $f''(x) = 4x^3 + 12x^2 - 16x$

$$\begin{aligned} f''(x) = 0 \quad &\Leftrightarrow \quad 4x^3 + 12x^2 - 16x = 0 \\ &\Leftrightarrow \quad 4x \cdot (x^2 + 3x - 4) = 0 \\ &\Leftrightarrow \quad 4x \cdot (x-1) \cdot (x+4) = 0 \\ &\Leftrightarrow \quad x = 0 \ \vee \ x = 1 \ \vee \ x = -4 \end{aligned}$$

7.1 Mit der Grundseite a und der Höhe f(a) ergibt sich für den Flächeninhalt des Dreiecks:

$$\frac{1}{2} \cdot a \cdot f(a) = \frac{1}{2} \cdot a \cdot a \cdot e^{-a} = \frac{1}{2} a^2 e^{-a}$$

7.2 Betrachtet man $\frac{1}{2} a^2 e^{-a}$ als Term einer Funktion A, so gilt:

$$A'(a) = ae^{-a} - \frac{1}{2} a^2 e^{-a} = a \cdot e^{-a} \cdot \left(1 - \frac{a}{2}\right) = 0 \quad \Leftrightarrow \quad a = 0 \ \vee \ a = 2$$

Wegen $a > 0$ ist 2 der gesuchte Wert für a.

8.1 $F'(x) = 2 \cdot (x-2)^3 = f_2(x)$

8.2 Die Terme aller Stammfunktionen von f_a lassen sich durch $F_{a,b}(x) = \frac{a}{4} \cdot (x-2)^4 + b$ mit $b \in \mathbb{R}$ darstellen.

Für $a > 0$ hat $F_{a,b}$ stets Funktionswerte, die nicht negativ sind (vgl. Graph 1).

Für $a < 0$ gibt es stets Werte von b, sodass $F_{a,b}$ nur negative Funktionswerte hat (vgl. Graph 2).

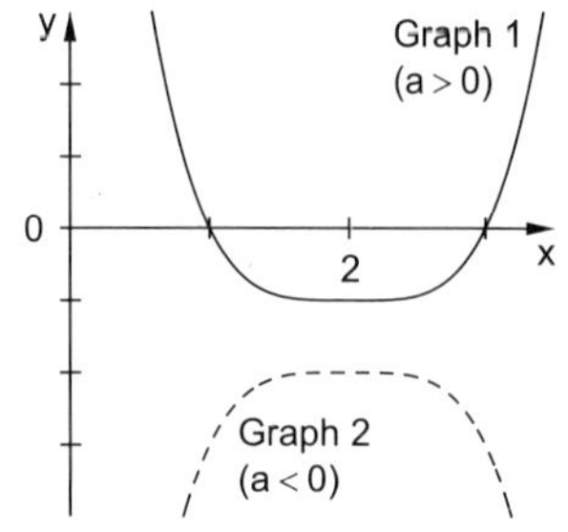

Schleswig-Holstein – Kernfach Mathematik
2020 – Aufgabe 1: Analysis

Für den Beginn des Jahres 2020 modelliert der Graph der Funktion f mit
$f(x) = 5x \cdot e^{-x} + 1$ und $x \in [0; 8]$
einen Teil einer Küstenlinie, die das Land vom Meer trennt. Die x-Achse beschreibt eine Straße in West-Ost-Richtung. Die Fläche zwischen dem Graphen und der x-Achse stellt das Land nördlich der Straße dar. Bei $L(0{,}5 \mid 1{,}5)$ steht ein Leuchtturm.
Eine Längeneinheit entspricht 100 m in der Wirklichkeit.

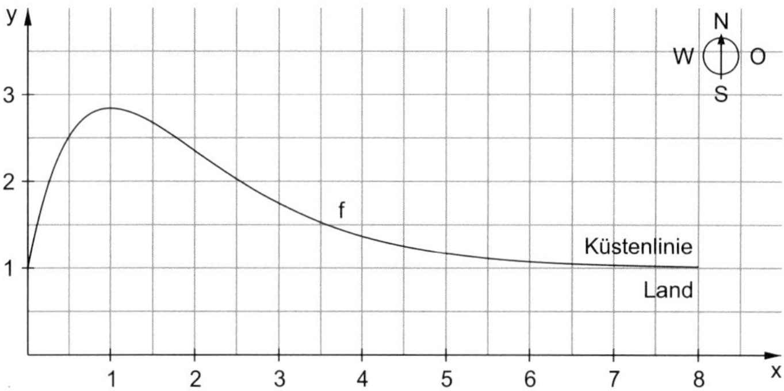

a) a1) Zeichnen Sie den Punkt L in die Abbildung ein.
Berechnen Sie die y-Koordinate des Punkts der Küstenlinie an der Stelle $x = 0{,}5$. 2 P

a2) Zeichnen Sie die Tangente an den Graphen von f an der Stelle $x = 2$ in die Abbildung ein, und bestimmen Sie deren Steigung. 2 P

a3) Es gibt auf dem betrachteten Teil der Küstenlinie Punkte, deren Abstand von der Straße 200 Meter beträgt.
Zeichnen Sie die entsprechenden Punkte in die Abbildung ein.
Berechnen Sie die Koordinaten dieser Punkte. 3 P

b) b1) Berechnen Sie die Koordinaten des nördlichsten Punkts auf dem betrachteten Teil der Küstenlinie. 5 P
[Zur Kontrolle: $f'(x) = 5e^{-x} \cdot (1 - x)$]

b2) Bestimmen Sie alle Stellen $x \in [0; 8]$, für die $f''(x) = 0$ gilt. 3 P

b3) Berechnen Sie den mittleren Abstand der Punkte des betrachteten Teils der Küstenlinie zur Straße in Metern. 3 P

b4) Bestimmen Sie mittels Integration einen Funktionsterm für eine Stammfunktion F von f. 4 P

Der betrachtete Teil der Küstenlinie wird sich im Laufe der Jahre verändern. In einem Rechenmodell wird der künftige Verlauf für $a \geq 20$ durch die Funktionen f_a mit
$f_a(x) = 5x \cdot e^{-0{,}05a \cdot x} + 1$ und $x \in [0; 8]$
modelliert. Der Wert von a gibt an, wie viele Jahre seit Beginn des Jahres 2000 vergangen sind. Also entspricht $a = 20$ dem Beginn des Jahres 2020.

c) c1) Berechnen Sie, in welchem Jahr der Leuchtturm auf der Küstenlinie stehen wird. 3 P

Für jedes a hat der Graph der Funktion f_a einen Hochpunkt an der Stelle $x = \frac{20}{a}$. Dieser Hochpunkt beschreibt den nördlichsten Punkt der jeweiligen Küstenlinie.

c2) Bestimmen Sie eine Gleichung der Ortskurve, auf der die Hochpunkte liegen. 3 P

c3) Vom Leuchtturm aus führt ein Weg genau in Nordrichtung. Zu einem bestimmten Zeitpunkt endet dieser Weg am nördlichsten Punkt der Küstenlinie.
Bestimmen Sie die Länge des Weges zu diesem Zeitpunkt. 3 P

d) d1) Berechnen Sie den Inhalt der Landfläche zwischen der Küstenlinie und der Straße im Intervall [0; 8] zu Beginn des Jahres 2150.
Begründen Sie, dass der Inhalt der Landfläche auch in allen Jahren nach 2150 größer als 8 Hektar sein wird. 4 P

d2) Es gibt genau einen Wert $a \geq 20$, der die folgende Gleichung erfüllt:

$$\int_0^8 (5x \cdot e^{-0{,}05a \cdot x} + 1)\, dx = 0{,}8 \cdot \int_0^8 (5x \cdot e^{-x} + 1)\, dx$$

Interpretieren Sie die Bedeutung dieses Wertes a im Sachzusammenhang. 2 P

d3) Bestimmen Sie alle reellen Zahlen a, für die $f_a(x) < f(x)$ für $0 < x \leq 8$ gilt. 3 P

Hinweise und Tipps

Teilaufgabe a1

- Im Aufgabentext sind für den Punkt L die beiden Koordinaten für die x-Achse und die y-Achse gegeben.
- Für die Berechnung der zugehörigen y-Koordinate an der Stelle $x = 0{,}5$ gilt $y = f(0{,}5)$.

Teilaufgabe a2

- Die Tangente an der Stelle $x = 2$ an den Graphen von f ist die beste Approximation im Punkt $(2 \mid f(2))$.
- Die Steigung der Tangente ergibt sich durch die Berechnung des Wertes $f'(2)$ oder durch Bilden des Differenzenquotienten.
- Für eine Tangente mit der zugehörigen linearen Funktion t ergibt sich als Differenzenquotient: $m = \frac{t(x) - t(y)}{x - y}$
- Die Steigung kann grafisch mit dem obigen Differenzenquotienten oder mithilfe der Ableitungsfunktion von f an der Stelle $x = 2$ bestimmt werden.

Teilaufgabe a3

- Auf der y-Achse liest man den Abstand der Straße von der Küstenlinie ab.
- Welche Bedeutung hat eine Parallele zur x-Achse durch den Punkt $(0 \mid 2)$?
- Die Koordinaten der gesuchten Punkte erhält man durch die Bedingung $f(x) = 2$.

Teilaufgabe b1

- Offenbar erahnt man aufgrund der Skizze den nördlichsten Punkt der Küstenlinie: Man liest etwa als x-Koordinate den Wert 1 und als y-Koordinate den Wert 2,8 ab.
- Der nördlichste Punkt ergibt sich als Maximum der Funktion.
- Bestimmen Sie die Ableitungsfunktion f' von f.
- Verwenden Sie dazu die bekannten Regeln, wie Summen-, Produkt- und Kettenregel.
- Es gilt für die Ableitung der e-Funktion: $(e^x)' = e^x$
- Bedenken Sie die innere Ableitung bei der Funktion e^{-x}.
- Es gilt: $(e^{-x})' = (-1) \cdot e^{-x}$
- Bedenken Sie die Äquivalenz: $0 = a \cdot b \Leftrightarrow a = 0$ oder $b = 0$
- Für alle reellen Zahlen x gilt für die e-Funktion stets: $e^x > 0$
- Es ergibt sich aus der notwendigen Bedingung $f'(x) = 0$ nur eine einzige mögliche lokale Extremstelle.
- Beachten und vergleichen Sie die Werte an den Rändern des Intervalls, also die Werte an den Stellen $x = 0$ und $x = 8$.
- *Hinweis:* Offenbar liegt an der gefundenen Stelle $x = 1$ laut Abbildung der nördlichste Punkt, trotzdem sollte man stets die Randwerte berücksichtigen.

Teilaufgabe b2

- Verwenden Sie zur Bestimmung von f'' wieder die Produkt- und die Kettenregel.
- Zur Bestimmung der Nullstellen faktorisieren Sie den Funktionsterm: Sie müssen „aus der Summe ein Produkt machen“.
- Beim Faktorisieren hilft häufig ausklammern, etwa $a \cdot b + a \cdot c = a \cdot (b + c)$.
- Es ergibt sich für die zweite Ableitung schließlich $f''(x) = 5e^{-x} \cdot (x - 2)$.

Teilaufgabe b3

- Zur Bestimmung des mittleren Abstandes m zwischen Küstenlinie und Straße kann man sich der Integralrechnung bedienen.
- Das bestimmte Integral von f im Intervall [0; 8] „misst“ den Flächeninhalt zwischen Küstenlinie und Straße.
- Wenn man diesen Flächeninhalt durch die Straßenlänge (also in diesem Fall 8) dividiert, erhält man den gesuchten mittleren Abstand von Straße und Küstenlinie.
- Es gilt also für den mittleren Abstand: $m = \frac{1}{8} \cdot \int_0^8 f(x)\,dx$

Teilaufgabe b4

- Zur Bestimmung einer Stammfunktion von f verwendet man die Regel zur partiellen Integration.
- Betrachten Sie zur Vereinfachung die „Teilfunktion“ g von f mit $g(x) = \frac{1}{5}(f(x) - 1)$ und bestimmen Sie eine Stammfunktion G von g.
- Für die Funktion g gilt $g(x) = x \cdot e^{-x}$.
- Für die Regel zur partiellen Integration gilt in Kurzform mit geeignet zu wählenden Funktionen u und v: $\int u \cdot v' = u \cdot v - \int u' \cdot v$
- Man wähle $u(x) = x$ und $v'(x) = e^{-x}$.
- Für eine Stammfunktion F von f gilt dann: $F(x) = 5 \cdot \int g(x)\,dx + \int 1\,dx$

Teilaufgabe c1

- Es wird nun ein reeller Parameter a, der die Anzahl der vergangenen Jahre seit 2000 angibt, in die Küstenlinienfunktion f_a integriert, und zwar im Exponenten der e-Funktion. Für das aktuelle Jahr 2020 ist also die Küstenlinienfunktion f_{20} gegeben.
- Stellen Sie eine Bedingung dafür auf, dass der Leuchtturm auf der Küstenlinie steht.
- Die Koordinaten des Leuchtturms sind laut Aufgabenstellung (0,5 | 1,5).
- Für den Parameter a muss also die Gleichung $f_a(0{,}5) = 1{,}5$ gelten.
- Lösen Sie die sich daraus ergebene Gleichung mittels Äquivalenzumformungen.
- Bedenken Sie beim Lösen von Exponentialgleichungen die Äquivalenz: $e^x = b \Leftrightarrow x = \ln(b)$

Teilaufgabe c2

Nach Aufgabenstellung besitzt die Funktion f_a einen Hochpunkt an der Stelle $x = \frac{20}{a}$. Dieser Hochpunkt beschreibt den nördlichsten Punkt der Küstenlinie im betreffenden Jahr.

Die Ortskurve der Hochpunkte ist diejenige Kurve, auf der alle Hochpunkte der Funktionen f_a liegen.

Betrachten Sie die Gleichung zum Funktionswert der Extremstelle $x = \frac{20}{a}$.

Ein Term für die Funktionswerte der Ortskurve lautet $\frac{100}{a} \cdot e^{-1} + 1$.

Teilaufgabe c3

Offenbar erfüllt die Anfangsabbildung nicht die Vorgabe der Aufgabenstellung, denn der nördlichste Punkt, also der Hochpunkt von f, befindet sich nicht exakt nördlich des Leuchtturms.

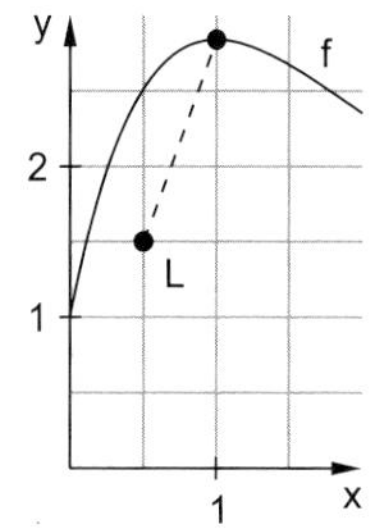

Bestimmen Sie zunächst den Zeitpunkt, wann der Hochpunkt „senkrecht" über dem Leuchtturm steht. Welche algebraische Bedingung muss dafür gelten?

Da sich alle Hochpunkte an der Stelle $x = \frac{20}{a}$ finden lassen, muss diese Stelle die x-Koordinate des Leuchtturms sein.

Es gilt also für den gesuchten Zeitpunkt die Gleichung $\frac{20}{a} = \frac{1}{2}$.

Zur Bestimmung der Länge des Weges bildet man die Differenz der y-Koordinaten vom nördlichsten Punkt y_H und vom Leuchtturm y_L, wobei $y_L = 1{,}5$ gegeben ist.

Bestimmen Sie die y-Koordinate des Hochpunktes im Jahr 2040.

Teilaufgabe d1

Die Landfläche im Intervall [0; 8] zwischen Straße und Küstenlinie lässt sich mithilfe der Integralrechnung berechnen.

Bestimmen Sie den Wert des Integrals $F = \int_0^8 f_{150}(x)\,dx$.

Man betrachtet die Funktion, die die Küstenlinie für die Jahre nach 2020 beschreibt, also $f_a(x) = 5x \cdot e^{-0{,}05a \cdot x} + 1$.

Was folgt mit dem Ergebnis des Integrals von oben ($F > 8$ Hektar) und der Ungleichung $f_a(x) > 1$ für die weiteren Jahre?

Teilaufgabe d2

Die Gleichung kann als Flächenvergleich zu einem bestimmten Zeitpunkt $2000 + a$ interpretiert werden.

Teilaufgabe d3

Es ist für jedes reelle x mit $0 < x \leq 8$ die Ungleichung $f_a(x) < f(x)$ nach a umzuformen.

Da $x > 0$ gilt, kehrt sich das Ungleichungszeichen nicht um.

Lösung

a1) Es soll der Punkt L in die gegebene Abbildung eingezeichnet werden; dabei hat L die Koordinaten $x = 0{,}5$ und $y = 1{,}5$. Folgender Punkt ergibt sich mit diesen Werten:

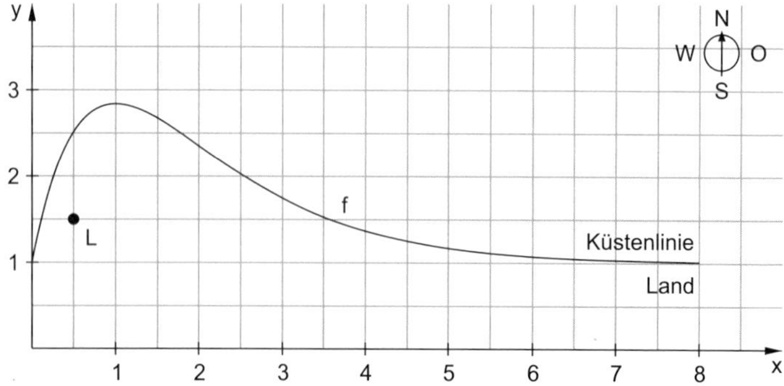

Um die y-Koordinate der Küstenlinie an der Stelle $x = 0{,}5$ zu bestimmen, setzt man für die Variable x den Wert 0,5 in die gegebene Funktionsgleichung der Funktion f ein; damit erhält man:
$f(0{,}5) = 5 \cdot 0{,}5 \cdot e^{-0{,}5} + 1 \approx 2{,}52$

a2) Die Tangente als diejenige Gerade, die die beste lokale Approximation oder die genaueste Steigung im Punkt $(2\,|\,f(2))$ angibt, kann per Hand in die Abbildung eingetragen werden; es ergibt sich:

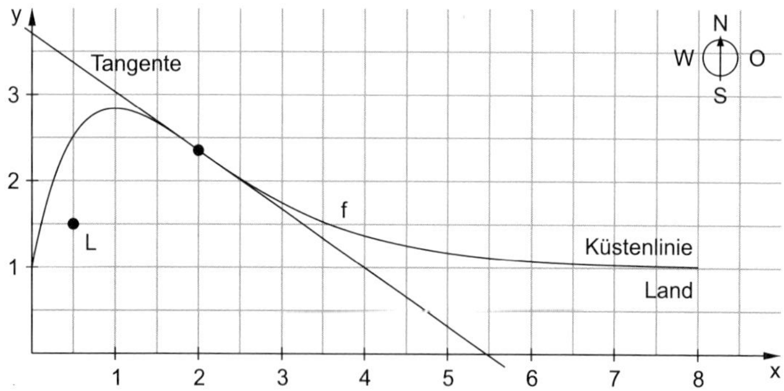

Die Steigung m dieser eingezeichneten Tangente t kann durch einen abgelesenen Differenzenquotienten in der Form $m = \frac{t(x) - t(y)}{x - y}$ näherungsweise ermittelt oder durch Bestimmung von $m = f'(2)$ errechnet werden.

Es ergibt sich durch das Ablesen ungefähr:

$$m = \frac{t(2) - t(5{,}5)}{2 - 5{,}5} \approx \frac{f(2) - 0}{-3{,}5} \approx \frac{2{,}35}{-3{,}5} \approx -0{,}67$$

Alternativ ergibt sich die Bestimmung der ersten Ableitung f' durch die Anwendung der Produkt- und der Kettenregel zu:

$f'(x) = 5 \cdot e^{-x} + 5x \cdot (-1) \cdot e^{-x} = 5e^{-x} \cdot (1 - x)$

Damit ergibt sich als exakter Wert für die Steigung m an der Stelle $x = 2$:

$m = f'(2) = 5e^{-2} \cdot (1 - 2) = -5e^{-2} \approx -0{,}68$

a3) Die gesuchten Punkte der Küstenlinie, die einen Abstand von 200 m von der Straße – also der x-Achse – haben, müssen die Gleichung $f(x) = 2$ erfüllen. Zeichnerisch lassen sich die Punkte durch eine zur x-Achse parallelen Geraden ermitteln:

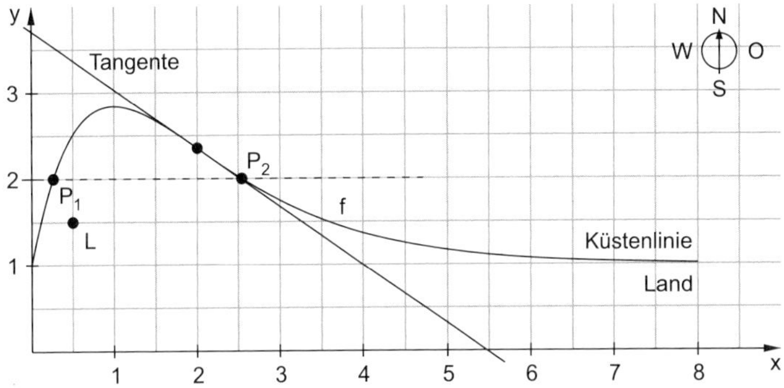

Für die beiden Punkte ergibt sich die folgende Rechnung:

$f(x) = 2 \quad \Leftrightarrow \quad 5x \cdot e^{-x} + 1 = 2$

Mithilfe des Taschenrechners erhält man die zu den beiden Punkten gehörigen x-Koordinaten:

$x_1 \approx 0{,}26; \quad x_2 \approx 2{,}54$

Die Koordinaten der Punkte lauten daher ungefähr:

$P_1(0{,}26 \mid 2); \quad P_2(2{,}54 \mid 2)$

b1) Der nördlichste Punkt der Küstenlinie ist wegen der Ausrichtung (y-Achse ist die Süd-Nord-Richtung) das Maximum der Funktion f im Intervall [0; 8]. Für die Randpunkte gilt:

$f(0) = 1$ und $f(8) \approx 1{,}01$

Für die erste Ableitung von f gilt (nach Teilaufgabe a2) $f'(x) = 5e^{-x} \cdot (1 - x)$. Mit der notwendigen Bedingung $f'(x) = 0$ für eine Extremstelle im gegebenen Intervall gilt also $5e^{-x} \cdot (1 - x) = 0$. Da die e-Funktion für keine reelle Zahl den Wert null annimmt, folgt zusammen mit den Werten an den Rändern des Intervalls, dass an der Stelle $x = 1$ die einzige Extremstelle vorliegt. Da $f(1) = 5e^{-1} + 1 \approx 2{,}84$ ist, muss an der Stelle $x = 1$ der nördlichste Punkt sein; seine Koordinaten lauten ungefähr $(1 \mid 2{,}84)$.

b2) Es gilt für die zweite Ableitung mithilfe der Produkt- und der Kettenregel:

$$f''(x) = \left(5e^{-x} \cdot (1-x)\right)' = (5e^{-x})' \cdot (1-x) + 5e^{-x} \cdot (1-x)'$$
$$= -5e^{-x} \cdot (1-x) + 5e^{-x} \cdot (-1) = 5e^{-x} \cdot (x-1-1) = 5e^{-x} \cdot (x-2)$$

Da (wie oben bei Teilaufgabe b1) die e-Funktion stets ungleich null ist, folgt für $f''(x)=0$ als einzige Lösung $x=2$. Wegen $2 \in [0;\, 8]$ ist dies die gesuchte Stelle.

b3) Zur Bestimmung des mittleren Abstandes m zwischen Küstenlinie und Straße kann man sich der Integralrechnung bedienen. Da das bestimmte Integral von f im Intervall [0; 8] den Flächeninhalt zwischen Küstenlinie und Straße „misst", bewirkt die Division durch die „Straßenlänge" von 800 m (bzw. durch 8) die Angabe des mittleren Abstandes. Für diesen gilt demnach (mit der in Teilaufgabe b4 bestimmten Stammfunktion von f):

$$m = \frac{1}{8} \cdot \int_0^8 f(x)\,dx = \frac{1}{8} \cdot \int_0^8 \left(5x \cdot e^{-x} + 1\right) dx = \frac{1}{8} \cdot \left[-5e^{-x} \cdot (x+1) + x\right]_0^8 \approx 1{,}62$$

Dieser Wert kann auch direkt mithilfe des Taschenrechners errechnet werden.

b4) Zur Bestimmung einer Stammfunktion von f verwendet man die Regel zur partiellen Integration. Es gilt dafür in Kurzform:

$$\int u \cdot v' = u \cdot v - \int u' \cdot v$$

Zur Vereinfachung wird zunächst eine Stammfunktion G_c von $g(x) = \frac{1}{5}(f(x)-1)$, also von $g(x) = x \cdot e^{-x}$ bestimmt. Man setzt $u(x)=x$ und $v'(x)=e^{-x}$. Damit ergibt sich $u'(x)=1$ und $v(x)=-e^{-x}$. Es folgt:

$$G_c(x) = \int g(x)\,dx = \int x \cdot e^{-x}\,dx = x \cdot (-e^{-x}) - \int 1 \cdot (-e^{-x})\,dx$$
$$= -x \cdot e^{-x} - e^{-x} + c = -e^{-x} \cdot (x+1) + c$$

Damit ergibt sich für eine Stammfunktion F_c von f:

$$F_c(x) = \int f(x)\,dx = \int \left(5x \cdot e^{-x} + 1\right) dx = 5 \cdot \int x \cdot e^{-x}\,dx + \int 1\,dx$$
$$= 5 \cdot G_c(x) + x + c = 5 \cdot \left(-e^{-x} \cdot (x+1)\right) + x + c = -5e^{-x} \cdot (x+1) + x + c$$

Ein möglicher Funktionsterm für eine Stammfunktion F von f lautet daher:

$$F(x) = -5e^{-x} \cdot (x+1) + x$$

c1) Der Leuchtturm hat laut Aufgabenstellung die Koordinaten $(0{,}5 \mid 1{,}5)$. Damit der Leuchtturm auf der Küstenlinie steht, muss also $f_a(0{,}5) = 1{,}5$ gelten. Damit ergibt sich folgende Gleichung, die mittels Äquivalenzumformungen nach a aufgelöst wird:

$$5 \cdot 0{,}5 \cdot e^{-0{,}05 \cdot a \cdot 0{,}5} + 1 = 1{,}5 \iff 2{,}5 \cdot e^{-0{,}025a} = 0{,}5 \iff e^{-0{,}025a} = 0{,}2$$
$$\iff -0{,}025a = \ln 0{,}2 \iff a = -40 \cdot \ln 0{,}2 \approx 64{,}38$$

Der Leuchtturm steht also im Jahr 2064 (etwa im April) auf der Küstenlinie.

c2) Die Ortskurve der Hochpunkte ist diejenige Kurve, auf der alle Hochpunkte liegen. Für die y-Koordinaten dieser Hochpunkte gilt offenbar:

$$y = f_a\left(\frac{20}{a}\right) = \frac{100}{a} \cdot e^{-1} + 1$$

Mit der gegebenen x-Koordinate $x = \frac{20}{a}$ folgt aus der äquivalenten Darstellung der obigen Gleichung:

$$y = 5 \cdot \frac{20}{a} \cdot e^{-1} + 1 = 5 \cdot x \cdot e^{-1} + 1$$

Also lautet die Gleichung der Ortskurve:

$$y = 5 \cdot x \cdot e^{-1} + 1 = \frac{5}{e} \cdot x + 1$$

c3) In der Abbildung ist der Weg vom Leuchtturm L genau in Nordrichtung eingezeichnet, der zum nördlichsten Punkt der Küstenlinie führt; offenbar ist dies der Hochpunkt der Küstenlinienfunktion f_a. Die Länge dieses Weges ist die Differenz der y-Koordinaten des Leuchtturms und des zugehörigen Hochpunktes. Wie man sieht, ist die Funktion f aus Teilaufgabe a nicht geeignet, da der Leuchtturm hier nicht als Startpunkt dienen kann.

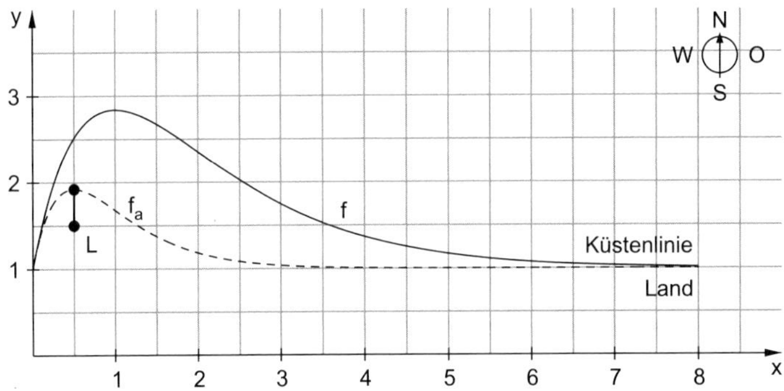

Der Hochpunkt liegt direkt „über“ (also direkt nördlich) vom Leuchtturm, wenn die x-Koordinate $x_L = 0{,}5$ des Leuchtturms zum zugehörigen Hochpunkt führt, wenn also $0{,}5 = \frac{20}{a}$ gilt (siehe oben). Dies ist für den Parameter $a = \frac{20}{0{,}5} = 40$ der Fall. Die y-Koordinate des Leuchtturms lautet $y_L = 1{,}5$. Für die y-Koordinate des Hochpunktes gilt nun:

$$y_H = \frac{100}{40} \cdot e^{-1} + 1$$

Für die Länge des Weges im Jahr 2040 gilt also:

$$y_H - y_L = \frac{100}{40} \cdot e^{-1} + 1 - 1{,}5 = \frac{5}{2} e^{-1} - \frac{1}{2}$$

Das ergibt etwa 0,42, also ca. 42 m.

d1) Es wird die Küstenlinie im Jahr 2150 betrachtet, also die Funktion f_a für $a = 150$. Die Landfläche F im Intervall [0; 8] zwischen Straße und Küstenlinie lässt sich mithilfe der Integralrechnung berechnen. Es gilt für diese Fläche:

$$F = \int_0^8 f_{150}(x)\,dx$$

Mit dem Taschenrechner erhält man einen ungefähren Integralwert von 8,09, in der Wirklichkeit also einen Flächeninhalt von $8{,}09 \cdot 100\text{ m} \cdot 100\text{ m} = 80\,900\text{ m}^2$, also etwa 8 Hektar.

Der Funktionsterm der Küstenlinie lautet für das Intervall [0; 8] und den Parameter $a \geq 20$:

$$f_a(x) = 5x \cdot e^{-0{,}05a \cdot x} + 1$$

Da für die darin enthaltene Teil-Funktion stets $5x \cdot e^{-0{,}05a \cdot x} > 0$ gilt (oder allgemeiner $e^{-x} > 0$ für reelle Zahlen x), folgt insbesondere, dass $f_a(x) > 0 + 1 = 1$ ist. Also ist auch der Flächeninhalt stets größer als $1 \cdot 8 = 8$ Hektar. Folgende Skizze möge dies noch einmal veranschaulichen:

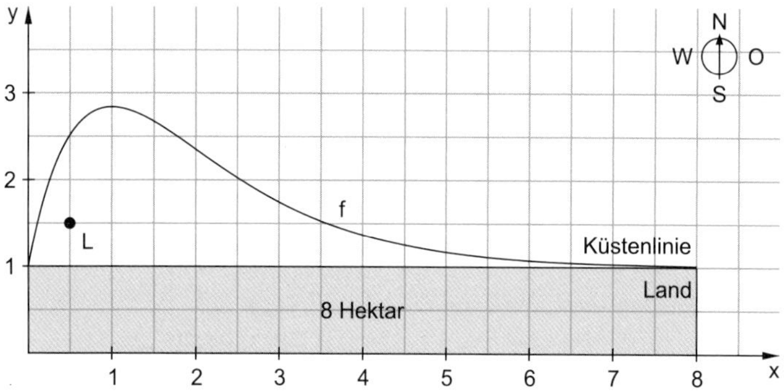

d2) Dieser Wert a gibt an, wie viele Jahre seit Beginn des Jahres 2000 vergangen sind, wenn nur noch 80 % der Landfläche vom Beginn des Jahres 2020 ($0{,}05a = 1 \Leftrightarrow a = 20$) vorhanden sind.

d3) Folgende Äquivalenzumformungen (beachte $x > 0$) liefern den gesuchten Wert a:

$$\begin{aligned}
f_a(x) < f(x) \quad &\Leftrightarrow \quad 5x \cdot e^{-0{,}05a \cdot x} + 1 < 5x \cdot e^{-x} + 1\\
&\Leftrightarrow \quad 5x \cdot e^{-0{,}05a \cdot x} < 5x \cdot e^{-x}\\
&\Leftrightarrow \quad e^{-0{,}05a \cdot x} < e^{-x}\\
&\Leftrightarrow \quad -0{,}05a \cdot x < -x\\
&\Leftrightarrow \quad 0{,}05a > 1\\
&\Leftrightarrow \quad a > 20
\end{aligned}$$

Also liefert nur $a > 20$ im gegebenen Intervall die geforderte Ungleichung $f_a(x) < f(x)$.

Schleswig-Holstein – Kernfach Mathematik
2020 – Aufgabe 2: Analysis

Die Abbildung zeigt den Graphen einer in $\mathbb{R}$ definierten ganzrationalen Funktion f vierten Grades. Die Tangente im Wendepunkt W(4 | 8) des Graphen hat die Steigung −4.

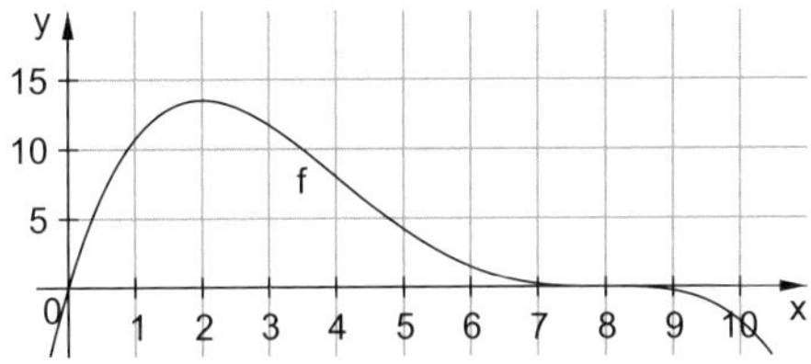

a) a1) Zeichnen Sie die beschriebene Tangente in die Abbildung ein. Bestimmen Sie eine zugehörige Geradengleichung mit Hilfe der gegebenen Werte. 3 P

a2) Die erste Ableitungsfunktion f' von f besitzt zwei ganzzahlige Nullstellen.
Geben Sie diese beiden Nullstellen an.
Der Graph von f' besitzt einen Tiefpunkt.
Geben Sie die Koordinaten dieses Tiefpunkts an, und begründen Sie Ihre Angabe. 5 P

a3) Die Funktion f hat eine Gleichung der Form
$f(x) = ax^4 + bx^3 + cx^2 + 16x$.
Bestimmen Sie die Werte der Parameter a, b und c. 6 P
[Zur Kontrolle: $f(x) = -\frac{1}{32}x^4 + \frac{3}{4}x^3 - 6x^2 + 16x$]

a4) Weisen Sie rechnerisch nach, dass der Graph von f an der Stelle $x = 8$ einen Sattelpunkt, d. h. einen Wendepunkt mit waagerechter Tangente, hat. 4 P

Am 26. April 1986 ereignete sich in der Ukraine ein Reaktorunfall, bei dem radioaktives Plutonium-241 freigesetzt wurde. Plutonium-241 zerfällt exponentiell, d. h., in jedem Jahr nimmt die Masse des vorhandenen Plutonium-241 um einen konstanten prozentualen Anteil ab. Der Zerfall einer bestimmten Menge Plutonium-241 wird im Folgenden durch die Funktion p mit
$p(x) = 200 \cdot e^{-0{,}048x}$ und $x \geq 0$
beschrieben. Dabei ist x die Zeit in Jahren, die seit dem Reaktorunfall vergangen ist, und p(x) die Masse des verbliebenen Plutonium-241 in Milligramm.

b) b1) Geben Sie die Bedeutung des Faktors 200 im Sachzusammenhang an. Berechnen Sie den prozentualen Anteil, um den die Masse des Plutonium-241 in jedem Jahr abnimmt. 3 P

b2) Bestimmen Sie das Jahr, in dessen Verlauf erstmals weniger als ein Milligramm des Plutonium-241 vorhanden sein wird. 4 P

Beim Zerfall eines radioaktiven Stoffs kann ein weiterer radioaktiver Stoff entstehen, der ebenfalls exponentiell zerfällt.
Für ein geeignetes $k > 0$ modelliert die Funktion h_k mit
$h_k(x) = 10 \cdot (1 - e^{-kx}) \cdot e^{-x}$ und $x \geq 0$
die zur Zeit x vorhandene Masse des neu entstandenen Stoffs. Die Abbildung zeigt den Graphen von h_1.

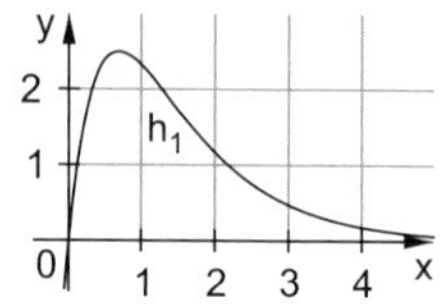

c) c1) Zeigen Sie, dass h_k nur die Nullstelle $x = 0$ hat. 2 P

c2) Der Graph der Funktion h_k hat genau einen Hochpunkt. Für die erste Ableitungsfunktion h'_k gilt

$$h'_k(x) = 10 \cdot \left((k+1) \cdot e^{-kx} - 1\right) \cdot e^{-x}.$$

Bestimmen Sie die x-Koordinate des Hochpunkts in Abhängigkeit von k. 3 P

d) Beim Zerfall von Plutonium-241 entsteht als weiterer radioaktiver Stoff Americium-241. Die Funktion a mit
$a(x) = 207 \cdot (1 - e^{-0{,}0464x}) \cdot e^{-0{,}0016x}$ und $x \geq 0$
gibt für jedes Jahr x die Masse des vorhandenen Americium-241 in Milligramm an.

d1) Der Graph von a kann für einen Wert von k aus dem Graphen der Funktion h_k erzeugt werden, indem man diesen in x-Richtung und in y-Richtung streckt.
Geben Sie die beiden Streckungsfaktoren an und bestimmen Sie den passenden Wert von k. 3 P

d2) Im Funktionsterm von a beschreibt der Faktor $1 - e^{-0{,}0464x}$ die Zunahme der Masse des vorhandenen Americium-241 und der Faktor $e^{-0{,}0016x}$ den Zerfall des vorhandenen Americium-241.
Begründen Sie, dass es einen Zeitpunkt gibt, zu dem beide Faktoren den gleichen Wert annehmen, ohne diesen Zeitpunkt zu berechnen. 3 P

e) Für jeden Wert von k gibt es zu der Funktion h_k eine Stammfunktion H_k mit $H_k(x) = -10 \cdot e^{-x} + \frac{10}{k+1} \cdot e^{-(k+1)x}$.

Zeigen Sie, dass $\int_0^{\infty} h_k(x)\,dx < 10$ für alle $k > 0$ gilt. 4 P

Hinweise und Tipps

Teilaufgabe a1

- Gegeben ist eine reelle ganzrationale Funktion f vierten Grades, also existieren reelle Zahlen a, b, c, d und e mit $a \neq 0$ und $f(x) = ax^4 + bx^3 + cx^2 + dx + e$.
- Die Tangente, als beste lineare Approximation von f im Wendepunkt $W(4 \mid 8)$, hat die Steigung -4.
- Die allgemeine Geradengleichung einer Tangente t kann durch $t(x) = t_1 x + t_2$ mit reellen t_1, t_2 beschrieben werden.
- Die Steigung von t im Wendepunkt beträgt -4. Was heißt dies algebraisch?
- Die Tangente „geht" durch den Wendepunkt. Was bedeutet dies algebraisch?
- Die Antworten auf die zwei Fragen ergeben zwei Bedingungen (Gleichungen), aus denen man die gesuchten Parameter von t leicht bestimmen kann.

Teilaufgabe a2

- Die Nullstellen der Ableitungsfunktion f' von f sind die Stellen, in denen der Graph von f waagerechte Tangenten hat.
- Ganz offensichtlich lassen sich die beiden gesuchten Nullstellen direkt aus der Abbildung ablesen. Achtung: Die verlockend wirkende Stelle $x = 0$ ist keine Nullstelle von f'.
- Der Tiefpunkt von f' braucht nicht ausgerechnet zu werden – warum nicht?
- Denken Sie daran, dass der Wendepunkt gegeben ist. Welche Bedeutung hat der Wendepunkt für die Ableitungsfunktion?
- Für die y-Koordinate des Tiefpunktes von f' liegt die Information $f'(4) = -4$ vor.

Teilaufgabe a3

- Die allgemeine Funktionsvorschrift für die ganzrationale Funktion f vierten Grades lautet gemäß Aufgabenstellung $f(x) = ax^4 + bx^3 + cx^2 + 16x$ mit $a, b, c \in \mathbb{R}$.
- Es gilt hierbei, die noch unbekannten Parameter a, b und c zu bestimmen.
- Leiten Sie diese Funktion f zunächst ab.
- Für die Ableitungsfunktion f' von f gilt nach den Ableitungsregeln:
  $f'(x) = 4ax^3 + 3bx^2 + 2cx + 16$ und $f''(x) = 12ax^2 + 6bx + 2c$
- Suchen Sie nach Informationen über die Funktion f im Aufgabentext.
- Es gibt drei weitere Informationen im Zusammenhang mit dem Wendepunkt und seiner Tangentensteigung.
- Ermitteln Sie aus den sich ergebenden drei Gleichungen die drei Parameter.

Teilaufgabe a4

- Überlegen Sie sich die Bedingungen, die für einen Sattelpunkt gelten müssen.
- Für einen Wendepunkt muss die zweite Ableitung den Wert null annehmen.

- Hinreichend für einen Wendepunkt ist, wenn zusätzlich die dritte Ableitung ungleich null ist.
- Weisen Sie diese Bedingungen einzeln durch Einsetzen von $x = 8$ nach.

Teilaufgabe b1

- Der Zerfall an Plutonium wird durch die Exponentialfunktion $p(x) = 200 \cdot e^{-0,048x}$ mit $x \geq 0$ beschrieben.
- Nebenstehende Abbildung veranschaulicht die Funktion näherungsweise ab dem Jahr 1986 (hier $x = 0$).
- Für $x = 0$ ist offenbar $e^{-0,048x} = e^{-0,048 \cdot 0} = e^0 = 1$ und damit gilt im Jahr 1986 ein Funktionswert von 200.
- Berechnen Sie die Masse an Plutonium in zwei aufeinanderfolgenden Jahren, also zum Zeitpunkt a und zum Zeitpunkt $a + 1$.
- Es ergibt sich ein Anteil von $\frac{p(a)}{p(a+1)}$.

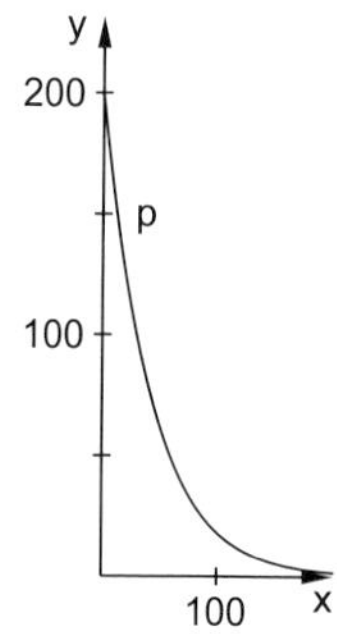

Teilaufgabe b2

- Bestimmen Sie eine Ungleichung, die sich aus dem Aufgabentext ergibt.
- Schätzen Sie anhand der Abbildung zunächst das zu erwartende Jahr.
- Offenbar muss für das gesuchte Jahr x gelten: $p(x) < 1$
- Damit ergibt sich eine Exponentialungleichung, nämlich $200 \cdot e^{-0,048x} < 1$.
- Durch Umstellen und anschließendes Anwenden der Logarithmusfunktion ergibt sich die Zeit in Jahren seit dem Unfall.
- Bedenken Sie die Äquivalenz: $e^x < a \;\Leftrightarrow\; \ln(e^x) < \ln(a) \;\Leftrightarrow\; x < \ln(a)$

Teilaufgabe c1

- Ein weiterer Stoff zerfällt gemäß der Exponentialgleichung $h_k(x) = 10 \cdot (1 - e^{-kx}) \cdot e^{-x}$. Bedenken Sie hierbei die beiden Bedingungen der Variablen, nämlich $k > 0$ und $x \geq 0$.
- Welche Konsequenzen haben diese beiden Bedingungen für die Funktion h_k?
- Für eine Nullstelle von h_k muss die Gleichung $h_k(x) = 0$ gelten.
- Bedenken Sie beim Umstellen und Vereinfachen der Gleichung, dass für alle reellen x, also insbesondere für $x \geq 0$, die e-Funktion stets positiv ist, also niemals den Wert null annimmt.
- Nach Division durch 10 und e^{-x} vereinfacht sich die Gleichung zu $e^{-kx} = 1$.
- Für alle Potenzen mit Basis $a \neq 0$ gilt $a^0 = 1$.

Teilaufgabe c2

- Eine notwendige Bedingung für die Existenz eines Hochpunktes der Funktion h_k ist $h'_k(x) = 0$.
- Bestimmen Sie die Lösung der Gleichung $10 \cdot \left((k+1) \cdot e^{-kx} - 1\right) \cdot e^{-x} = 0$.
- Gehen Sie mit denselben Argumenten wie in Teilaufgabe c1 vor.

Sie erhalten die Gleichung $e^{-kx} = \frac{1}{k+1}$, deren Lösung, also die gesuchte x-Koordinate, Sie durch Anwenden der Logarithmusfunktion erhalten.

Hinweis: Die Logarithmusfunktion ist eine streng monoton wachsende Funktion und liefert somit eine eindeutige Lösung.

Teilaufgabe d1

Ein zusätzlicher radioaktiver Stoff Americium zerfällt auch exponentiell. Nun modelliert die Funktion a mit $a(x) = 207 \cdot (1 - e^{-0{,}0464x}) \cdot e^{-0{,}0016x}$ die Situation für $x \geq 0$.

Die Termstruktur der Funktion h_k entspricht der der Funktion a, wobei in a kein zusätzlicher und „freier" Parameter vorkommt. Es muss also ein geeignetes $k > 0$ passend gefunden werden.

In y-Richtung erhält man den passenden Streckungsfaktor durch „Vergleich" der beiden Faktoren 10 und 207.

Für die Streckung in x-Richtung hilft der Vergleich von e^{-x} und $e^{-0{,}0016x}$, also von -1 und $-0{,}0016$.

Der passende k-Wert ergibt sich durch vergleichendes Ablesen von h_k und a im Exponenten der e-Funktionen.

Teilaufgabe d2

Warum beschreibt der eine Term die Abnahme einer Masse? Denken Sie dabei algebraisch und geometrisch mithilfe der Eigenschaft der e-Funktion mit negativen Exponenten.

Nun analog: Warum beschreibt der andere Term nun die Zunahme einer Masse?

Bestimmen Sie bei beiden Termen den Wert für $x = 0$.

Für die Begründung des Zeitpunktes mit gleichem Wert nutzen Sie aus, dass die eine zum Term gehörende Funktion monoton steigt und die andere monoton fällt. Was folgt daraus?

Teilaufgabe e

Für ein reelles $t \geq 0$ und reelles $k > 0$ gilt zunächst mit der Stammfunktion H_k:

$$A(t) = \int_0^t h_k(x)\,dx = [H_k(x)]_0^t = H_k(t) - H_k(0)$$

Stellen Sie nun den Term für die Differenz auf. Beachten Sie dabei wieder die Gleichung $e^0 = 1$.

Sie erhalten nach Umformungen einen Ausdruck der Form

$$-10 \cdot e^{-t} + \frac{10}{k+1} \cdot e^{-(k+1)t} + 10 - \frac{10}{k+1}.$$

Beachten Sie schließlich, dass für sehr große t (und damit auch für $t \to \infty$) $e^{-t} \to 0$ gilt. Was folgt nun damit aus dem obigen Ausdruck?

Bedenken Sie bei der abschließenden Argumentation, um die genannte Ungleichung zu zeigen, dass k als positiv vorausgesetzt ist.

Lösung

a1) Mit den gegebenen Werten ergibt sich durch den Punkt (4 | 8) die in der nebenstehenden Abbildung eingezeichnete Tangente im Wendepunkt.

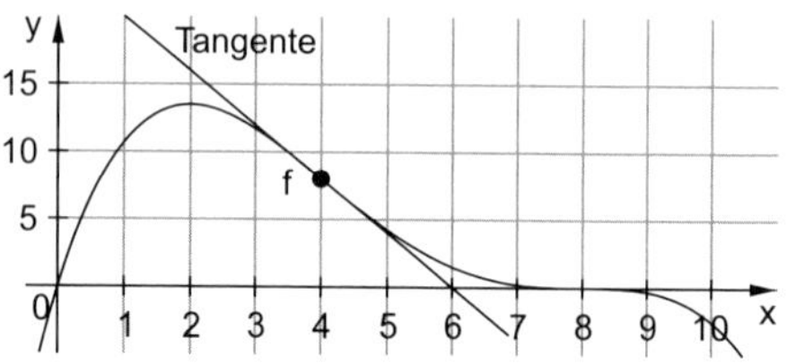

Zur Bestimmung der Geradengleichung für Tangenten gilt allgemein $t(x) = t_1 x + t_2$ mit reellen Zahlen t_1 und t_2. Da die Steigung den Wert -4 hat, gilt $t_1 = -4$. Zusätzlich gilt $t(4) = 8$, also $-4 \cdot 4 + t_2 = 8$, woraus $t_2 = 24$ folgt. Damit ergibt sich die Tangentengleichung $t(x) = -4 \cdot x + 24$.

a2) Da die Nullstellen von f' lediglich angegeben werden sollen, kann man durch Ablesen die beiden ganzzahligen Stellen, nämlich $x = 2$ und $x = 8$, ermitteln. An diesen Stellen besitzt die Funktion f augenscheinlich jeweils waagerechte Tangenten (Hoch- und Sattelpunkt).

Da der Graph der Ableitungsfunktion f' von f laut Aufgabenstellung einen Tiefpunkt T besitzen soll, kann dieser nur die Koordinaten $x = 4$ und $y = -4$ haben, da sich der Tiefpunkt der Ableitungsfunktion f' genau an der Stelle mit einem Wendepunkt von f befindet, also an der Stelle $x = 4$. Die y-Koordinate des Tiefpunkts entspricht dabei genau der Steigung, also in diesem Fall -4, der Tangente an der Stelle $x = 4$. Es ist also $T(4 \mid -4)$.

Der zweite ersichtliche Wendepunkt von f an der Stelle $x = 8$ ist ein Sattelpunkt, für den $f''(8) = 0$ gilt; diese Stelle ist ein Hochpunkt von f'.

a3) Die Funktion f hat die Form $f(x) = ax^4 + bx^3 + cx^2 + 16x$. Für die Bestimmung der fehlenden Parameter a, b und c gelten nach Aufgabenstellung folgende drei Gleichungen:

(1) $f(4) = 8$ [f hat an der Stelle $x = 4$ den Wert $y = 8$.]

(2) $f'(4) = -4$ [Die Tangente von f an der Stelle $x = 4$ hat die Steigung -4.]

(3) $f''(4) = 0$ [An der Stelle $x = 4$ hat die Funktion f einen Wendepunkt.]

Mit den Ableitungsfunktionen

$f'(x) = 4ax^3 + 3bx^2 + 2cx + 16$ und $f''(x) = 12ax^2 + 6bx + 2c$

ergibt sich aus (1), (2) und (3) das folgende Gleichungssystem:

$$256a + 64b + 16c + 64 = 8$$

$$256a + 48b + 8c + 16 = -4$$

$$192a + 24b + 2c = 0$$

Durch schrittweises Vereinfachen oder Verwendung des Taschenrechners erhält man die gesuchten Parameter $a = -\frac{1}{32}$, $b = \frac{3}{4}$ und $c = -6$, die mit der Kontrollfunktion übereinstimmen.

a4) Für den Sattelpunkt an der Stelle $x=8$ müssen die Bedingungen $f'(8)=f''(8)=0$ und $f'''(8)\neq 0$ erfüllt sein. Diese Gleichungen werden durch Einsetzen in die entsprechenden Ableitungsfunktionen von f bestätigt, wobei noch $f'''(x)=-\frac{3}{4}x+\frac{9}{2}$ gilt. Es ergibt sich:

$$f'(8)=-\frac{1}{8}\cdot 8^3+\frac{9}{4}\cdot 8^2-12\cdot 8+16=0$$

$$f''(8)=-\frac{3}{8}\cdot 8^2+\frac{9}{2}\cdot 8-12=0$$

$$f'''(8)=-\frac{3}{4}\cdot 8+\frac{9}{2}=-\frac{3}{2}\neq 0$$

b1) Zum Zeitpunkt des Unfalls im Jahre 1986 beträgt der Funktionswert für $x=0$:

$p(0)=200\cdot e^{-0{,}048\cdot 0}=200\cdot 1=200$

Also beschreibt der Faktor 200 die Masse des freigesetzten Plutoniums zum Zeitpunkt des Reaktorunfalls; sie beträgt 200 Milligramm.

Die Masse des Plutoniums im Jahr $x\geq 0$ beträgt $p(x)=200\cdot e^{-0{,}048x}$. Nach einem Jahr beträgt die Masse $p(x+1)=200\cdot e^{-0{,}048(x+1)}$. Der Anteil beträgt nach einem Jahr $\frac{p(x)}{p(x+1)}$, also nach Vereinfachung des Quotienten:

$e^{-0{,}048x-(-0{,}048(x+1))}=e^{-0{,}048}\approx 0{,}953$

Die Abnahme ist also ca. $1-0{,}953=0{,}047$, was in etwa 4,7 % entspricht.

b2) Laut Aufgabenstellung muss $p(x)<1$ gelten, damit weniger als 1 Milligramm Plutonium vorhanden ist. Damit ist die folgende Ungleichung zu lösen:

$p(x)=200\cdot e^{-0{,}048x}<1$

Es folgt nach Division durch 200 und anschließender Anwendung des Logarithmus:

$$\ln(e^{-0{,}048x})<\ln\left(\frac{1}{200}\right)$$

$$-0{,}048x<-\ln(200)$$

$$x>\frac{\ln(200)}{0{,}048}\approx 110{,}4$$

Damit ist im Laufe des Jahres $1986+110=2096$ mit weniger als 1 Milligramm zu rechnen.

c1) Für eine Nullstelle von h_k muss die Gleichung $h_k(x)=0$ gelten, d. h. $10\cdot(1-e^{-kx})\cdot e^{-x}=0$. Da die e-Funktion nicht den Wert null annimmt, muss $1-e^{-kx}=0$, also $e^{-kx}=1$ gelten. Diese Gleichung ist nur für $x=0$ erfüllt, da $e^{-k\cdot 0}=e^0=1$ gilt. Also liegt an der Stelle $x=0$ die einzige Nullstelle von h_k vor.

c2) Mit der gegebenen Ableitungsfunktion von h_k ergibt sich als notwendige Bedingung für einen Hochpunkt:

$$h'_k(x) = 10 \cdot \left((k+1) \cdot e^{-kx} - 1\right) \cdot e^{-x} = 0$$

Daraus ergibt sich nach Vereinfachungen der Gleichung und Anwenden des Logarithmus:

$$(k+1) \cdot e^{-kx} - 1 = 0$$

$$e^{-kx} = \frac{1}{k+1}$$

$$-kx = \ln\left(\frac{1}{k+1}\right)$$

$$x = -\frac{1}{k} \cdot \ln\left(\frac{1}{k+1}\right)$$

Dies ist die einzige zu einem Hochpunkt gehörende x-Koordinate, die für $k > 0$ auch eindeutig definiert ist.

d1) Für die passenden Streckungsfaktoren s_x und s_y gilt $s_y \cdot h_k(\frac{1}{s_x} \cdot x) = a(x)$, was zunächst zu $s_y = \frac{207}{10} = 20{,}7$ führt. Der passende x-Streckungsfaktor s_x ergibt sich entsprechend, bezogen auf die x-Koordinate, zu $s_x = \frac{-1}{-0{,}0016} = 625$.

Der passende k-Wert ergibt sich zunächst durch vergleichendes Ablesen der beiden Funktionen im Exponenten der e-Funktion als $k' = 0{,}0464$, der zusammen mit dem Streckfaktor s_x in x-Richtung schließlich zu $k = 0{,}0464 \cdot 625 = 29$ führt.

d2) Eine e-Funktion mit dem Term e^{-x} nimmt an der Stelle $x = 0$ den Wert 1 an und ist stets streng monoton fallend, d. h., aus $a < b$ folgt stets $e^{-a} > e^{-b}$, und strebt für sehr große x-Werte gegen 0. Ihr Graph hat also grundsätzlich den nebenstehend dargestellten Verlauf.

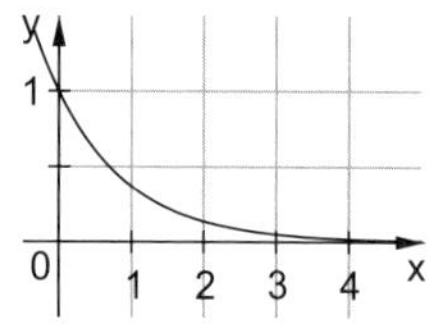

Die untere Abbildung zeigt zusätzlich den entsprechenden Verlauf des Terms $1 - e^{-x}$.

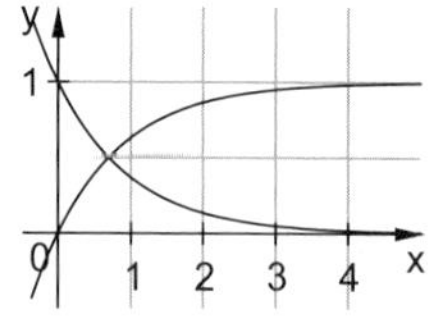

Vereinfacht könnte man sagen, dass der erste Term $e^{-0{,}0016x}$ den Wertebereich von 1 bis 0 und der zweite Term $1 - c^{-0{,}0464x}$ umgekehrt den Wertebereich von 0 bis 1 durchläuft. Da sich beide Funktionen ohne den „Stift abzusetzen" zeichnen lassen, also stetig sind, folgt damit, dass sie sich genau einmal schneiden, also dass sie genau einen gemeinsamen Funktionswert besitzen.

e) Für ein reelles $t \geq 0$ und reelles $k > 0$ gilt zunächst mit der Stammfunktion H_k:

$$A(t) = \int_0^t h_k(x)\,dx = [H_k(x)]_0^t = H_k(t) - H_k(0)$$

Mit der gegebenen Stammfunktion H_k von h_k gilt damit:

$$\begin{aligned} A(t) &= -10 \cdot e^{-t} + \frac{10}{k+1} \cdot e^{-(k+1)t} - \left(-10 \cdot e^0 + \frac{10}{k+1} \cdot e^{-(k+1) \cdot 0}\right) \\ &= -10 \cdot e^{-t} + \frac{10}{k+1} \cdot e^{-(k+1)t} - \left(-10 \cdot 1 + \frac{10}{k+1} \cdot 1\right) \\ &= -10 \cdot e^{-t} + \frac{10}{k+1} \cdot e^{-(k+1)t} + 10 - \frac{10}{k+1} \end{aligned}$$

Für sehr große t, und damit auch für $t \to \infty$, gilt $e^{-t} \to 0$, sodass die ersten beiden Summanden auch gegen null streben.

Daher gilt für alle $k > 0$:

$$A = \int_0^\infty h_k(x)\,dx = \lim_{t \to \infty} \int_0^t h_k(x)\,dx = \lim_{t \to \infty} A(t) = 10 - \underbrace{\frac{10}{k+1}}_{>0} < 10$$

Schleswig-Holstein – Kernfach Mathematik
2020 – Aufgabe 3: Analytische Geometrie

Gegeben sind der Punkt $L\left(-\frac{25}{4} \mid -8 \mid 6\right)$ und die Gerade

$g: \vec{x} = \begin{pmatrix} 0 \\ -12 \\ 9 \end{pmatrix} + r \cdot \begin{pmatrix} 1 \\ 0 \\ 0 \end{pmatrix}$ mit $r \in \mathbb{R}$.

a) a1) Begründen Sie, dass g parallel zur x_1-Achse verläuft, aber nicht durch den Punkt L. **2 P**

a2) L und g liegen in der Ebene E.
Ermitteln Sie eine Gleichung von E in Koordinatenform. **4 P**
[Zur Kontrolle: E: $3x_2 + 4x_3 = 0$]

In der Abbildung ist neben L und g das Viereck OPQR dargestellt, dessen Eckpunkte $O(0|0|0)$, $P\left(-\frac{25}{2} \mid 0 \mid 0\right)$, $Q\left(-\frac{25}{2} \mid -12 \mid 9\right)$ und $R(0|-12|9)$ in E liegen. Q und R liegen außerdem auf g.

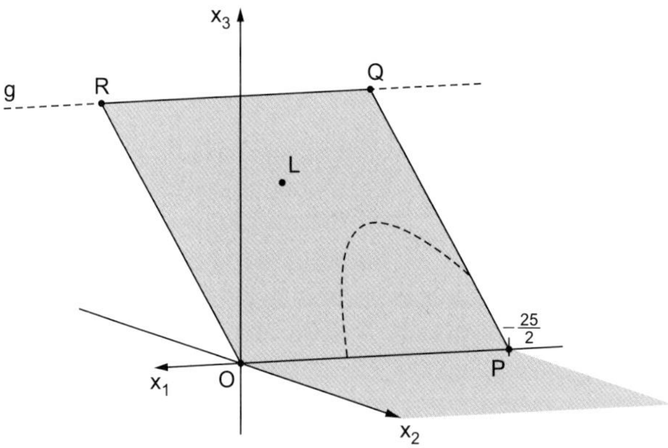

b) b1) Markieren Sie auf der x_2-Achse die Stelle –12 und auf der x_3-Achse die Stelle 9. **2 P**

b2) Begründen Sie, dass OPQR ein Rechteck ist.
Berechnen Sie den Flächeninhalt dieses Rechtecks. **5 P**

b3) Geben Sie eine Gleichung der Geraden h an, die durch die Punkte P und R verläuft. **1 P**

b4) O' ist der Punkt in der Ebene E, der durch Spiegelung des Punktes O an der Geraden h entsteht. Beschreiben Sie ein Verfahren, mit dem man die Koordinaten des Punktes O' ermitteln könnte. **3 P**

Das Viereck OPQR stellt modellhaft den geneigten Teil einer Minigolfbahn dar, der Punkt L das Loch dieser Bahn. Im verwendeten Koordinatensystem beschreibt die x_1x_2-Ebene den horizontalen Untergrund, eine Längeneinheit entspricht 10 cm in der Realität.

c) c1) Berechnen Sie die Größe des Winkels, den der geneigte Teil der Bahn mit dem Untergrund einschließt. 3 P

Im Punkt $A(-5\,|\,8\,|\,24)$ befindet sich eine Lichtquelle.

c2) Berechnen Sie den Punkt F der Ebene E, der den kürzesten Abstand zur Beleuchtung A aufweist. 5 P
[Zur Kontrolle: $F(-5\,|\,-6{,}4\,|\,4{,}8)$]

c3) Zeigen Sie, dass der Punkt F innerhalb des Vierecks OPQR liegt. 3 P

c4) Der geneigte Teil der Bahn wirft durch die Beleuchtung einen viereckigen Schatten OPQ'R' auf den horizontalen Untergrund. Ermitteln Sie die Koordinaten des Eckpunktes R'. 3 P

d) Im Folgenden wird der in der Abbildung gestrichelt dargestellte Teil des Weges eines Minigolfballs auf der Bahn betrachtet. Der Ball soll im Folgenden als punktförmig angenommen werden. Seine Positionen auf dem dargestellten Teil des Weges können durch Punkte

$B_t\left(-5-3t \;\middle|\; -8t+\frac{8}{3}t^2 \;\middle|\; 6t-2t^2\right)$

mit geeigneten Werten $t \in \mathbb{R}$ beschrieben werden.

d1) Geben Sie die Koordinaten des Punktes B_0 an und zeichnen Sie den Punkt in die Abbildung ein. 2 P

d2) Berechnen Sie im Modell die Koordinaten des Punktes, in dem der Weg des Balls auf die seitliche Begrenzung der Minigolfbahn trifft. 4 P

d3) Ermitteln Sie die maximale Höhe über dem Untergrund, die der Ball erreicht, und geben Sie diese Höhe in Zentimetern an. 3 P

Hinweise und Tipps

Teilaufgabe a1

- Bestimmen Sie einen Richtungsvektor der x_1-Achse.
- Vergleichen Sie diesen mit dem Richtungsvektor der gegebenen Geraden g.
- Damit zwei Geraden parallel sind, müssen die Richtungsvektoren linear abhängig sein.
- Damit ein Punkt auf einer Geraden liegt, muss jede Koordinate des Punktes durch einen geeignet gewählten Parameter der Geradengleichung (hier r) darstellbar sein.
- Schauen Sie sich die zweite oder dritte Koordinate von L an.

Teilaufgabe a2

- Wählen Sie zwei linear unabhängige Richtungsvektoren, die die Ebene E aufspannen.
- Ein Richtungsvektor ist bereits durch die Geradengleichung gegeben.
- Einen zweiten davon linear unabhängigen Richtungsvektor können Sie erhalten, indem Sie den Vektor eines beliebigen Geradenpunktes zum Punkt L bilden.
- Versuchen Sie, einen Normalenvektor der Ebene E zu finden.
- Einen Normalenvektor $\vec{n}$ enthält man direkt durch Anwendung des Vektorproduktes.
- Für zwei linear unabhängige Vektoren $\vec{a}$ und $\vec{b}$ erhält man allgemein einen Normalenvektor durch:

$$\vec{n} = \vec{a} \times \vec{b} = \begin{pmatrix} a_1 \\ a_2 \\ a_3 \end{pmatrix} \times \begin{pmatrix} b_1 \\ b_2 \\ b_3 \end{pmatrix} = \begin{pmatrix} a_2b_3 - a_3b_2 \\ a_3b_1 - a_1b_3 \\ a_1b_2 - a_2b_1 \end{pmatrix}$$

- Berechnen Sie einen Wert a für einen beliebigen Punkt, z. B. $(0|-12|9)$, der Ebene E mithilfe der Gleichung $n_1 \cdot 0 + n_2 \cdot (-12) + n_3 \cdot 9 = a$.
- Eine Koordinatenform von E ergibt sich dann mithilfe des Normalenvektors $\vec{n} = \begin{pmatrix} 0 \\ 3 \\ 4 \end{pmatrix}$ durch $0 \cdot x_1 + 3 \cdot x_2 + 4 \cdot x_3 = a$.

Teilaufgabe b1

- Die Ebene E enthält unter anderem die Punkte O, P, Q und R, wobei OPQR Eckpunkte eines Vierecks sind.
- Betrachten Sie die Koordinaten des Punktes R. Die Werte −12 und 9 erhält man durch entsprechende Parallelprojektionen des Punktes R auf die x_2- bzw. die x_3-Achse.

Teilaufgabe b2

- Nach Aufgabenstellung liegen die vier Punkte in einer Ebene.
- Ein Viereck ist genau dann ein Rechteck, wenn die gegenüberliegenden Seiten(linien) parallel und wenn benachbarte Seiten(linien) senkrecht zueinander sind.
  Beachte: Ist gezeigt, dass ein Seitenlinienpaar senkrecht zueinander ist, folgt bereits, dass alle benachbarten Seitenlinien senkrecht zueinander sind.

- Nach Teilaufgabe a1 sind zumindest die Seiten $\overline{OP}$ und $\overline{RQ}$ parallel zueinander.
- Ermitteln Sie den Vektor $\overrightarrow{PQ}$ und vergleichen Sie ihn mit $\overrightarrow{OR}$.
- Was bedeutet die Gleichung im Sachzusammenhang?
- Für den Flächeninhalt F eines Rechtecks mit den Seitenlängen a und b gilt $F = a \cdot b$.
- Suchen Sie zwei geeignete Seiten und bestimmen Sie deren Längen.
- Für die Länge eines Vektors $\vec{z} = \begin{pmatrix} z_1 \\ z_2 \\ z_3 \end{pmatrix}$ gilt $|\vec{z}| = \sqrt{z_1^2 + z_2^2 + z_3^2}$.

Teilaufgabe b3

- Die Koordinaten der Geradenpunkte P und R sind gegeben.
- Zur Bestimmung der Geradengleichung h bilden Sie $h: \vec{x} = \overrightarrow{OP} + \lambda \cdot \overrightarrow{PR}$.

Teilaufgabe b4

- Überlegen Sie sich, welche „Bewegung" der Punkt O bei einer Geradenspiegelung an h macht.
- Man benötigt eine zur Spiegelgeraden senkrechte Gerade, die durch den zu spiegelnden Punkt O verläuft. Wie erhält man eine solche Gerade?
- Der Abstand von Punkt und Spiegelpunkt zur Spiegelgeraden ist dabei stets gleich.

Teilaufgabe c1

- Es gibt mehrere Möglichkeiten zur Bestimmung des Schnittwinkels zwischen den sich schneidenden Ebenen (Ebene E und x_1x_2-Ebene).
- Mit deren Normalenvektoren $\vec{n}$ und $\vec{m}$ gilt allgemein: $\cos(\alpha) = \frac{|\vec{n} \circ \vec{m}|}{|\vec{n}| \cdot |\vec{m}|}$
- Finden Sie Normalenvektoren $\vec{n}$ und $\vec{m}$ für die beiden Ebenen.
- Für die Ebene E hat man den Normalenvektor $\vec{n}$ aus Teilaufgabe a2.
- Für den Untergrund (die x_1x_2-Ebene) kann z. B. mit $\vec{m} = \begin{pmatrix} 0 \\ 0 \\ 1 \end{pmatrix}$ direkt ein Normalenvektor aufgestellt und in die Formel eingesetzt werden.
- Aus der Formel ergibt sich nun der gesuchte Schnittwinkel α.
- *Alternative 1:* Man kann auch mithilfe zweier geeignet gewählter Vektoren der beiden Ebenen die gesuchte Winkelgröße ermitteln. Man wähle z. B. den Vektor $\overrightarrow{OR}$ und den Vektor $\begin{pmatrix} 0 \\ 1 \\ 0 \end{pmatrix}$ und wende die obige Gleichung an.
- *Alternative 2:* Aber auch mit den Mitteln der Sekundarstufe I kann man sehr leicht die Winkelgröße in einem geeignet gewählten rechtwinkligen Dreieck bestimmen. Für ein solches gilt $\alpha = \arctan\left(\frac{9}{12}\right)$. Welches Dreieck wurde betrachtet und warum gilt die Gleichung?
- *Hinweis:* Auch die Winkelgröße von $180° - \alpha$, also der Nebenwinkel von α, wird als korrekt bewertet.

Teilaufgabe c2

Der kürzeste Abstand eines Punktes zur Ebene ist eindeutig definiert. Er ist die Länge der Strecke zwischen dem Punkt und dem Schnittpunkt der Senkrechten (Lotgeraden) durch den Punkt mit der Ebene.

Ermitteln Sie zunächst die Senkrechte zu E durch den Punkt A.

Berechnen Sie dann den Schnittpunkt F der Senkrechten mit der Ebene.

Teilaufgabe c3

Nach Aufgabenstellung liegt der Punkt F in der Ebene E. Schauen Sie sich die Koordinaten des Punktes F an und vergleichen Sie sie mit den Eckpunktkoordinaten des Rechtecks. Was stellen Sie fest?

Offenbar gelten für die Koordinaten von $F(f_1 \mid f_2 \mid f_3)$:
$-\frac{25}{2} \le f_1 \le 0$, $-12 \le f_2 \le 0$ und $0 \le f_3 \le 9$

Alternativ: In welchem Intervall müssten die reellen Zahlen r, s in der Gleichung $\overrightarrow{OF} = \vec{O} + r \cdot \overrightarrow{OP} + s \cdot \overrightarrow{OR}$ liegen, damit der Punkt F „innerhalb" des Rechtecks liegt?

Teilaufgabe c4

Durch die Beleuchtung im Punkt A wirft die geneigte Bahn einen Schatten auf die x_1x_2-Ebene.

An welchem geometrischen Ort befindet sich der Schatten des Eckpunktes R, also der Punkt R'?

Der Schatten des Eckpunktes R auf dem Untergrund ist der Schnittpunkt der Geraden durch die Punkte A und R mit der x_1x_2-Ebene.

Stellen Sie die Gleichung der Geraden durch die beiden Punkte auf ($\vec{x} = \overrightarrow{OA} + r \cdot \overrightarrow{AR}$) und bestimmen Sie dann den Schnittpunkt der Geraden mit dem Untergrund, also der x_1x_2-Ebene.

Die Koordinatenform der x_1x_2-Ebene lautet einfach $x_3 = 0$.

Teilaufgabe d1

Die Koordinaten des Balles werden durch die „Punktmenge" $B_t\left(-5-3t \,\middle|\, -8t+\frac{8}{3}t^2 \,\middle|\, 6t-2t^2\right)$ mit dem reellen Parameter t beschrieben.

Setzen Sie $t = 0$ in die obige Ballkurve ein.

Der Punkt B_0 ist ein Punkt auf der x_1-Achse.

Teilaufgabe d2

Damit der Ball auf die Begrenzung (Seite $\overline{PQ}$ des Rechtecks) trifft, muss die x_1-Koordinate von B_t mit der vom Punkt P übereinstimmen.

Es ergibt sich die zu lösende Gleichung $-5-3t = -\frac{25}{2}$.

Teilaufgabe d3

- Welche der drei Achsen gibt die Höhe über dem Untergrund an?
- Die dritte Komponente aller Punkte B_t, also der Term $6t-2t^2$, gibt stets die Höhe an.
- Offenbar handelt es sich bei diesem Term um einen quadratischen Term, was durch die Skizze in der Aufgabenstellung (nach unten geöffnete Parabel) untermauert wird.
- Zur Bestimmung der maximalen Höhe über dem Untergrund gibt es mehrere Möglichkeiten.
- Bestimmen Sie das Maximum der Funktion $p(t)=6t-2t^2$, indem Sie die Ableitung bilden und anschließend deren Nullstelle bestimmen.
- *Alternative 1:* Bestimmen Sie den Scheitelpunkt der zugehörigen quadratischen Funktion p.
- *Alternative 2:* Bestimmen Sie die Nullstellen der quadratischen Funktion p. Verwenden Sie dabei $6t-2t^2=2t\cdot(3-t)$. Beachten Sie, dass die Nullstellen symmetrisch zum Maximum liegen.

Lösung

a1) Der Richtungsvektor der Geraden g lautet $\begin{pmatrix}1\\0\\0\end{pmatrix}$. Damit entspricht der Vektor der x_1-Achse. Die Addition eines Punktes in der Geradendarstellung bewirkt lediglich eine Parallelverschiebung. Somit ist die Gerade parallel zur x_1-Achse.

Der gegebene Punkt L liegt nicht auf der Geraden, weil es keine reelle Zahl r gibt, sodass seine zweite Koordinate $x_2 = -8$ die Gleichung $-8 = -12 + r \cdot 0 = -12$ erfüllt.

a2) Der Punkt L liegt nicht auf der Geraden g, deshalb liegen L und g in einer eindeutigen Ebene E. Zur Bestimmung einer Koordinatenform von E sucht man zwei linear unabhängige Richtungsvektoren (einer ist durch die Gerade g schon gegeben) und bildet daraus einen Normalenvektor von E.

Mithilfe des Punkts $(0|-12|9)$, der auf der Geraden g liegt, kann man den folgenden Vektor als weiteren Richtungsvektor bilden:

$$\begin{pmatrix}0\\-12\\9\end{pmatrix} - \overrightarrow{OL} = \begin{pmatrix}0\\-12\\9\end{pmatrix} - \begin{pmatrix}-\frac{25}{4}\\-8\\6\end{pmatrix} = \begin{pmatrix}\frac{25}{4}\\-4\\3\end{pmatrix}$$

Einen auf den Vektoren $\begin{pmatrix}\frac{25}{4}\\-4\\3\end{pmatrix}$ und $\begin{pmatrix}1\\0\\0\end{pmatrix}$ senkrecht stehenden Normalenvektor erhält man durch Anwendung des Vektorprodukts,

$$\begin{pmatrix}\frac{25}{4}\\-4\\3\end{pmatrix} \times \begin{pmatrix}1\\0\\0\end{pmatrix} = \begin{pmatrix}0\\3\\4\end{pmatrix},$$

was zum Normalenvektor $\vec{n} = \begin{pmatrix}0\\3\\4\end{pmatrix}$ der Ebene E führt.

Für einen beliebigen Punkt der Ebene E, zum Beispiel $(0|-12|9)$, und den Normalenvektor von oben gilt die Gleichheit

$n_1 \cdot a_1 + n_2 \cdot a_2 + n_3 \cdot a_3 = 0 \cdot 0 + 3 \cdot (-12) + 4 \cdot 9 = 0,$

also ist eine Koordinatenform von E gegeben durch:

E: $0 \cdot x_1 + 3 \cdot x_2 + 4 \cdot x_3 = 0$ oder $3x_2 + 4x_3 = 0$

b1) Da der Punkt R die Koordinaten $x_2 = -12$ und $x_3 = 9$ hat, erhält man durch das Einzeichnen der jeweiligen Parallelen zu den Achsen durch diesen Punkt die entsprechenden Stellen –12 und 9.

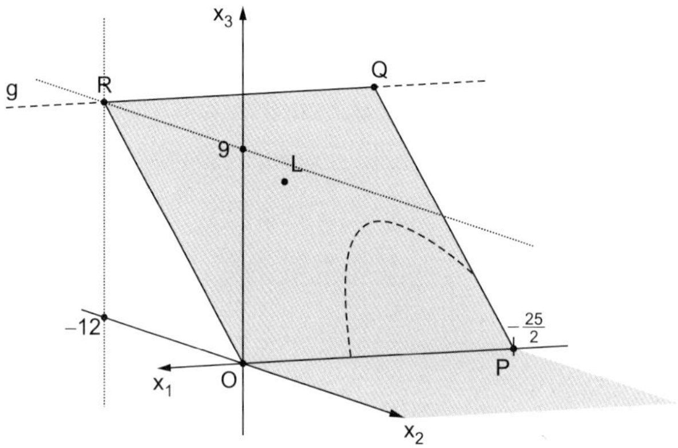

b2) Offenbar liegen alle Punkte O, P, Q und R des Vierecks in einer Ebene, nämlich in E. Nach Teilaufgabe a1 ist die Seite $\overline{QR}$, die auf der Geraden g liegt, parallel zur Seite $\overline{PO}$, die auf der x_1-Achse liegt. Weiterhin gilt:

$$\overrightarrow{PQ} = \overrightarrow{OQ} - \overrightarrow{OP} = \begin{pmatrix} -\frac{25}{2} \\ -12 \\ 9 \end{pmatrix} - \begin{pmatrix} -\frac{25}{2} \\ 0 \\ 0 \end{pmatrix} = \begin{pmatrix} 0 \\ -12 \\ 9 \end{pmatrix}$$

Daher ist die Seite $\overline{PQ}$ parallel zur Seite $\overline{OR}$, also ist das Viereck zumindest ein Parallelogramm. Da zusätzlich die beiden Vektoren $\overrightarrow{OP}$ und $\overrightarrow{OR}$ wegen

$$\begin{pmatrix} -\frac{25}{2} \\ 0 \\ 0 \end{pmatrix} \circ \begin{pmatrix} 0 \\ -12 \\ 9 \end{pmatrix} = 0$$

senkrecht zueinander sind, ist das Viereck OPQR ein Rechteck.

Für seinen Flächeninhalt ergibt sich durch die Multiplikation zweier benachbarter Seitenlängen:

$$\left|\begin{pmatrix} -\frac{25}{2} \\ 0 \\ 0 \end{pmatrix}\right| \cdot \left|\begin{pmatrix} 0 \\ -12 \\ 9 \end{pmatrix}\right| = \sqrt{\left(-\frac{25}{2}\right)^2} \cdot \sqrt{(-12)^2 + 9^2} = \frac{25}{2} \cdot \sqrt{225} = 12{,}5 \cdot 15 = 187{,}5$$

b3) Für eine Gleichung einer Geraden h durch die Punkte P und R gilt allgemein mit dem reellen Parameter λ:

$$h\colon\ \vec{x} = \overrightarrow{OP} + \lambda \cdot \overrightarrow{PR} = \begin{pmatrix} -\frac{25}{2} \\ 0 \\ 0 \end{pmatrix} + \lambda \cdot \begin{pmatrix} \frac{25}{2} \\ -12 \\ 9 \end{pmatrix}$$

b4) Der Spiegelpunkt O' von O an der Geraden h liegt auf einer Geraden ℓ, die senkrecht zu h und durch O verläuft. Man bestimmt eine Ebene, die senkrecht zur Geraden h ist und durch den Punkt O verläuft. Der Schnittpunkt dieser Ebene mit der Geraden h ist dann ein Punkt O_h, an dem O gespiegelt wird. Für den gesuchten Spiegelpunkt O' gilt dann $|\overrightarrow{OO_h}| = |\overrightarrow{O_hO'}|$, wobei die Koordinaten von O' durch die Gleichung $\overrightarrow{OO'} = 2 \cdot \overrightarrow{OO_h}$ ermittelt werden können.

c1) Es sind unterschiedliche Verfahren zur Bestimmung der Größe des Winkels möglich. Hier wird die Bestimmung des Winkels zwischen dem Vektor $\overrightarrow{OR} = \begin{pmatrix} 0 \\ -12 \\ 9 \end{pmatrix}$ (der Ebene E) und eines Vektors des Untergrundes, also z. B. $\begin{pmatrix} 0 \\ 1 \\ 0 \end{pmatrix}$ gewählt. Dafür gilt:

$$\cos(\alpha) = \frac{\left| \begin{pmatrix} 0 \\ -12 \\ 9 \end{pmatrix} \circ \begin{pmatrix} 0 \\ 1 \\ 0 \end{pmatrix} \right|}{\left| \begin{pmatrix} 0 \\ -12 \\ 9 \end{pmatrix} \right| \cdot \left| \begin{pmatrix} 0 \\ 1 \\ 0 \end{pmatrix} \right|} = \frac{|-12|}{\sqrt{144+81} \cdot \sqrt{1}} = \frac{12}{15} = \frac{4}{5} \quad \Rightarrow \quad \alpha = \arccos\left(\frac{4}{5}\right) \approx 36{,}87°$$

Für den gesuchten Winkel erhält man so den Wert $\alpha \approx 36{,}87°$. Als korrekt wird auch die Winkelgröße $180° - \alpha \approx 143{,}13°$ anerkannt.

c2) Im Punkt $A(-5\,|\,8\,|\,24)$ befindet sich eine Lichtquelle. Es ist der kürzeste Abstand vom Punkt A zur Ebene E gesucht. Dazu bestimmt man den Schnittpunkt F der Ebene E mit der Lotgeraden ℓ durch A. Das Lot erhält man bequem mithilfe des in Teilaufgabe a verwendeten Normalenvektors $\vec{n} = \begin{pmatrix} 0 \\ 3 \\ 4 \end{pmatrix}$, der als Richtungsvektor der Lotgeraden ℓ durch den Punkt A benutzt werden kann. Für die Lotgerade ℓ gilt somit mit einem reellen Parameter λ:

$$\ell\colon\ \vec{x} = \overrightarrow{OA} + \lambda \cdot \vec{n} = \begin{pmatrix} -5 \\ 8 \\ 24 \end{pmatrix} + \lambda \cdot \begin{pmatrix} 0 \\ 3 \\ 4 \end{pmatrix}$$

Nun erhält man den Schnittpunkt F durch Bestimmung des Schnittpunktes von ℓ mit E, also des gemeinsamen Punktes von E und ℓ. Dafür gilt:

$$3 \cdot (8 + 3\lambda) + 4 \cdot (24 + 4\lambda) = 0 \quad \Leftrightarrow \quad 120 + 25\lambda = 0 \quad \Leftrightarrow \quad \lambda = -\frac{24}{5}$$

Das Einsetzen dieses Wertes in die Geradengleichung von ℓ liefert schließlich den Punkt F:

$$\overrightarrow{OF} = \begin{pmatrix} -5 \\ 8 \\ 24 \end{pmatrix} - \frac{24}{5} \cdot \begin{pmatrix} 0 \\ 3 \\ 4 \end{pmatrix} = \begin{pmatrix} -5 \\ -6{,}4 \\ 4{,}8 \end{pmatrix}$$

Damit hat F die Koordinaten $F(-5\,|\,-6{,}4\,|\,4{,}8)$.

c3) Nach Aufgabenstellung liegt F in der Ebene E, die auch das Rechteck OPQR enthält. Die Koordinaten von F lauten $f_1=-5$, $f_2=-6{,}4$ und $f_3=4{,}8$. Für diese Koordinaten gilt $-\frac{25}{2}\le f_1\le 0$, $-12\le f_2\le 0$ und $0\le f_3\le 9$, wobei die Intervalle die „Außengrenzen" des Rechtecks sind. Also liegt der Punkt F im Inneren von OPQR.

Alternativ: Für den Ortsvektor von F gilt mit reellen r, s:

$$\overrightarrow{OF}=\vec{O}+r\cdot\overrightarrow{OP}+s\cdot\overrightarrow{OR} \iff \begin{pmatrix}-5\\-6{,}4\\4{,}8\end{pmatrix}=r\cdot\begin{pmatrix}-\frac{25}{2}\\0\\0\end{pmatrix}+s\cdot\begin{pmatrix}0\\-12\\9\end{pmatrix}$$

Dies führt auf die beiden Werte $r=\frac{2}{5}$ und $s=\frac{8}{15}$. Da beide Werte zwischen 0 und 1 liegen, liegt der Punkt F innerhalb des gegebenen Rechtecks.

c4) Der Schatten des Eckpunktes R auf dem Untergrund ist der Schnittpunkt der Geraden durch die Punkte A und R mit der x_1x_2-Ebene.

Mit einem reellen Parameter r ergibt sich die folgende Geradendarstellung von AR:

$$AR:\ \vec{x}=\overrightarrow{OA}+r\cdot\overrightarrow{AR}=\begin{pmatrix}-5\\8\\24\end{pmatrix}+r\cdot\begin{pmatrix}5\\-20\\-15\end{pmatrix}$$

Die Koordinatenform der x_1x_2-Ebene lautet schlicht $x_3=0$. Für die dritte Koordinate ergibt sich aus der Geradengleichung die Gleichung $0=24+r\cdot(-15)$, was auf $r=\frac{24}{15}=\frac{8}{5}$ führt. Setzt man diesen Wert in die Geradengleichung ein, erhält man die Koordinaten des gesuchten Punktes R'. Sie lauten $R'(3\,|\,{-24}\,|\,0)$.

d1) Für die Position des Balles ergibt sich für $t=0$ mit den Koordinaten $B_0(-5\,|\,0\,|\,0)$ das folgende Bild.

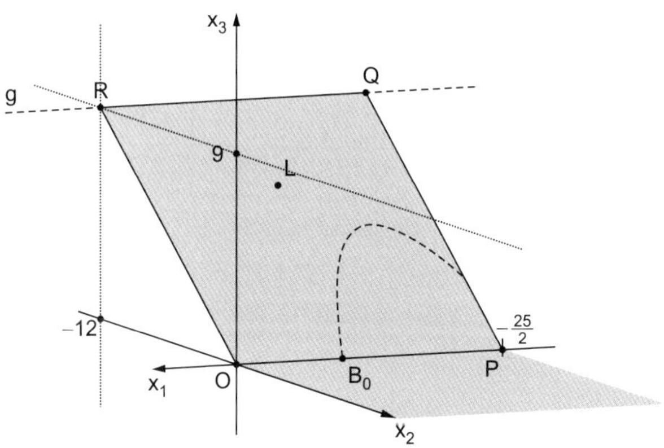

d2) Gesucht ist der Punkt B_{Seite} der Golfbahn (siehe Abbildung unten). Offenbar ist dann seine x_1-Koordinate dieselbe wie die des Punktes P, also $x_1 = -\frac{25}{2}$. Für diese Koordinate folgt aus der allgemeinen Darstellung aller Punkte B_t, dass $x_1 = -\frac{25}{2} = -5 - 3t$ gilt, woraus sofort $t = \frac{5}{2}$ folgt. Der gesuchte Punkt ist also:

$$B_{2,5}\left(-\frac{25}{2}\,\middle|\,-8\cdot\frac{5}{2}+\frac{8}{3}\cdot\left(\frac{5}{2}\right)^2\,\middle|\,6\cdot\frac{5}{2}-2\cdot\left(\frac{5}{2}\right)^2\right)=\left(-\frac{25}{2}\,\middle|\,-\frac{10}{3}\,\middle|\,\frac{5}{2}\right)$$

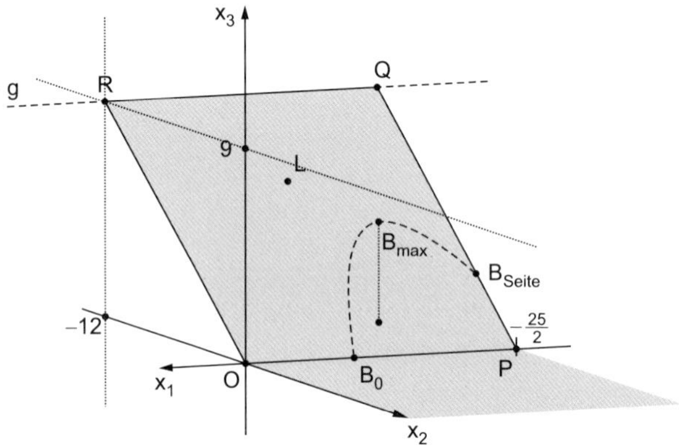

d3) Der höchste Punkt des Minigolfballs auf seiner gestrichelten Kurve in der Ebene E ist in der Abbildung oben durch den Punkt B_{max} angedeutet. Seine Höhe über dem Untergrund zeigt die gestrichelte Linie.

Die dritte Komponente von B_t, also der Term $6t - 2t^2$, gibt stets die Höhe über dem Untergrund an; so befindet sich beispielsweise der Ball für $t = 0$, wie auch schon in Teilaufgabe d1 gezeigt, auf dem Untergrund, also in der x_1x_2-Ebene; für $t = \frac{5}{2}$ ist der Ball $\frac{5}{2} \cdot 10 = 25$ cm über dem Untergrund.

Es gilt $6t - 2t^2 = 2t \cdot (3 - t)$, d. h., bei $t = 0$ und bei $t = 3$ hat die zum Term gehörige quadratische Funktion ihre Nullstellen und der Scheitelpunkt der zugehörigen, nach unten geöffneten Parabel liegt daher an der Stelle $t = \frac{3}{2}$. Damit ergibt sich eine maximale Höhe von:

$$6\cdot\frac{3}{2}-2\cdot\left(\frac{3}{2}\right)^2=9-2\cdot\frac{9}{4}=9-\frac{9}{2}=\frac{9}{2}=4,5$$

Die maximale Höhe beträgt also 45 cm.

Schleswig-Holstein – Kernfach Mathematik
2020 – Aufgabe 4: Stochastik

Vorbemerkung: Alle in Ihren Lösungen verwendeten Zufallsgrößen müssen explizit eingeführt werden. Machen Sie auch Angaben über die Verteilung der jeweiligen Zufallsgrößen.

Ein Fahrradhändler hat festgestellt, dass es sich bei 40 % aller von ihm verkauften Fahrräder um Mountainbikes handelt. Es soll davon ausgegangen werden, dass in einer zufälligen Auswahl verkaufter Fahrräder die Anzahl der Mountainbikes binomialverteilt ist.

a) a1) Bestimmen Sie die Wahrscheinlichkeit dafür, dass sich in einer zufälligen Auswahl von 100 verkauften Fahrrädern
- genau 30 Mountainbikes befinden;
- mindestens 35 und weniger als 45 Mountainbikes befinden. 5 P

a2) Ermitteln Sie die Wahrscheinlichkeit dafür, dass in einer zufälligen Auswahl von 250 verkauften Fahrrädern die Anzahl der Mountainbikes um mindestens 10 % größer ist als der Erwartungswert für diese Anzahl. 3 P

a3) Beschreiben Sie im Sachzusammenhang ein Zufallsexperiment, bei dem die Wahrscheinlichkeit eines Ereignisses mit dem Term
$1-0{,}6^{10}-10\cdot 0{,}4\cdot 0{,}6^{9}$
berechnet werden kann. Geben Sie dieses Ereignis an. 3 P

a4) Der Händler hat berechnet, dass er im September des Jahres 2020 mit einer Wahrscheinlichkeit von mehr als 96 % mehr als 800 Mountainbikes verkaufen wird.
Ermitteln Sie, von welcher Anzahl verkaufter Fahrräder er bei seiner Berechnung mindestens ausgegangen ist. 4 P

b) Der Anteil der Mountainbikes unter allen verkauften Fahrrädern beträgt weiterhin 40 %. 20 % aller verkauften Fahrräder haben einen Rahmen aus Aluminium. 45 % aller verkauften Fahrräder sind weder Mountainbikes noch haben sie einen Rahmen aus Aluminium.
Bestimmen Sie den Anteil der Fahrräder mit einem Rahmen aus Aluminium unter den verkauften Mountainbikes. 4 P

c) Die Abbildung 1 (siehe Beiblatt) zeigt für einige Monate des Jahres 2019 jeweils den Anteil der Mountainbikes unter allen verkauften Fahrrädern.

c1) Im April wurden 810 Mountainbikes verkauft. Bestimmen Sie für diesen Monat die Anzahl aller verkauften Fahrräder. 2 P c2) Der Anteil der Mountainbikes lag im Mai und Juni insgesamt bei 46 %; im Juli war er größer als im Mai und im August größer als im Juni. Entscheiden Sie, ob es dennoch möglich ist, dass der Anteil der Mountainbikes im Juli und August insgesamt kleiner war als insgesamt im Mai und Juni. Begründen Sie Ihre Entscheidung. 3 P

d) Der Händler verkauft 70 % der von ihm verkauften Fahrräder über sein Ladengeschäft (L), den Rest über sein Onlineportal (O). In beiden Fällen bietet er an, für das gekaufte Fahrrad eine Garantieverlängerung abzuschließen (G).

d1) Vervollständigen Sie zu diesem Sachverhalt das Baumdiagramm in Abbildung 2 (siehe Beiblatt).
Zeigen Sie, dass die Wahrscheinlichkeit dafür, dass für ein zufällig ausgewähltes verkauftes Fahrrad eine Garantieverlängerung abgeschlossen wird, kleiner als 70 % ist. 5 P

d2) Nach einer Neugestaltung seines Onlineportals vermutet der Händler, dass der Anteil der Fahrräder, für die beim Onlinekauf eine Garantieverlängerung abgeschlossen wird, auf über 45 % gestiegen ist. Erstellen Sie einen Hypothesentest mit einer Stichprobengröße von 80 Fahrrädern, der geeignet ist, die Vermutung des Händlers auf einem Signifikanzniveau von 5 % zu stützen. Geben Sie auch die entsprechende Entscheidungsregel an. 8 P

e) Betrachtet werden zwei Ereignisse A und B eines Zufallsexperiments, deren Wahrscheinlichkeit jeweils ungleich Null ist.
Beweisen Sie die folgende Aussage:
Wenn $P(A) \cdot P(\overline{B}) = P(A \cap \overline{B})$ ist, dann ist auch $P(A) \cdot P(B) = P(A \cap B)$. 3 P

Beiblatt zu Teilaufgabe c und d

Anteil der Mountainbikes unter allen verkauften Fahrrädern für einige Monate des Jahres 2019

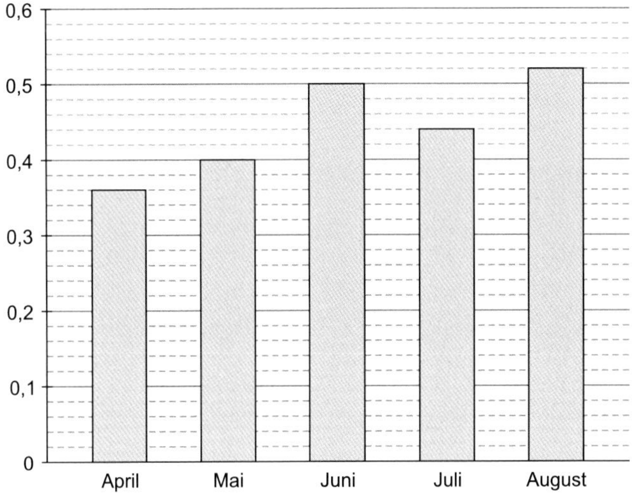

Abbildung 1

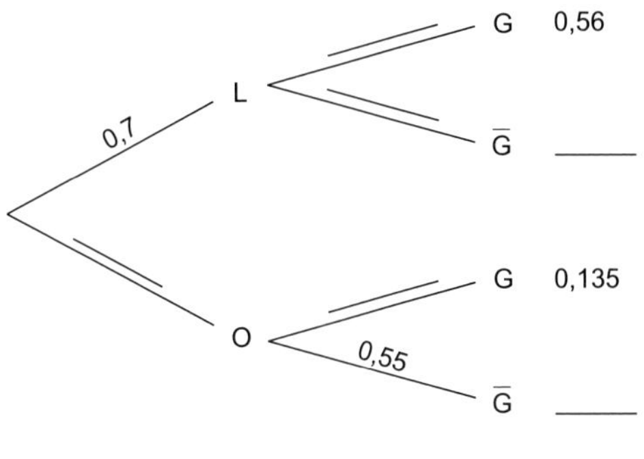

Abbildung 2

Hinweise und Tipps

Teilaufgabe a

- Betrachten Sie binomialverteilte Zufallsgrößen X_n mit den Parametern $p=0{,}4$ und einem für die jeweilige Teilaufgabe passenden n, die jeweils die Anzahl der Mountainbikes in der Stichprobe beschreiben.

Teilaufgabe a1

- Es gilt $P(a \le X < b) = P(X \le b-1) - P(X \le a-1)$.

Teilaufgabe a2

- Der Erwartungswert μ einer binomialverteilten Zufallsgröße berechnet sich zu $\mu = n \cdot p$.
- Es gilt $P(X \ge b) = 1 - P(X \le b-1)$.

Teilaufgabe a3

- Deuten Sie den zweiten und dritten Summanden als Wahrscheinlichkeiten von Pfaden in einem Baumdiagramm mit 10 Stufen.
- Formulieren Sie zu dem Baumdiagramm ein passendes Zufallsexperiment im Sachzusammenhang.
- Formulieren Sie nun ein Ereignis so, dass der gegebene Term die Summe der Wahrscheinlichkeiten der günstigen Pfade im Baumdiagramm beschreibt.

Teilaufgabe a4

- Hier ist der Parameter n der Zufallsgröße zunächst unbekannt und zu bestimmen.
- Es ist n so zu bestimmen, dass $P(X_n > 800) > 0{,}96$ ist.
- Das ist gleichbedeutend mit $P(X_n \le 800) < 0{,}04$.
- Ermitteln Sie die kleinste Lösung der Ungleichung durch systematisches Probieren mit dem Taschenrechner.

Teilaufgabe b

- Führen Sie die folgenden Bezeichnungen ein: M: „Ein zufällig ausgewähltes verkauftes Fahrrad ist ein Mountainbike.“ und A: „Ein zufällig ausgewähltes verkauftes Fahrrad hat einen Rahmen aus Aluminium.“
- Im Text sind die Anteile für die Ereignisse M, A und $\overline{A} \cap \overline{M}$ gegeben.
- Tragen Sie diese Anteile in eine Vierfeldertafel ein und bestimmen Sie dann die Anteile für die Ereignisse $\overline{A}$, $\overline{A} \cap M$ und $A \cap M$.
- Der gesuchte Anteil ergibt sich als Quotient zweier Anteile aus den inneren Feldern der Vierfeldertafel.

Teilaufgabe c1

Aus dem Diagramm liest man für April einen Anteil von 0,36 ab.

Die Gesamtzahl n, die zu bestimmen ist, muss die Bedingung $\frac{810}{n} = 0{,}36$ erfüllen.

Teilaufgabe c2

Zeigen Sie, dass es möglich ist.

Finden Sie dazu geeignete Anzahlen x und y für die im Juli bzw. August verkauften Fahrräder, sodass $\frac{0{,}44 \cdot x + 0{,}52 \cdot y}{x + y} < 0{,}46$ ist.

Teilaufgabe d1

Bestimmen Sie die fehlenden Wahrscheinlichkeiten in der hier angegebenen Reihenfolge.

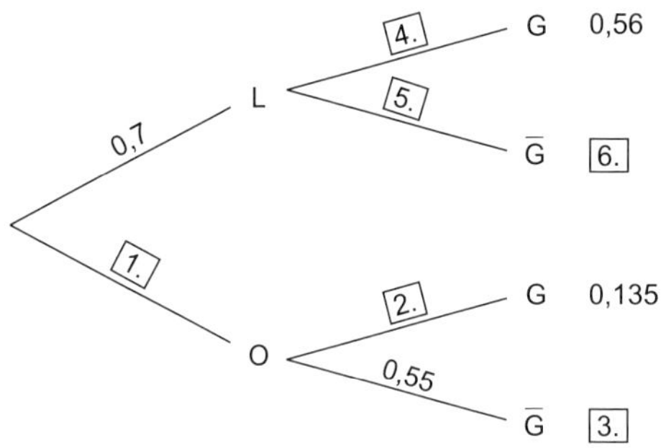

Prüfen Sie dann, ob $P(G) < 0{,}7$ ist.

P(G) ergibt sich als Summe zweier Pfadwahrscheinlichkeiten in obigem Baumdiagramm.

Teilaufgabe d2

Betrachten Sie eine Zufallsgröße X_p, die die Anzahl der Fahrräder beschreibt, für die beim Online-Kauf von 80 Fahrrädern eine Garantieverlängerung abgeschlossen wird.

Überlegen Sie, welche Hypothese gestützt werden soll, und wählen Sie die gegenteilige Hypothese als Nullhypothese.

Überlegen Sie, ob Sie die Nullhypothese ggf. durch einen rechts- oder linksseitigen Test verwerfen können.

Bestimmen Sie den Verwerfungsbereich der Nullhypothese bei einem Signifikanzniveau von 5 %.

Teilaufgabe e

Zeigen Sie die Behauptung durch schrittweise Umformungen/Einsetzungen. Nutzen Sie dabei die Voraussetzung.

Nutzen Sie außerdem die folgenden Zusammenhänge:

$P(B) = 1 - P(\overline{B})$

$P(A) = P(A \cap B) + P(A \cap \overline{B})$

Lösung

a1) Die Zufallsgröße X_n beschreibt die Anzahl der Mountainbikes. Sie ist binomialverteilt mit den Parametern $n = 100$ und $p = 0{,}4$.

$P(X_{100} = 30) \approx 0{,}0100 = 1\,\%$

$$P(35 \le X_{100} < 45) = P(X_{100} \le 44) - P(X_{100} \le 34)$$
$$\approx 0{,}8211 - 0{,}1303 = 0{,}6908 = 69{,}08\,\%$$

Mit der Wahrscheinlichkeit 1 % sind unter den 100 verkauften Fahrrädern genau 30 Mountainbikes und mit der Wahrscheinlichkeit 69,08 % sind es mindestens 35 und weniger als 45 Mountainbikes.

a2) X_n ist nun binomialverteilt mit den Parametern $n = 250$ und $p = 0{,}4$. Es ist $\mu = 0{,}4 \cdot 250 = 100$ und somit:

$$P(X_{250} \ge \mu + 10) = P(X_{250} \ge 110)$$
$$= 1 - P(X_{250} \le 109) \approx 1 - 0{,}8896 = 0{,}1104 = 11{,}04\,\%$$

a3) Zufallsexperiment: Zehn verkaufte Fahrräder werden zufällig ausgewählt.

Ereignis: „Mindestens zwei der Fahrräder sind Mountainbikes."

a4) X_n ist nun binomialverteilt mit unbekanntem n und $p = 0{,}4$. Es ist:

$P(X_n > 800) > 0{,}96 \quad \Leftrightarrow \quad P(X_n \le 800) < 0{,}04$

Systematisches Probieren mit dem Taschenrechner liefert:

$P(X_{2099} \le 800) \approx 4{,}05\,\%$ und $P(X_{2100} \le 800) \approx 3{,}90\,\%$

Der Händler ist von mindestens 2100 verkauften Fahrrädern ausgegangen.

b) M: „Ein zufällig ausgewähltes verkauftes Fahrrad ist ein Mountainbike."
A: „Ein zufällig ausgewähltes verkauftes Fahrrad hat einen Rahmen aus Aluminium."

Der gesuchte Anteil ist $\frac{5\,\%}{40\,\%} = 12{,}5\,\%$.

	M	$\overline{M}$	
A	5 %		20 %
$\overline{A}$	35 %	45 %	80 %
	40 %		100 %

c1) Die gesuchte Anzahl ist $\frac{810}{0{,}36} = 2250$.

c2) Es ist möglich. Wurden beispielsweise im Juli 10 000 Fahrräder verkauft und im August 1 000, so ergibt sich für diese beiden Monate insgesamt für den Anteil der verkauften Mountainbikes:

$$\frac{0{,}44 \cdot 10\,000 + 0{,}52 \cdot 1\,000}{11\,000} \approx 0{,}4472 < 0{,}46$$

d1) Zu prüfen ist, ob $P(G) < 0{,}7$ ist.
$P(G) = 0{,}56 + 0{,}135 = 0{,}695 < 0{,}7$

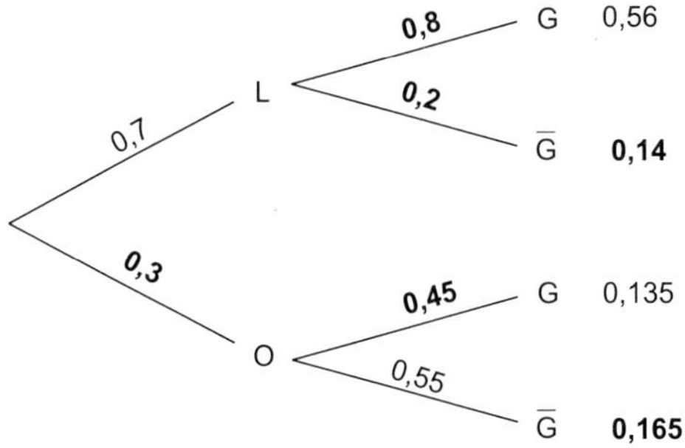

d2) Die Zufallsgröße X_p beschreibt die Anzahl der Fahrräder, für die beim Onlinekauf eine Garantieverlängerung abgeschlossen wird.

X_p ist binomialverteilt mit den Parametern $n = 80$ und p.
Da die Hypothese H_1: $p > 0{,}45$ gestützt werden soll, wird H_0: $p \leq 0{,}45$ als Nullhypothese gewählt.

Wenn die Hypothese H: $p = 0{,}45$ rechtsseitig verworfen werden kann, so auch die Hypothese H_0.

Zu bestimmen ist die kleinste natürliche Zahl k mit:
$P(X_p \geq k) \leq 0{,}05 \quad \Leftrightarrow \quad 1 - P(X_p \leq k-1) \leq 0{,}05 \quad \Leftrightarrow \quad P(X_p \leq k-1) \geq 0{,}95$

Aus $P(X_{0,45} \leq 42) \approx 0{,}9276$ und $P(X_{0,45} \leq 43) \approx 0{,}9537$ ergibt sich $k - 1 = 43$.
Somit ist $k = 44$.

Wird also für mindestens 44 der 80 Fahrräder beim Onlinekauf eine Garantieverlängerung abgeschlossen, so wird die Nullhypothese abgelehnt und die Vermutung des Händlers gestützt.

e) Mit $P(A) \cdot P(\overline{B}) = P(A \cap \overline{B})$ folgt:

$$\begin{aligned} P(A) \cdot P(B) &= P(A) \cdot \left(1 - P(\overline{B})\right) \\ &= P(A) - P(A) \cdot P(\overline{B}) \\ &= P(A) - P(A \cap \overline{B}) \\ &= \left(P(A \cap B) + P(A \cap \overline{B})\right) - P(A \cap \overline{B}) \\ &= P(A \cap B) \end{aligned}$$

Hinweis: Verschiedene Beweise sind möglich.

a) Die folgende Abbildung zeigt den Längsschnitt durch das Modell eines Blauwals. Eine Längeneinheit beträgt 1 Meter in der Wirklichkeit.

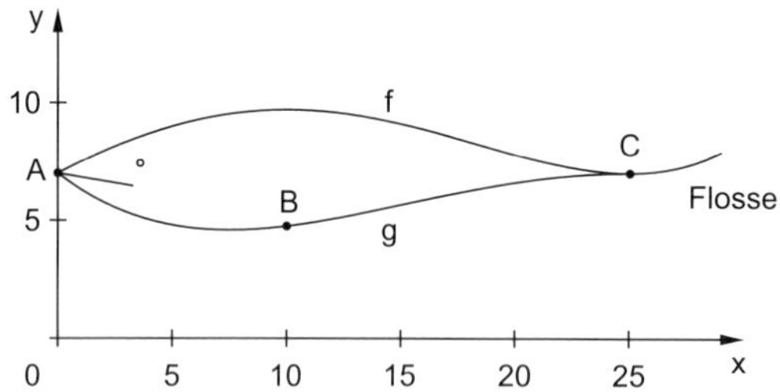

Die obere Begrenzung inklusive Flosse wird durch den Graphen der Funktion f mit

$$f(x) = \frac{1}{25\,000}x^4 - \frac{3}{2\,500}x^3 - \frac{3}{200}x^2 + \frac{1}{2}x + 7$$

im Intervall [0; 29] beschrieben.
Die untere Begrenzung wird im Intervall [0; 25] durch den Graphen einer ganzrationalen Funktion g vierten Grades modelliert. Der Graph von g verläuft durch die Punkte $A(0\,|\,7)$, $B\left(10\,\middle|\,\frac{19}{4}\right)$ und $C(25\,|\,7)$. Seine Tangente an der Stelle $x = 7{,}5$ ist waagerecht. Im Punkt C erfolgt ein knickfreier Anschluss an den Graphen von f.

a1) Bestimmen Sie einen Funktionsterm von g. 7 P

[Zur Kontrolle: $g(x) = \frac{1}{50\,000}x^4 - \frac{11}{5\,000}x^3 - \frac{29}{400}x^2 - \frac{3}{4}x + 7$]

a2) Für jedes x aus dem Intervall [0; 25] wird die Dicke des Längsschnitts durch die Differenz der Funktionswerte von f und g an dieser Stelle x beschrieben.
Berechnen Sie die maximale Dicke des Längsschnitts. 6 P

b) Ein Blauwal ist bei der Geburt 6 m lang. Seine Wachstumsrate wird modelliert durch die Funktion w mit

$$w(x) = \frac{120 \cdot e^{0,9 \cdot (x-5)}}{(e^{0,9 \cdot (x-5)} + 6)^2}.$$

Dabei steht x für die Zeit in Jahren seit der Geburt und w(x) für den Längenzuwachs in Meter pro Jahr.

b1) Ermitteln Sie die Körperlänge des Blauwals nach acht Jahren. 2 P b2) Zeigen Sie, dass ein Blauwal, dessen Wachstumsrate durch die Funktion w modelliert wird, immer weiter wachsen würde, aber eine Körperlänge von 29 m nie erreichen könnte. 4 P

b3) Ein Blauwal ist nach diesem Modell ausgewachsen, wenn er eine Körperlänge von 27,6 m erreicht hat.
Bestimmen Sie das Alter, ab dem der Blauwal ausgewachsen ist. 3 P

c) Die Funktion w ist in der Schar w_k mit

$$w_k(x) = \frac{120 \cdot e^{k \cdot (x-5)}}{(e^{k \cdot (x-5)} + 6)^2}$$

mit $k > 0$ enthalten.
Die nebenstehende Abbildung zeigt die Graphen von w_1, $w_{\frac{1}{2}}$ und $w_{\frac{1}{3}}$.

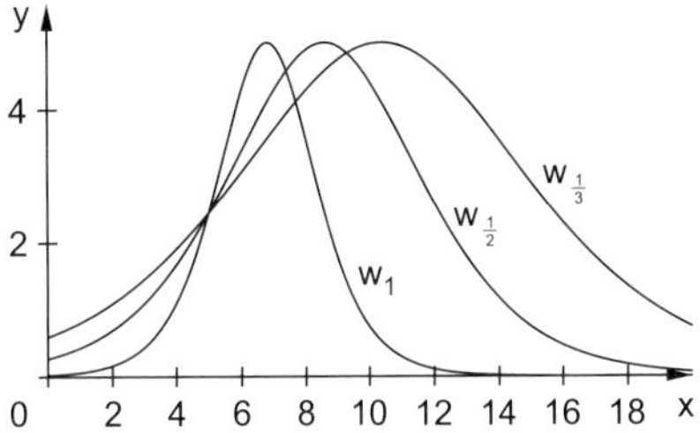

c1) Beschreiben Sie anhand der dargestellten Graphen den Einfluss des Parameters k auf die Koordinaten des Hochpunktes und auf den y-Achsenabschnitt. 3 P

c2) Zeigen Sie, dass der Punkt $P\left(5 \,\middle|\, \frac{120}{49}\right)$ für alle $k > 0$ auf dem Graphen von w_k liegt.
Weisen Sie nach, dass P für kein $k > 0$ ein Wendepunkt sein kann. 5 P

c3) Zeigen Sie rechnerisch, dass alle Hochpunkte der Graphen von w_k auf einer Geraden liegen.
Bestimmen Sie einen Wert für k, sodass w_k an der Stelle $x = 6$ ein lokales Maximum annimmt. 6 P

c4) Jeder Graph der Funktionenschar w_k ist symmetrisch zu einer Parallelen zur y-Achse durch den Punkt $Q_k\left(5 + \frac{\ln(6)}{k} \,\middle|\, 0\right)$. Der Punkt $P\left(5 \,\middle|\, \frac{120}{49}\right)$ besitzt somit auf jedem Funktionsgraphen einen Spiegelpunkt P'_k. Die Punkte P, Q_k und P'_k bilden die Eckpunkte eines Dreiecks.
Bestimmen Sie den Parameter k so, dass der Flächeninhalt des Dreiecks genau 1 beträgt. 4 P

Hinweise und Tipps

Teilaufgabe a1

- Verwenden Sie den Ansatz $g(x) = ax^4 + bx^3 + cx^2 + dx + e$.
- Entnehmen Sie dem Text insgesamt 5 Bedingungen an g bzw. die Ableitung von g.
- Aus dem Ansatz und den 5 Bedingungen ergibt sich ein Gleichungssystem. Lösen Sie dieses.

Teilaufgabe a2

- Zu bestimmen ist das globale Maximum der Funktion d mit $d(x) = f(x) - g(x)$ im Intervall $[0; 25]$.
- Bestimmen Sie zunächst die lokalen Extrema im Intervall $[0; 25]$ und prüfen Sie danach, ob diese auch globale Extrema sind. Untersuchen Sie dazu auch die Ränder des betrachteten Intervalls.
- Notwendig für ein lokales Maximum von d an der Stelle x ist $d'(x) = 0$.

Teilaufgabe b1

- Beachten Sie, dass die Funktion w die Änderungsrate der Blauwallänge darstellt und nicht die Länge selbst!
- Das Integral von a bis b über die Änderungsrate der Länge ergibt die Längenänderung des Wals im Zeitintervall $[a; b]$.

Teilaufgabe b2

- Begründen Sie, dass die Wachstumsrate w für alle $x > 0$ positiv ist.
- Erläutern Sie die Bedeutung dieser Tatsache für die Länge des Wals.
- Untersuchen Sie, wie sich die Länge des Wals für $x \to \infty$ verhält.

Teilaufgabe b3

- Zu lösen ist die Gleichung: $6 + \int_0^z w(x)\,dx = 27{,}6$

Teilaufgabe c1

- Beschreiben Sie anhand der Abbildung, wie sich die x-Koordinaten der Maxima, die y-Werte der Hochpunkte und die y-Achsenabschnitte mit k verändern.

Teilaufgabe c2

- Berechnen Sie $w_k(5)$.
- Damit P auch ein Wendepunkt des Graphen von w_k ist, muss die Bedingung $w_k''(x) = 0$ erfüllt sein.
- Zeigen Sie, dass dies nicht der Fall ist.

Teilaufgabe c3

- Bestimmen Sie Kandidaten für lokale Extremstellen von w_k aus der notwendigen Bedingung $w_k'(x) = 0$.
- Überprüfen Sie mithilfe der zweiten Ableitung von w_k, ob an diesen Stellen lokale Maxima vorliegen.
- Bestimmen Sie die Koordinaten der Hochpunkte in Abhängigkeit von k.
- Zeigen Sie, dass alle Hochpunkte auf einer Geraden liegen.
- Bestimmen Sie k so, dass die x-Koordinate des Hochpunkts von w_k den Wert 6 hat.

Teilaufgabe c4

- Erstellen Sie eine Skizze der Situation, in die Sie die in der Aufgabe benannten Punkte eintragen:

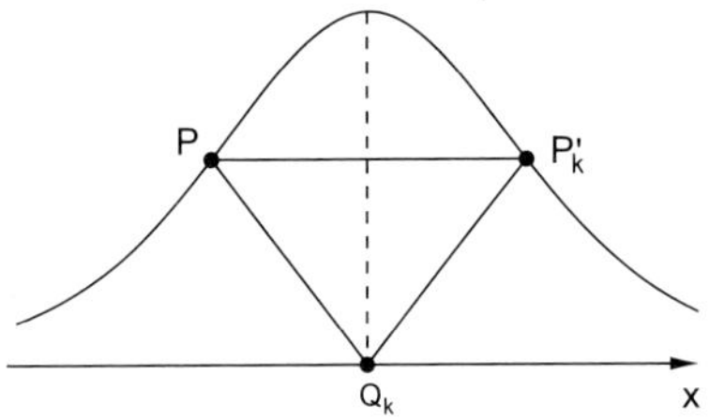

- Berechnen Sie die Länge der Grundseite $\overline{PP_k'}$ in Abhängigkeit von k.
- Bestimmen Sie die Höhe des Dreiecks; das ist die y-Koordinate von P.
- Erstellen Sie einen Term für den Flächeninhalt des Dreiecks und bestimmen Sie den Wert von k so, dass dessen Wert 1 ist.

Lösung

a1) Aus dem Ansatz $g(x) = ax^4 + bx^3 + cx^2 + dx + e$ folgt mit den Bedingungen $g(0) = 7$, $g(10) = \frac{19}{4}$, $g(25) = 7$, $g'(7{,}5) = 0$ und $g'(25) = f'(25)$ für die Parameter a, b, c, d und e

$$a = \frac{1}{50\,000} \wedge b = -\frac{11}{5000} \wedge c = \frac{29}{400} \wedge d = -\frac{3}{4} \wedge e = 7$$

und somit:

$$g(x) = \frac{1}{50\,000}x^4 - \frac{11}{5000}x^3 + \frac{29}{400}x^2 - \frac{3}{4}x + 7$$

$g(x) := a\cdot x^4 + b\cdot x^3 + c\cdot x^2 + d\cdot x + e$ *Fertig*

$g1(x) := \frac{d}{dx}(g(x))$ *Fertig*

$f(x) := \frac{1}{25000}\cdot x^4 - \frac{3}{2500}\cdot x^3 - \frac{3}{200}\cdot x^2 + \frac{1}{2}\cdot x$ ▸ *Fertig*

$f1(x) := \frac{d}{dx}(f(x))$ *Fertig*

solve$\left(g(0)=7 \text{ and } g(10)=\frac{19}{4} \text{ and } g(25)=7 \text{ and}\right.$ ▸

$a=\frac{1}{50000} \text{ and } b=\frac{-11}{5000} \text{ and } c=\frac{29}{400} \text{ and } d=-$ ▸

$g(x)|a=\frac{1}{50000} \text{ and } b=\frac{-11}{5000} \text{ and } c=\frac{29}{400} \text{ and}$ ▸

$$\frac{x^4}{50000} - \frac{11\cdot x^3}{5000} + \frac{29\cdot x^2}{400} - \frac{3\cdot x}{4} + 7$$

$g(x) := \frac{x^4}{50000} - \frac{11\cdot x^3}{5000} + \frac{29\cdot x^2}{400} - \frac{3\cdot x}{4} + 7$ *Fertig*

a2) Gesucht ist das globale Maximum der Funktion d mit $d(x) = f(x) - g(x)$ im Intervall [0; 25].

Notwendig für ein lokales Maximum von d an der Stelle x ist $d'(x) = 0$. Damit gilt:

$$d'(x) = 0 \quad \Leftrightarrow \quad x_1 \approx 8{,}77 \;\vee\; x_2 = 25$$

Der Wert $x \approx -71{,}3$ entfällt als Lösung, da er nicht im betrachteten Intervall liegt.

Offensichtlich ist die Dicke an den Rändern des Intervalls null. Da zusätzlich $d(x_1) \approx 5{,}03 > 0$ gilt, ist eine hinreichende Bedingung für ein globales Maximum an der Stelle $x \approx 8{,}77$ erfüllt.

Die maximale Dicke des Längsschnitts beträgt somit ca. 5,03 m.

$d(x) := f(x) - g(x)$ *Fertig*

$d1(x) := \frac{d}{dx}(d(x))$ *Fertig*

solve$(d1(x)=0, x)$

$$x=\frac{-25\cdot(\sqrt{41}+5)}{4} \text{ or } x=\frac{25\cdot(\sqrt{41}-5)}{4} \text{ or } x=25$$

solve$(d1(x)=0, x)$

$x=-71.2695 \text{ or } x=8.76953 \text{ or } x=25.$

$d(8.76953)$ 5.02546

b1) Da

$$6+\int_0^8 w(x)\,dx \approx 21{,}80$$

ist, beträgt die Länge des Wals nach acht Jahren ca. 21,8 m.

$$w(x):=\frac{120\cdot e^{0.9\cdot(x-5)}}{\left(e^{0.9\cdot(x-5)}+6\right)^2} \qquad \textit{Fertig}$$

$$6+\int_0^8 w(x)\,dx \qquad 21.7954$$

b2) Da für alle $x \in \mathbb{R}^+$ sowohl $120\cdot e^{0,9\cdot(x-5)} > 0$ als auch $(e^{0,9\cdot(x-5)}+6)^2 > 0$ ist, ist auch der Quotient w(x) aus beiden Termen größer als null.

Da $6+\lim\limits_{z\to\infty}\int_0^z w(x)\,dx \approx 28{,}18$ ist,

erreicht der Wal im Modell nie eine Körperlänge von 29 m.

$$6+\lim_{z\to\infty}\left(\int_0^z w(x)\,dx\right) \qquad 28.1812$$

b3) Zu lösen ist die Gleichung:

$$6+\int_0^z w(x)\,dx = 27{,}6$$

Man erhält $z \approx 11{,}01$. Der Wal ist also mit gut elf Jahren ausgewachsen

$$\text{solve}\left(6+\int_0^z w(x)\,dx=27.6,z\right) \qquad z=11.0101$$

c1) Man sieht, dass bei größeren Werten von k die x-Koordinate des Maximums kleiner wird. Anhand der Zeichnung lässt sich zudem vermuten, dass alle Hochpunkte den gleichen y-Wert besitzen. Der y-Achsenabschnitt nimmt für zunehmende Werte von k ab.

c2) Für alle $k > 0$ ist $w_k(5) = \frac{120}{49}$. Also liegt der Punkt P auf allen Graphen der Funktionenschar.

Damit P auch ein Wendepunkt des Graphen von w_k ist, muss die Bedingung $w_k''(5) = 0$ notwendigerweise erfüllt sein. Es gilt:

$$w_k''(5) = \frac{1560\cdot k^2}{2401} \approx 0{,}65\cdot k^2$$

Da laut Aufgabenstellung $k > 0$ gilt, ist $w_k''(5)$ stets größer als null. Daher besitzt kein Graph der Funktionenschar an der Stelle $x = 5$ einen Wendepunkt.

$$w(k,x):=\frac{120\cdot e^{k\cdot(x-5)}}{\left(e^{k\cdot(x-5)}+6\right)^2} \qquad \textit{Fertig}$$

$$w1(k,x):=\frac{d}{dx}\left(w(k,x)\right) \qquad \textit{Fertig}$$

$$w2(k,x):=\frac{d}{dx}\left(w1(k,x)\right) \qquad \textit{Fertig}$$

$$w(k,5) \qquad \frac{120}{49}$$

$$⚠\ w2(k,5) \qquad \frac{1560\cdot k^2}{2401}$$

c3) Für jedes $k > 0$ liegt wegen

$$w_k'(x) = 0 \quad \Leftrightarrow \quad x = \frac{5k + \ln(6)}{k} \quad \text{und}$$

$$w_k''\left(\frac{5k + \ln(6)}{k}\right) = -\frac{5}{2} \cdot k^2 < 0$$

an der Stelle $x = \frac{5k + \ln(6)}{k}$ ein lokales Maximum von w_k vor.

Da zudem

$$w_k\left(\frac{5k + \ln(6)}{k}\right) = 5$$

ist, hat der Hochpunkt die Koordinaten:

$$H_k\left(\frac{5k + \ln(6)}{k} \,\middle|\, 5\right)$$

Somit liegen alle Hochpunkte auf der Geraden mit der Gleichung $y = 5$.

$\text{solve}(w1(k,x)=0,x)$	$x=\frac{5\cdot k+\ln(6)}{k}$ or $k=0$
$w2\left(k,\frac{5\cdot k+\ln(6)}{k}\right)$	$\frac{-5\cdot k^2}{2}$
$w\left(k,\frac{5\cdot k+\ln(6)}{k}\right)$	5

w_k hat an der Stelle $x = 6$ ein lokales Maximum, wenn $\frac{5k + \ln(6)}{k} = 6$ gilt. Daraus folgt $k = \ln(6)$.

$\text{solve}\left(\frac{5\cdot k+\ln(6)}{k}=6,k\right)$	$k=\ln(6)$

c4) Mit $P\left(5 \,\middle|\, \frac{120}{49}\right)$ und $Q_k\left(5 + \frac{\ln(6)}{k} \,\middle|\, 0\right)$ ergibt sich aufgrund der Symmetrie für die Grundseite $\overline{PP_k'}$ des Dreiecks die Länge $2 \cdot \frac{\ln(6)}{k}$. Die Höhe des Dreiecks beträgt dann $\frac{120}{49}$, sodass der Flächeninhalt durch

$$A(k) = \frac{1}{2} \cdot 2 \cdot \frac{\ln(6)}{k} \cdot \frac{120}{49} = \frac{\ln(6)}{k} \cdot \frac{120}{49}$$

beschrieben wird.

Aus dem Ansatz $A(k) = 1$ folgt:

$$k = \frac{120}{49} \cdot \ln(6) \approx 4{,}39$$

Somit besitzt das Dreieck PQ_kP_k' für $k \approx 4{,}39$ einen Flächeninhalt von 1.

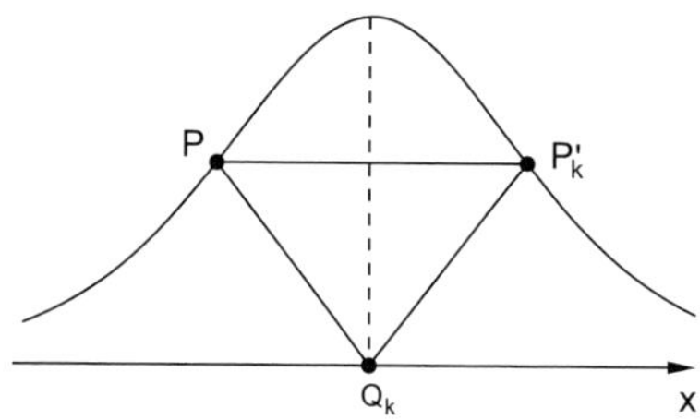

$a(k):=\frac{1}{2}\cdot 2\cdot\frac{\ln(6)}{k}\cdot\frac{120}{49}$	*Fertig*
$\text{solve}(a(k)=1,k)$	$k=\frac{120\cdot\ln(6)}{49}$
$\text{solve}(a(k)=1,k)$	$k=4.38798$

Schleswig-Holstein – Kernfach Mathematik
2020 – Aufgabe 2: Analysis (CAS)

Auf einer Waldfläche wurden neue Fichten gepflanzt. Alle Fichten hatten zum Zeitpunkt der Pflanzung eine Höhe von 50 cm.

a) Betrachtet wird die Rate des Höhenwachstums der Fichten in Abhängigkeit von der Zeit. Diese Wachstumsrate wird durch die Funktion w mit

$$w(t) = 60 \cdot e^{-\frac{1}{3000} \cdot (t-40)^2} \text{ und } t \geq 0$$

modellhaft beschrieben. Dabei ist t die seit der Pflanzung vergangene Zeit in Jahren und w(t) die Wachstumsrate in der Einheit Zentimeter pro Jahr $\left(\frac{\text{cm}}{\text{a}}\right)$. Die Abbildung zeigt den Graphen von w.

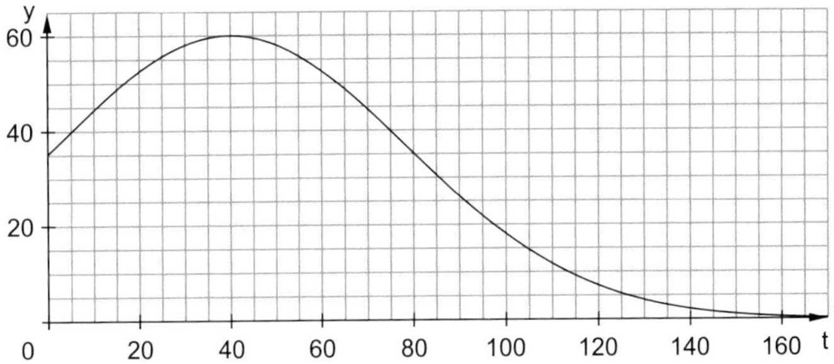

a1) Zeigen Sie rechnerisch, dass die Wachstumsrate 40 Jahre nach Pflanzung am größten ist. Berechnen Sie den Zeitraum, in dem die Fichten mehr als 50 $\frac{\text{cm}}{\text{a}}$ wachsen. 5 P

a2) Ein bestimmter Wert der Wachstumsrate wiederholt sich nach genau 30 Jahren.
Berechnen Sie die beiden zugehörigen Zeitpunkte.
Veranschaulichen Sie den Sachverhalt in der obigen Abbildung. 4 P

a3) Geben Sie die Bedeutung des Terms $\frac{1}{100} \cdot \left(50 + \int_0^{60} w(t)\,dt\right)$ im Sachzusammenhang an und begründen Sie Ihre Angabe.
Skizzieren Sie die Höhe der Fichten in Abhängigkeit von der Zeit für die ersten 160 Jahre nach der Pflanzung. 5 P

b) In einem anderen Modell wird die Höhe der Fichten in Abhängigkeit von der Zeit mit Hilfe der Funktion h mit

$$h(t) = 50 \cdot \frac{e^{\frac{1}{10} \cdot t}}{e^{\frac{1}{10} \cdot t} + 99} \quad \text{und } t \geq 0$$

beschrieben. Dabei ist t die seit der Pflanzung vergangene Zeit in Jahren und h(t) die Höhe in der Einheit Meter. Der Graph von h hat genau einen Wendepunkt W.

b1) Bestimmen Sie die Koordinaten von W. 3 P
[Zur Kontrolle: $W(10\ln(99) \mid 25)$]

b2) Eine Zeitschrift aus dem Jahr 1911 enthält folgenden Textabschnitt:
Von unseren einheimischen Bäumen steht die Fichte hinsichtlich ihres Höhenwachstums obenan, und zwar mit 37 Zentimeter durchschnittlich im Jahre. Doch sind von Forstbeamten Ausnahmen beobachtet worden, in denen Fichten in einem Jahre bis zu 150 Zentimeter ihrer Länge zusetzten.
(Quelle: Walther Kabel: Wachstumsgeschwindigkeit bei Pflanzen. In: Das Buch für Alle. Jahrgang 1911, Heft 1, Union Deutsche Verlagsgesellschaft. Stuttgart 1911, S. 23.)

Vergleichen Sie die durch die Funktion h bestimmte maximale Wachstumsgeschwindigkeit mit der entsprechenden Angabe in diesem Textabschnitt. 3 P

b3) Geben Sie eine Gleichung der Tangente an den Graphen von h im Punkt W an.
Die Höhe der Fichten kann im Zeitintervall von 40 bis 50 Jahren nach Pflanzung näherungsweise durch diese Tangente beschrieben werden. Bestimmen Sie die maximale prozentuale Abweichung im Vergleich zur Beschreibung mit Hilfe von h. 4 P

Um den Verkaufswert eines Baumstamms zu bestimmen, wird dessen Durchmesser in einer Höhe von 1,3 m verwendet. Dieser wird als Brusthöhendurchmesser (BHD) bezeichnet.

c) Für einen BHD ab 15 cm kann der Verkaufspreis von Fichtenstämmen in Abhängigkeit vom BHD näherungsweise mithilfe einer quadratischen Funktion bestimmt werden. Die nebenstehende Tabelle stellt für drei BHD den jeweiligen Preis dar.
Ermitteln Sie den Preis für einen Fichtenstamm mit einem BHD von 66 cm. 4 P

BHD	Preis
15 cm	6,25 €
40 cm	100 €
60 cm	250 €

d) Der BHD einer Fichte in Abhängigkeit von der Zeit t wird durch die Funktion d mit

$$d(t) = 0{,}7 \cdot \frac{e^{\frac{t+125}{40}}}{e^{\frac{t+125}{40}} + 250} \text{ und } t \geq 15$$

modelliert. Dabei ist t die seit der Pflanzung vergangene Zeit in Jahren und d(t) der BHD in Metern.

d1) Begründen Sie, dass der BHD im Modell stets geringer als 70 cm ist. 2 P

d2) Zeichnen Sie für den Zeitraum zwischen 15 und 80 Jahren nach der Pflanzung einen Graphen, der den BHD in Abhängigkeit von der Höhe darstellt.
Verwenden Sie für die Höhe der Fichte das Modell aus der Aufgabe b. 4 P

e) Ein Fichtenstamm hat einen BHD von 40 cm. Sein Volumen vom Boden bis zu einer Höhe von 1,3 m beträgt 0,17 m^3. Es soll davon ausgegangen werden, dass der Durchmesser des Stamms mit zunehmender Höhe linear abnimmt. Berechnen Sie den Durchmesser des Stamms in einer Höhe von 15 m. 6 P

Hinweise und Tipps

Teilaufgabe a1

- Zeigen Sie zunächst, dass an der Stelle 40 ein lokales Maximum der Funktion w vorliegt.
- Notwendig für eine lokale Maximalstelle t von w ist $w'(t)=0$.
- Hinreichend für eine lokale Maximalstelle t von w ist $w'(t)=0$ und $w''(t)<0$.
- Begründen Sie, dass diese lokale Maximalstelle auch die globale Maximalstelle für $t \geq 0$ ist.
- Lösen Sie die Ungleichung $w(t)>50$.

Teilaufgabe a2

- Wählen Sie z. B. die Variable t für den Beginn des zu bestimmenden Zeitraums.
- Dann steht $t+30$ für das Ende des betrachteten Zeitraums.
- Lösen Sie die Gleichung $w(t)=w(t+30)$.
- Zur Veranschaulichung tragen Sie die Punkte des Graphen, die zu den bestimmten Stellen gehören, ein; sie haben einen horizontalen Abstand von 30 und gleiche y-Koordinaten.

Teilaufgabe a3

- Das Integral beschreibt die Änderung der Baumhöhe in cm in dem Zeitraum, der durch die Integralgrenzen bestimmt wird.
- Der Summand 50 kann als Anfangswert interpretiert werden.
- Der Faktor 0,01 liefert eine Umrechnung in eine andere Einheit.

Teilaufgabe b1

- Notwendig für eine lokale Wendestelle t von h ist $h''(t)=0$.
- Beachten Sie, dass die Existenz genau eines Wendepunkts vorausgesetzt ist.
- Berechnen Sie die y-Koordinate des Wendepunkts.

Teilaufgabe b2

- Berechnen Sie die maximale Wachstumsgeschwindigkeit; diese entspricht der Steigung des Graphen von h an der Wendestelle.
- Vergleichen Sie diese mit den Angaben im Textabschnitt.

Teilaufgabe b3

- Die Tangente an den Graphen im Punkt $(t_0 | h(t_0))$ wird durch die Funktion g mit $g(t) = h'(t_0)(t - t_0) + h(t_0)$ dargestellt.
- Bestimmen Sie das Maximum der Funktion a mit $a(t) = \frac{|h(t) - g(t)|}{h(t)}$ für $40 \le t \le 50$. Diese Funktion beschreibt die prozentuale Abweichung vom Modell.
- Dieses Maximum befindet sich an einer der beiden Randstellen, weil der Graph der Funktion h nur genau einen Wendepunkt W hat und sich seine Krümmung daher nur in W ändert.

Teilaufgabe c

- Verwenden Sie den Ansatz $p(x) = a \cdot x^2 + b \cdot x + c$.
- Verwenden Sie die Bedingungen $p(15) = 6{,}25$, $p(40) = 100$ sowie $p(60) = 250$ und lösen Sie das entsprechende Gleichungssystem.
- Berechnen Sie den Wert der bestimmten Funktion an der Stelle 66.

Teilaufgabe d1

- Schätzen Sie den Wert des Bruchs nach oben ab.
- Begründen Sie, dass der Nenner stets größer als der Zähler ist.

Teilaufgabe d2

- Erstellen Sie eine Wertetabelle, die zu verschiedenen Zeiten jeweils die zugehörigen Funktionswerte der Funktion h und der Funktion d darstellt.
- Zeichnen Sie dann den Graphen der Funktion d(h).

Teilaufgabe e

- Der zu betrachtende Körper ist ein Kegelstumpf.
- Für das Volumen eines Kegelstumpfs gilt $V = \frac{\pi \cdot h}{3} \cdot (r_1^2 + r_1 \cdot r_2 + r_2^2)$; dabei ist h die Höhe des Stumpfs, r_1 der Radius der Grundfläche und r_2 der Radius der Deckfläche.
- Setzen Sie die gegebenen Werte ein und lösen Sie nach der gesuchten Größe (Radius der Grundfläche) auf.
- Ermitteln Sie nun die Abnahme des Radius pro Höhenmeter und bestimmen Sie damit den Radius und den Durchmesser in einer Höhe von 15 m.

Lösung

a1) Notwendig für eine lokale Extremstelle t von w ist $w'(t)=0$:
$w'(t)=0 \;\Leftrightarrow\; t=40$

Wegen $w''(40)=-\frac{1}{25}<0$ liegt bei $t=40$ ein lokales Maximum vor.

Da $t=40$ die einzige Extremstelle ist und zudem der Graph von w an der Stelle $t=40$ rechtsgekrümmt ist, muss $t=40$ das globale Maximum der Funktion w sein.

$w(t)>50$ liefert näherungsweise $16{,}6<t<63{,}4$.
Der Zeitraum liegt zwischen 16,6 und 63,4 Jahren nach der Pflanzung.

$w(t):=60\cdot e^{\frac{-1}{3000}\cdot(t-40)^2}$	*Fertig*
$w1(t):=\frac{d}{dt}(w(t))$	*Fertig*
$w2(t):=\frac{d}{dt}(w1(t))$	*Fertig*
solve$(w1(t)=0,t)$	$t=40$
$w2(40)$	$\frac{-1}{25}$
solve$(w(t)>50,t)$	$16.6127<t<63.3873$

a2) Die Wachstumsrate w soll zu den Zeitpunkten t und $t+30$ den gleichen Wert annehmen. Aus dem Ansatz $w(t)=w(t+30)$ folgt $t=25$, sodass die gesuchten Zeitpunkte bei 25 und 55 Jahren nach der Pflanzung liegen.

solve$(w(t)=w(t+30),t)$	$t=25$

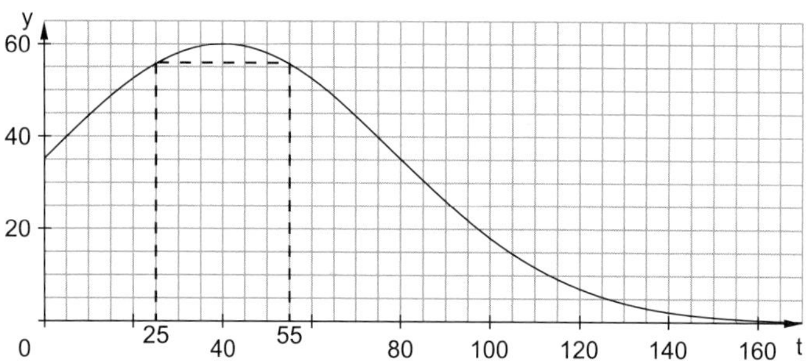

a3) Der Term gibt die Höhe der Fichten 60 Jahre nach Pflanzung in Metern an.

Begründung: 50 ist die Anfangshöhe in Zentimetern, der Wert des Integrals gibt die Änderung der Höhe innerhalb der ersten 60 Jahre nach dem Pflanzen in Zentimetern an. Der Faktor $\frac{1}{100}$ führt zu einem Wert in Metern.

Hinweis zur Skizze (siehe nächste Seite): Es muss erkennbar sein, dass der Graph qualitativ den dargestellten Verlauf hat, d. h., dass der Graph die y-Achse oberhalb von $(0\,|\,0)$ schneidet sowie einen Wendepunkt bei $t=40$ und eine waagerechte Asymptote besitzt.

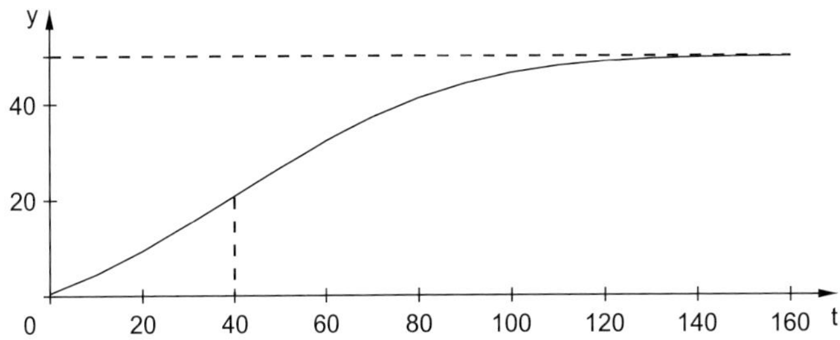

b1) Notwendig für eine lokale Wendestelle t von h ist $h''(t) = 0$:
$h''(t) = 0 \quad \Leftrightarrow \quad t = 10\ln(99)$

Da laut Aufgabenstellung genau ein Wendepunkt existiert und $h(10\ln(99)) = 25$ gilt, besitzt der Graph der Funktion seinen Wendepunkt bei $W(10\ln(99)\,|\,25)$.

$h(t):=50\cdot\dfrac{e^{\frac{1}{10}\cdot t}}{e^{\frac{1}{10}\cdot t}+99}$	*Fertig*
$h1(t):=\dfrac{d}{dt}(h(t))$	*Fertig*
$h2(t):=\dfrac{d}{dt}(h1(t))$	*Fertig*
solve$(h2(t)=0,t)$	$t=10\cdot\ln(99)$
$h(10\cdot\ln(99))$	25

b2) Es gilt:
$h'(10\ln(99)) = 1{,}25$

$h1(10\cdot\ln(99))$	1.25

Die maximale Wachstumsgeschwindigkeit beträgt $125\,\frac{\text{cm}}{\text{a}}$. Somit ist die berechnete maximale Wachstumsgeschwindigkeit geringer als die beobachtete maximale Wachstumsgeschwindigkeit von $150\,\frac{\text{cm}}{\text{a}}$.

b3) Die Tangente wird durch die Funktion g mit

$$g(t) = \frac{5}{4}t + 25 - \frac{25}{2}\cdot\ln(99)$$

dargestellt.

Das Maximum der Funktion a mit

$$a(t) = \frac{|h(t) - g(t)|}{h(t)}$$

befindet sich an einer der beiden Randstellen. Da $a(40) \approx 0{,}0119$ größer als $a(50) \approx 0{,}0023$ ist, beträgt die maximale Abweichung etwa 1,19 %.

$g(t):=h1(10\cdot\ln(99))\cdot(t-10\cdot\ln(99))+h(10\cdot\ln($▸	*Fertig*
$g(t)$	$\dfrac{5\cdot t}{4}-\dfrac{25\cdot\ln(99)}{2}+25$
$ab(t):=\left\lvert\dfrac{h(t)-g(t)}{h(t)}\right\rvert$	*Fertig*
$ab(40)$	0.011931
$ab(50)$	0.002268

c) Der Ansatz $p(x) = a \cdot x^2 + b \cdot x + c$ mit $p(15) = 6{,}25$, $p(40) = 100$ und $p(60) = 250$ liefert:

$$a = \frac{1}{12}, \quad b = -\frac{5}{6}, \quad c = 0$$

Da $p(66) = 308$, beträgt der Preis 308 €.

$p(x):=a\cdot x^2+b\cdot x+c$	*Fertig*
solve($p(15)$=6.25 and $p(40)$=100 and $p(60)$=▸	$a=\frac{1}{12}$ and $b=\frac{-5}{6}$ and $c=0$
$p(x)\vert a=\frac{1}{12}$ and $b=\frac{-5}{6}$ and $c=0$	$\frac{x^2}{12}-\frac{5\cdot x}{6}$
$p(x):=\frac{x^2}{12}-\frac{5\cdot x}{6}$	*Fertig*
$p(66)$	308

d1) Wegen $e^{\frac{t+125}{40}} + 250 > e^{\frac{t+125}{40}}$ ist $0{,}7 \cdot \frac{e^{\frac{t+125}{40}}}{e^{\frac{t+125}{40}} + 250} < 0{,}7$.

Somit ist der BHD im Modell immer kleiner als 70 cm.

d2) 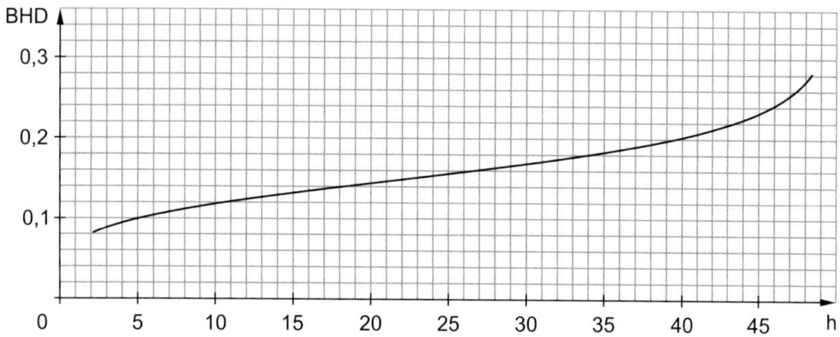

Diesen Graphen erhält man z. B. mithilfe zweier Wertetabellen.

	A zeit	B hoehe	C bhd	D
=				
1	15.	2.16545	0.081878	
2	20.	3.47266	0.091357	
3	30.	8.43324	0.113111	
4	40.	17.773	0.138865	
5	50.	29.993	0.168795	
B1	=h(a1)			

	A zeit	B hoehe	C bhd	D
=				
4	40.	17.773	0.138865	
5	50.	29.993	0.168795	
6	60.	40.1479	0.202845	
7	70.	45.8599	0.240651	
8	80.	48.3928	0.281514	
C8	=d(a8)			

e) Mithilfe der Formel zur Berechnung des Volumens eines Kegelstumpfes,

$$V = \frac{\pi \cdot h}{3} \cdot (r_1^2 + r_1 \cdot r_2 + r_2^2),$$

erhält man durch Einsetzen der gegebenen Werte die Gleichung

$$\frac{\pi \cdot 1{,}3}{3} \cdot (r^2 + 0{,}2 \cdot r + 0{,}2^2) = 0{,}17,$$

wobei $r > 0$ der Radius der Grundfläche ist. Als Lösung ergibt sich $r \approx 0{,}208$.

Der Radius des Stamms nimmt somit pro Meter Höhe prozentual um

$$\frac{0{,}208\text{ m} - 0{,}2\text{ m}}{1{,}3\text{ m}} \approx 0{,}00615$$

ab. In 15 m Höhe ergibt sich dann ein Radius von

$0{,}208\text{ m} - 15\text{ m} \cdot 0{,}00615 \approx 0{,}116\text{ m}$,

was einem ungefähren Durchmesser von 23 cm entspricht.

$$d(t) := 0.7 \cdot \frac{e^{\frac{t+125}{40}}}{e^{\frac{t+125}{40}} + 250} \quad \textit{Fertig}$$

$$\frac{\pi}{3} \cdot 1.3 \cdot \left(r^2 + 0.2 \cdot r + (0.2)^2\right) = 0.17$$

$$1.36136 \cdot \left(r^2 + 0.2 \cdot r + 0.04\right) = 0.17$$

$$\text{solve}\left(1.3613568165556 \cdot \left(r^2 + 0.2 \cdot r + 0.04\right) = 0\right.$$

$$r = -0.408019 \text{ or } r = 0.208019$$

$$\frac{0.208 - 0.2}{1.3} \quad 0.006154$$

$$0.208 - 15 \cdot 0.0061538461538462 \quad 0.115692$$

Schleswig-Holstein – Kernfach Mathematik
2021 – hilfsmittelfreier Teil

1 **Analysis (Pool 1)**

Gegeben ist die Funktion f mit $f(x) = 4x^3 - 12x$.

1.1 Zeigen Sie, dass $x = 1$ eine lokale Minimalstelle von f ist. 3 P

1.2 Geben Sie einen Funktionsterm einer Stammfunktion F von f mit $F(0) \neq 0$ an. 2 P

2 **Analysis (Pool 1)**

Im Koordinatensystem ist der Graph der Funktion f mit $f(x) = -\frac{1}{2}x^3 + \frac{3}{2}x^2 + 2x$ dargestellt.

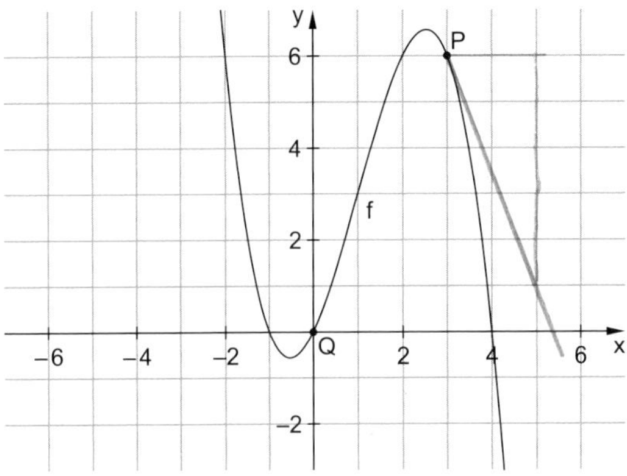

Die Tangente an den Graphen von f im Punkt $P(3|6)$ heißt t_P, diejenige im Punkt $Q(0|0)$ heißt t_Q.

2.1 Es ist $f'(3) = -\frac{5}{2}$.

Ermitteln Sie zeichnerisch die Nullstelle der Tangente t_P. 2 P

2.2 Prüfen Sie rechnerisch, ob die Tangente t_Q durch P verläuft. 3 P

3 **Analysis (Pool 1)**

Es gibt Funktionen f mit den folgenden Eigenschaften:

(1.) $f(0) = 2$

(2.) $f'(-1) = 0$ und $f''(-1) < 0$

3.1 Zeichnen Sie den Graphen einer Funktion mit diesen Eigenschaften in das abgebildete Koordinatensystem.

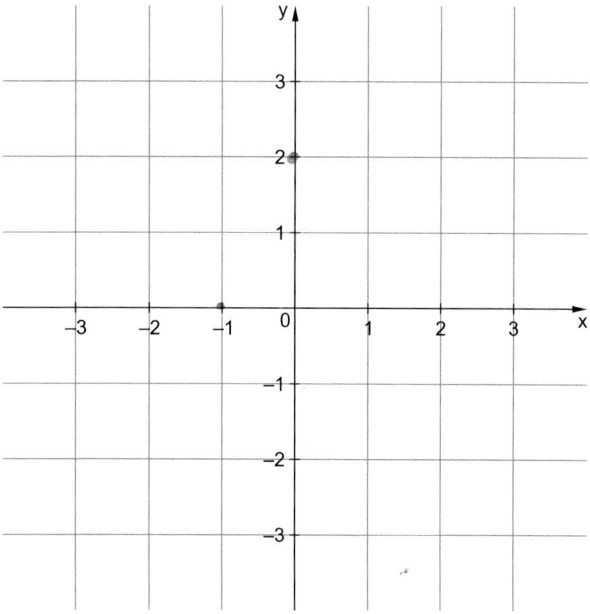

2 P

3.2 Eine der Funktionen mit den obigen Eigenschaften hat den Funktionsterm $-0{,}5x^4 + bx + c$.

Bestimmen Sie die Werte von b und c. 3 P

4 **Analysis (Pool 2)**

Die Abbildung zeigt den Graphen der Funktion f mit $f(x) = (2x + 3)e^{-0{,}5x}$.

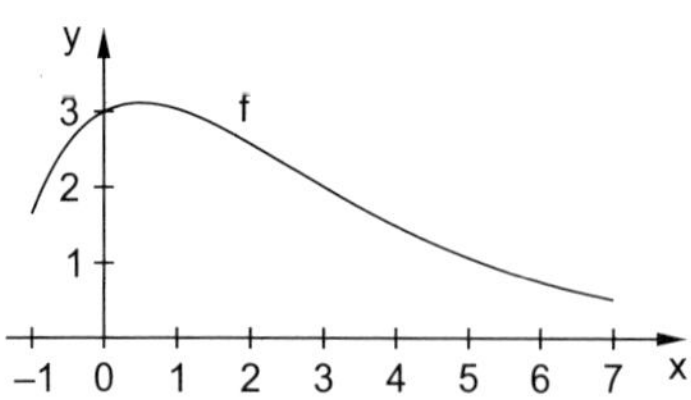

4.1 Zeigen Sie, dass die Funktion F mit $F(x) = (-4x - 14)e^{-0{,}5x}$ eine Stammfunktion von f ist. 2 P

4.2 Untersuchen Sie, ob für jede reelle Zahl $k > 0$ gilt:

$$\int_0^k f(x)\,dx < 14$$ 3 P

5 **Analytische Geometrie (Pool 1)**

Gegeben ist die Ebene E mit E: $x_1 + 3x_2 + 2x_3 = 6$.
Die Schnittpunkte der Ebene E mit den Koordinatenachsen sind die sogenannten Spurpunkte der Ebene E. So ist $S_1(6|0|0)$ ein Spurpunkt der Ebene E.

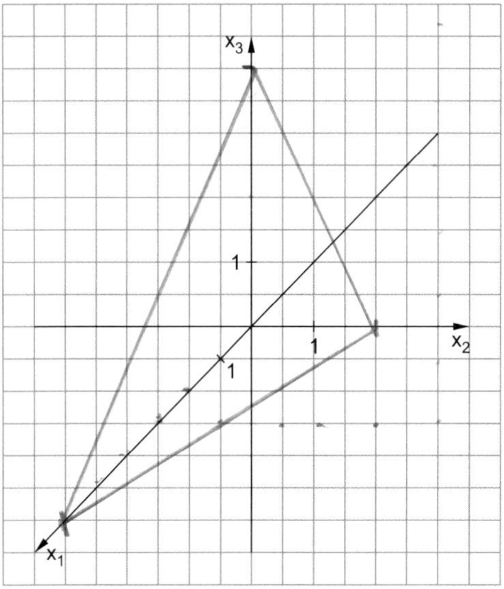

5.1 Geben Sie die Koordinaten der anderen beiden Spurpunkte S_2 und S_3 der Ebene E an und zeichnen Sie das Dreieck $S_1S_2S_3$ in das Koordinatensystem ein. 3 P

5.2 Es gibt unendlich viele Geraden, die parallel zu E sind und durch den Punkt $P(2|5|7)$ verlaufen.
Bestimmen Sie eine Gleichung einer solchen Geraden g. 2 P

6 **Analytische Geometrie (Pool 1)**

Gegeben ist die Ebene E: $2x_1 + 2x_2 + x_3 = 3$.

6.1 Geben Sie diejenige Zahl a an, für die der Punkt $A(a|0|-1)$ in der Ebene E liegt. 1 P

6.2 Der Punkt S ist der Schnittpunkt der Ebene E mit der Geraden g, die senkrecht auf E steht und durch den Punkt $B(1|3|4)$ verläuft.
Bestimmen Sie die Koordinaten von S. 4 P

7 **Analytische Geometrie (Pool 2)**

Für alle reellen Zahlen a ist sowohl eine Ebene E_a mit $E_a\colon x_1 + 2x_2 + ax_3 = 5$ als auch eine Gerade g_a mit $g_a\colon \vec{x} = \begin{pmatrix} 1 \\ 0 \\ 0 \end{pmatrix} + t \cdot \begin{pmatrix} 1 \\ 2+a \\ -3 \end{pmatrix}$ gegeben.

7.1 Zeigen Sie, dass es keine Zahl a gibt, für die g_a orthogonal zu E_a verläuft. 2 P

7.2 Untersuchen Sie, ob es einen Wert für a gibt, sodass die Gerade g_a und die Ebene E_a keinen gemeinsamen Punkt haben. 3 P

8 **Stochastik (Pool 1)**

8.1 Vervollständigen Sie das folgende Baumdiagramm. 3 P

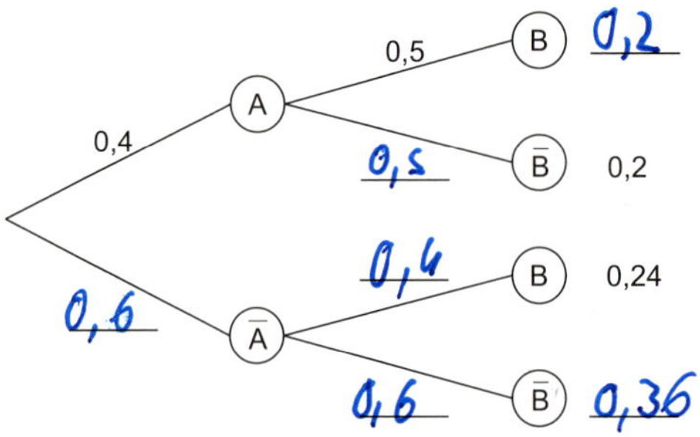

8.2 Bestimmen Sie für das folgende Baumdiagramm denjenigen Wert für x, für den $P(D) = 0{,}6$ ist. 2 P

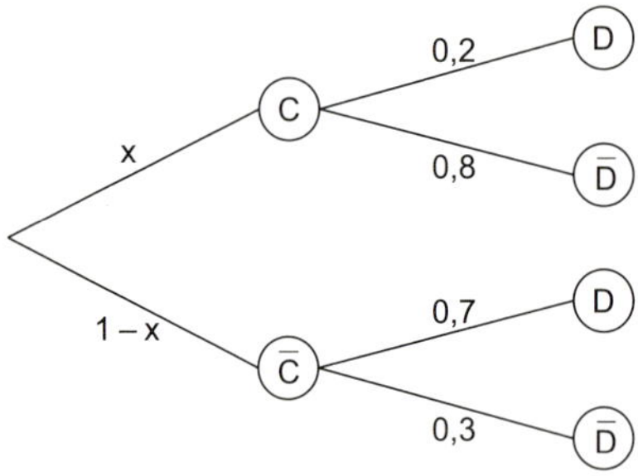

9 **Stochastik (Pool 1)**

Ein sechsseitiger Spielwürfel wird fünfmal geworfen.

9.1 Ordnen Sie durch Ankreuzen jedem Ereignis denjenigen Term zu, dessen Wert die Wahrscheinlichkeit des Ereignisses ist. 3 P

	I	II	III	IV	V
Es werden genau zwei Sechsen geworfen.					
Es wird mindestens eine Sechs geworfen.					
Es werden genau zwei Sechsen geworfen, wobei die zweite Sechs erst im letzten Wurf fällt.					

I $4\cdot\left(\frac{1}{6}\right)^1\cdot\left(\frac{5}{6}\right)^3\cdot\frac{1}{6}$ II $\binom{5}{2}\cdot\left(\frac{1}{6}\right)^2\cdot\left(\frac{5}{6}\right)^3$ III $\frac{5}{2}\cdot\left(\frac{1}{6}\right)^2\cdot\left(\frac{5}{6}\right)^3$

IV $1-\left(\frac{5}{6}\right)^5$ V $\left(\frac{1}{6}\right)^1\cdot\left(\frac{5}{6}\right)^4$

9.2 Geben Sie ein Ereignis mit der Wahrscheinlichkeit

$\binom{5}{3}\cdot\left(\frac{1}{6}\right)^3\cdot\left(\frac{5}{6}\right)^2+\binom{5}{4}\cdot\left(\frac{1}{6}\right)^4\cdot\left(\frac{5}{6}\right)^1$ an. 2 P

10 **Stochastik (Pool 2)**

Eine Urne enthält weiße und rote Kugeln. Es wird fünfmal mit Zurücklegen gezogen.

10.1 Berechnen Sie die Wahrscheinlichkeit dafür, keine rote Kugel zu ziehen, falls sich in der Urne eine weiße und neun rote Kugeln befinden.

10.2 Es ist p die Wahrscheinlichkeit dafür, bei einem Zug eine rote Kugel zu ziehen.
Die Zufallsgröße X beschreibt die Anzahl der gezogenen roten Kugeln.
Bestimmen Sie alle Werte für p, für die $P(X=0)=P(X=1)$ gilt. 3 P

Hinweise und Tipps

Teilaufgabe 1.1

- Zeigen Sie, dass eine hinreichende Bedingung dafür, dass $x = 1$ eine lokale Minimalstelle von f ist, erfüllt ist.
- Wenn $f'(x) = 0$ und $f''(x) > 0$, dann ist x eine lokale Minimalstelle von f.

Teilaufgabe 1.2

- F ist eine Stammfunktion von f, wenn $F' = f$ gilt.
- Wenn F_1 eine Stammfunktion von f ist, dann ist auch F_2 mit $F_2(x) = F_1(x) + c$ und einer beliebigen reellen Zahl c eine Stammfunktion von f.

Teilaufgabe 2.1

- Die Angabe des Ableitungswertes in 2.1 informiert Sie über die Steigung der Tangente t_P.
- Nutzen Sie diesen Wert, um die Tangente t_P mithilfe eines Steigungsdreiecks möglichst genau einzuzeichnen.

Teilaufgabe 2.2

- Berechnen Sie die Steigung des Graphen von f an der Stelle 0.
- Nutzen Sie den errechneten Wert, um zu begründen, dass der Punkt P auf der Tangente t_Q liegt.

Teilaufgabe 3.1

- Die Information (1.) fordert, dass ein bestimmter Punkt auf dem Graphen von f liegen soll.
- Die Informationen (2.) stellen Bedingungen an die Steigung und an die Krümmung des Graphen von f an der Stelle –1.
- Wegen $f'(-1) = 0$ muss der Graph von f an der Stelle –1 eine waagerechte Tangente haben.
- Wegen $f''(-1) < 0$ muss der Graph von f an der Stelle –1 rechtsgekrümmt sein und daher in einer Umgebung dieser Stelle eine Rechtskurve beschreiben.

Teilaufgabe 3.2

- Bestimmen Sie den Funktionsterm der ersten Ableitung der Funktion mit dem angegebenen Term.
- Stellen Sie damit die Gleichungen $f(0) = 2$ und $f'(-1) = 0$ auf und lösen Sie diese nach b bzw. c auf.

Teilaufgabe 4.1

- Zeigen Sie, dass $F'(x) = f(x)$ ist.
- Zur Ableitung von F müssen Sie unter anderem die Produktregel und die Kettenregel verwenden.
- Produktregel: $(u(x) \cdot v(x))' = u'(x) \cdot v(x) + u(x) \cdot v'(x)$
- Kettenregel: $(f(g(x)))' = f'(g(x)) \cdot g'(x)$

Teilaufgabe 4.2

- Berechnen Sie das bestimmte Integral mithilfe des Hauptsatzes:
  $\int_a^b f(x)\,dx = F(b) - F(a)$
- Beachten Sie bei der Interpretation des Ergebnisses, dass die e-Funktion nur positive Funktionswerte hat.

Teilaufgabe 5.1

- S_1 ist der Spurpunkt der Ebene E mit der x_1-Achse. Da er auf der x_1-Achse liegt, müssen die x_2- und die x_3-Koordinaten des Punktes null sein.
- Bestimmen Sie die Schnittpunkte der Ebene mit der x_2- und der x_3-Achse, indem Sie jeweils zwei Koordinaten in der Ebenengleichung gleich null setzen.

Teilaufgabe 5.2

- Aus der gegebenen Koordinatenform der Ebene E können Sie einen Normalenvektor $\vec{n}$ der Ebene ablesen.
- Der Richtungsvektor $\vec{v}$ einer zu E parallelen Geraden muss orthogonal zu diesem Normalenvektor $\vec{n}$ sein.
- Die Orthogonalität können Sie mit dem Skalarprodukt von $\vec{v}$ und $\vec{n}$ prüfen. Bestimmen Sie einen Vektor $\vec{v}$ (nicht den Nullvektor!) so, dass $\vec{v} \circ \vec{n} = 0$ ist.
- Um sicherzustellen, dass die Gerade durch den Punkt P verläuft, können Sie dessen Ortsvektor als Ortsvektor in der Parameterform der Geraden verwenden.

Teilaufgabe 6.1

- Setzen Sie die Koordinaten des Punktes A in die Koordinatenform von E ein und bestimmen Sie so die Zahl a.

Teilaufgabe 6.2

- Aus der gegebenen Koordinatenform der Ebene E können Sie einen Normalenvektor $\vec{n}$ der Ebene ablesen.
- Damit die Gerade g orthogonal zur Ebene E ist, können Sie als Richtungsvektor der Geraden den Normalenvektor $\vec{n}$ der Ebene wählen.

- Um sicherzustellen, dass die Gerade g durch den Punkt B verläuft, können Sie dessen Ortsvektor als Ortsvektor in der Parameterform der Geraden verwenden.
- Um den Schnittpunkt von g und E zu bestimmen, setzen Sie die Komponenten der Parametergleichung von g in die Koordinatenform von E ein und lösen die entsprechende Gleichung.

Teilaufgabe 7.1

- Aus der gegebenen Koordinatenform der Ebene E_a können Sie einen Normalenvektor $\vec{n}_a$ der Ebene ablesen.
- Damit die Gerade g_a orthogonal zur Ebene E_a verläuft, müssten der Richtungsvektor $\vec{v}_a$ der Geraden g_a und der Normalenvektor $\vec{n}_a$ der Ebene E_a linear abhängig sein.
- Es müsste dann eine Zahl a und eine reelle Zahl r geben, sodass $\vec{n}_a = r \cdot \vec{v}_a$.

Teilaufgabe 7.2

- Damit eine Gerade und eine Ebene keinen gemeinsamen Punkt haben, muss die Gerade echt parallel zur Ebene liegen.
- Die Parallelität von E_a und g_a ist genau dann gegeben, wenn $\vec{n}_a \circ \vec{v}_a = 0$ ist. Bestimmen Sie aus dieser Bedingung den Wert von a.
- Es bleibt dann noch nachzuweisen, dass g_a für diesen Wert von a nicht in der Ebene E_a liegt. Dazu reicht es nachzuweisen, dass ein Punkt von g_a nicht in E_a liegt.

Teilaufgabe 8.1

- An jeder Verzweigung muss die Summe der Zweigwahrscheinlichkeiten den Wert 1 haben.
- Die Pfadwahrscheinlichkeit eines Pfades ist das Produkt der Zweigwahrscheinlichkeiten längs des Pfades.

Teilaufgabe 8.2

- Es gilt $P(D) = P(C \cap D) + P(\overline{C} \cap D)$.
- In diesem Baumdiagramm gilt $P(C \cap D) = x \cdot 0{,}2$ und $P(\overline{C} \cap D) = (1-x) \cdot 0{,}7$.

Teilaufgabe 9.1

- Stellen Sie sich das Zufallsexperiment als in einem Baumdiagramm dargestellt vor.
- Die Zufallsgröße X, die die Anzahl der Sechsen beschreibt, ist binomialverteilt mit $n = 5$ und $p = \frac{1}{6}$.
- Bedenken Sie, dass man bestimmte Wahrscheinlichkeiten besser über die Wahrscheinlichkeit des Gegenereignisses bestimmen kann.

Teilaufgabe 9.2

Interpretieren Sie die Summanden einzeln.

Wenn man die Zufallsgröße X passend definiert, beschreibt jeder Summand eine Wahrscheinlichkeit der Art $P(X=k)$.

Teilaufgabe 10.1

Stellen Sie den Vorgang in einem Baumdiagramm dar und wenden Sie eine Pfadregel an.

Teilaufgabe 10.2

Stellen Sie $P(X=0)$ und $P(X=1)$ durch Terme mit der Variablen p dar.

Lösen Sie die Gleichung, die durch Gleichsetzen dieser Terme entsteht.

Dabei können Sie durch Potenzen von $(1-p)$ dividieren, da $p<1$ ist.

Lösung

1.1 $f'(x) = 12x^2 - 12$, $f''(x) = 24x$
Wegen $f'(1) = 0$ und $f''(1) = 24 > 0$ ist $x = 1$ eine lokale Minimalstelle.

1.2 Eine Lösung ist beispielsweise: $F(x) = x^4 - 6x^2 + 2021$

Anstelle der Zahl 2021 kann auch eine beliebige andere von Null verschiedene Zahl stehen.

2.1

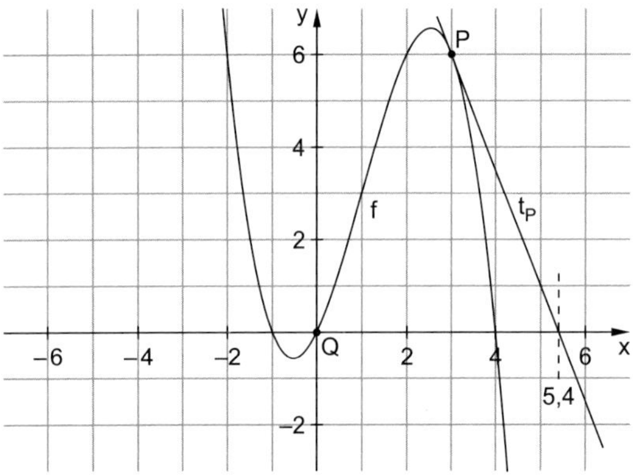

Die Nullstelle ist 5,4.

Das Ableseergebnis sollte im Intervall [5,2; 5,6] liegen.

2.2 Es ist $f'(x) = -\frac{3}{2}x^2 + 3x + 2$ und damit $f'(0) = 2$.
Da zudem $f(0) = 0$ ist, ist $y = 2x$ eine Gleichung für t_Q.
$P(3\,|\,6)$ liegt auf dieser Tangente, denn es ist: $6 = 2 \cdot 3$

3.1

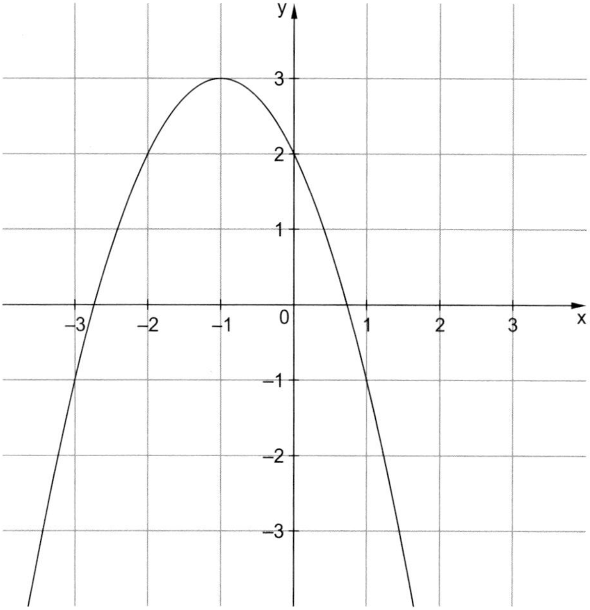

Der Punkt $(0|2)$ muss auf dem Graphen liegen. Der Graph muss an der Stelle $x=-1$ einen Hochpunkt besitzen.

3.2 Es ist $2=f(0)=c$.

Mit $f'(x)=-2x^3+b$ ist $0=f'(-1)=-2\cdot(-1)^3+b=2+b \quad\Leftrightarrow\quad b=-2$.

4.1 Wegen

$$F'(x)=-4\cdot e^{-0,5x}+(-4x-14)\cdot(-0,5)\cdot e^{-0,5x}=-4\cdot e^{-0,5x}+(2x+7)\cdot e^{-0,5x}$$
$$=(2x+3)\cdot e^{-0,5x}=f(x)$$

ist F eine Stammfunktion von f.

4.2 Es ist:

$$\int_0^k f(x)\,dx=F(k)-F(0)=(-4k-14)\cdot e^{-0,5k}-(-4\cdot 0-14)\cdot e^{-0,5\cdot 0}$$
$$=(-4k-14)\cdot e^{-0,5k}+14$$

Für jede Zahl $k>0$ ist $-4k-14$ negativ und $e^{-0,5k}$ positiv. Somit ist das Produkt dieser beiden Terme stets negativ. Der Wert des bestimmten Integrals ist somit immer kleiner als 14.

Die zu untersuchende Aussage ist daher wahr.

5.1 $S_2(0|2|0)$, $S_3(0|0|3)$

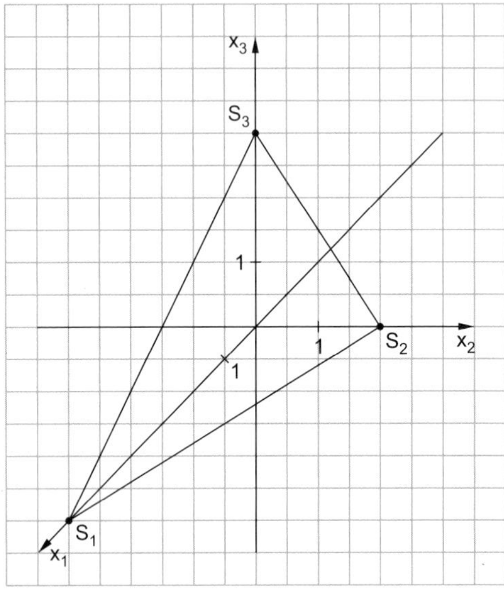

5.2 $\begin{pmatrix}1\\3\\2\end{pmatrix}$ ist ein Normalenvektor von E. Wegen

$$\begin{pmatrix}1\\3\\2\end{pmatrix}\circ\begin{pmatrix}-3\\1\\0\end{pmatrix}=0$$

ist

$$\vec{x}=\begin{pmatrix}2\\5\\7\end{pmatrix}+s\cdot\begin{pmatrix}-3\\1\\0\end{pmatrix}$$

eine Gleichung einer solchen Geraden g.

6.1 $2\cdot a+2\cdot 0+1\cdot(-1)=3 \;\Leftrightarrow\; 2a-1=3 \;\Leftrightarrow\; a=2$

6.2 $\begin{pmatrix}2\\2\\1\end{pmatrix}$ ist ein Normalenvektor von E. Damit ist g: $\vec{x}=\begin{pmatrix}1\\3\\4\end{pmatrix}+r\cdot\begin{pmatrix}2\\2\\1\end{pmatrix}$ die Lotgerade von E durch B. Wegen

$2\cdot(1+2r)+2\cdot(3+2r)+1\cdot(4+r)=3 \;\Leftrightarrow\; 12+9r=3 \;\Leftrightarrow\; r=-1$

ist:

$$\overrightarrow{OS}=\begin{pmatrix}1\\3\\4\end{pmatrix}-1\cdot\begin{pmatrix}2\\2\\1\end{pmatrix}=\begin{pmatrix}-1\\1\\3\end{pmatrix}$$

Damit ist $S(-1|1|3)$.

7.1 Der Vektor $\begin{pmatrix}1\\2\\a\end{pmatrix}$ ist ein Normalenvektor der Ebene E_a, der Vektor $\begin{pmatrix}1\\2+a\\-3\end{pmatrix}$ ein Richtungsvektor der Geraden g_a.

Wäre g_a orthogonal zu E_a, müsste es reelle Zahlen a und r geben, sodass

$$\begin{pmatrix}1\\2\\a\end{pmatrix}=r\cdot\begin{pmatrix}1\\2+a\\-3\end{pmatrix}$$

gilt. Aus der 1. Komponente folgt $r=1$, aus der 3. Komponente dann $a=-3$. Damit ist aber die durch die zweite Komponente gegebene Gleichung $2=r\cdot(2+a)$ nicht erfüllt.

7.2 Die Gerade g_a verläuft parallel zu E_a, wenn

$$\begin{pmatrix} 1 \\ 2+a \\ -3 \end{pmatrix} \circ \begin{pmatrix} 1 \\ 2 \\ a \end{pmatrix} = 0$$

ist:

$$\begin{pmatrix} 1 \\ 2+a \\ -3 \end{pmatrix} \circ \begin{pmatrix} 1 \\ 2 \\ a \end{pmatrix} = 0 \;\Leftrightarrow\; 1+(2+a)\cdot 2-3\cdot a=0 \;\Leftrightarrow\; 5-a=0 \;\Leftrightarrow\; a=5$$

Der Punkt $(1\,|\,0\,|\,0)$ liegt auf g_5, wegen $1\cdot 1+2\cdot 0+5\cdot 0=1\neq 5$ aber nicht in E_5. Also sind g_5 und E_5 echt parallel und haben keinen gemeinsamen Punkt.

8.1

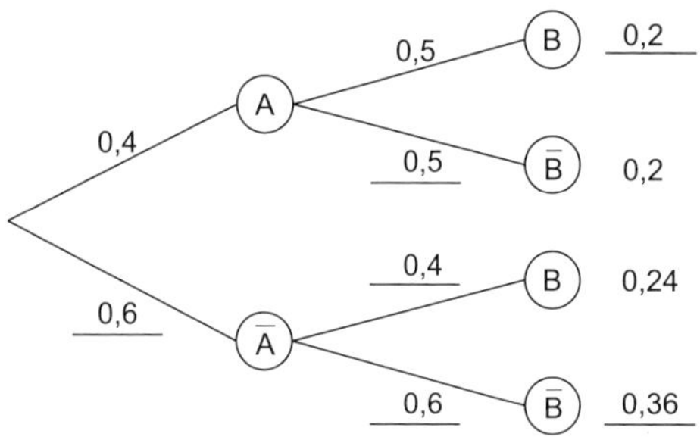

8.2 $x\cdot 0{,}2+(1-x)\cdot 0{,}7=0{,}6 \;\Leftrightarrow\; -0{,}5x=-0{,}1 \;\Leftrightarrow\; x=0{,}2$

9.1

	I	II	III	IV	V
Es werden genau zwei Sechsen geworfen.		×			
Es wird mindestens eine Sechs geworfen.				×	
Es werden genau zwei Sechsen geworfen, wobei die zweite Sechs erst im letzten Wurf fällt.	×				

9.2 Es werden insgesamt drei oder vier Sechsen geworfen.

10.1 $P(\text{fünfmal keine rote Kugel}) = P(\text{fünfmal eine weiße Kugel}) = \left(\frac{1}{10}\right)^5 = \frac{1}{100\,000}$

10.2 $P(X=0)=P(X=1) \;\Leftrightarrow\; (1-p)^5=5\cdot p\cdot (1-p)^4$

Wegen $p<1$ gilt:

$$(1-p)^5=5\cdot p\cdot (1-p)^4 \;\Leftrightarrow\; 1-p=5p \;\Leftrightarrow\; 1=6p \;\Leftrightarrow\; p=\frac{1}{6}$$

Schleswig-Holstein – Kernfach Mathematik
2021 – Aufgabe 1: Analysis

Im Jahr 2019 zerstörte ein Großbrand das Dach der Kathedrale Notre-Dame de Paris. Eine der vielen Ideen für den geplanten Wiederaufbau sieht die Errichtung eines Glasdachs mit einem gläsernen Turm darauf vor.

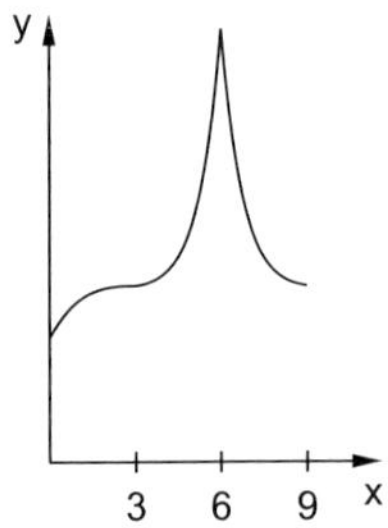

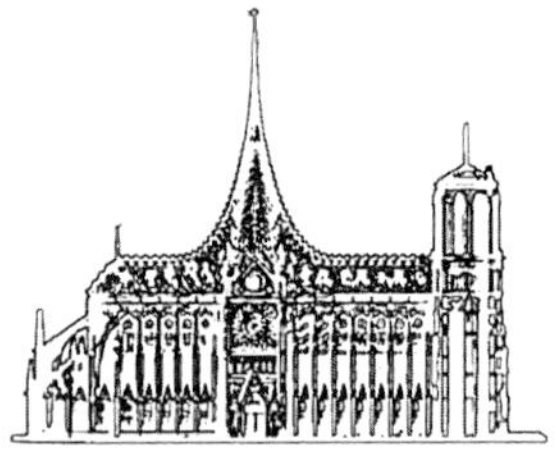

In einem geeigneten Koordinatensystem wird der Dachfirst mithilfe von Funktionsgraphen modelliert. Die Funktionswerte geben die Höhe des Dachfirsts über dem Boden an; die x-Achse beschreibt das Bodenniveau. Dabei entspricht eine Längeneinheit 10 m in der Wirklichkeit.

a) Zunächst wird eine ganzrationale Funktion f dritten Grades betrachtet. Der Graph von f verläuft durch die beiden Punkte $P(0|3)$ und $W(3|4)$. Dabei ist W ein Wendepunkt mit waagerechter Tangente. Mithilfe des Graphen von f wird über dem Intervall [0; 3] ein erstes Teilstück des Dachfirsts modelliert.

a1) Leiten Sie einen Funktionsterm von f her.
[*Kontrolle:* $f(x) = \frac{1}{27}x^3 - \frac{1}{3}x^2 + x + 3$] 6 P

a2) Berechnen Sie die Höhe des Dachfirsts über dem Boden an der Stelle $x = 1$. 2 P

a3) Geben Sie einen Funktionsterm der Ableitungsfunktion f' und die Steigung des Graphen von f an der Stelle $x = 0$ an. 2 P

a4) Weisen Sie mithilfe einer Rechnung nach, dass der Graph von f für $x < 3$ rechtsgekrümmt ist. 3 P

b) Nun werden eine Funktion g und ihre Ableitungsfunktion g' mit
$g(x) = (x-3) \cdot e^{x-5,5} + 4$ und $g'(x) = (x-2) \cdot e^{x-5,5}$
betrachtet. Mithilfe des Graphen von g wird über dem Intervall [3; 6] ein weiteres Teilstück des Dachfirsts modelliert.

b1) Ergänzen Sie die Wertetabelle zu g auf dem Beiblatt, und zeichnen Sie den Graphen von g über dem Intervall [3; 6] in das dort vorgegebene Koordinatensystem. 4 P

b2) Die Graphen von f und g verlaufen beide durch den Punkt W(3|4). Prüfen Sie, ob der Dachfirst dort knickfrei modelliert wird. 3 P

b3) Bestimmen Sie alle Extrem- und Wendestellen der auf ganz $\mathbb{R}$ definierten Funktion g. 8 P

b4) Der Graph der Funktion g wird an der y-Achse gespiegelt und dann um zwölf Längeneinheiten nach rechts verschoben. Dadurch ergibt sich der Graph der Funktion g*, der über dem Intervall [6; 9] auf dem Beiblatt gezeigt wird.
Ermitteln Sie einen Funktionsterm g*(x), und stellen Sie diesen Term in der Form $(ax+b) \cdot e^{-x+c} + 4$ mit geeigneten reellen Werten a, b, c dar. 4 P

c) Für eine verbesserte Modellierung des Dachfirsts wird anstelle der Funktion g aus Teilaufgabe b die Verwendung der Funktionen h_k und ihrer Ableitungsfunktionen h'_k mit

$$h_k(x) = \frac{5}{9}(x-3)^2 \cdot e^{k(x-6)} + 4$$

und

$$h'_k(x) = \frac{5}{9}(x-3) \cdot (kx - 3k + 2) \cdot e^{k(x-6)}$$

mit $k \geq 0$ vorgeschlagen.

c1) Weisen Sie nach, dass die Funktion g aus Teilaufgabe b nicht in der Schar der Funktionen h_k enthalten ist. 2 P

c2) Zeigen Sie, dass der Term $5k + \frac{10}{3}$ die Steigung des Graphen von h_k an der Stelle $x = 6$ angibt. 2 P

c3) So wie in der Teilaufgabe b4 lässt sich aus dem Graphen von h_k der Graph einer Funktion h_k^* erzeugen. Bei $x = 6$ modellieren die Graphen von h_k und h_k^* dann die Spitze des Dachfirsts.
Bestimmen Sie denjenigen Wert für k, für den der Innenwinkel der Spitze 30° beträgt. 4 P

Beiblatt zu den Teilaufgaben b1 und b4

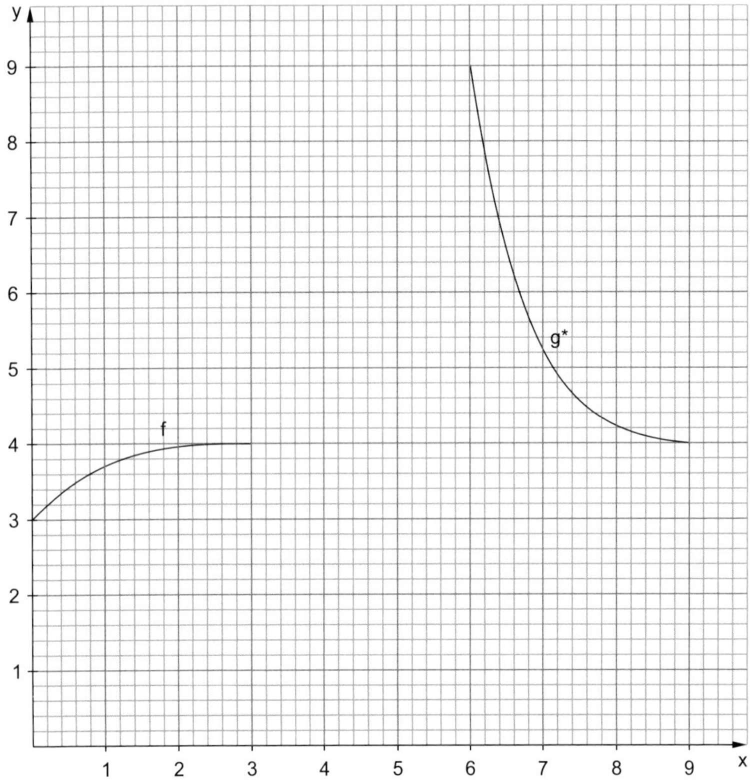

x	3	3,5	4	4,5	5	5,5	6
g(x)	4,00		4,22			6,50	

Hinweise und Tipps

Teilaufgabe a1

- Gesucht wird eine ganzrationale Funktion f dritten Grades.
- Zu finden sind also reelle Parameter a, b, c und d mit $f(x) = ax^3 + bx^2 + cx + d$.
- Im Aufgabentext zu Teilaufgabe a sind Informationen, die in die mathematische Sprache übersetzt werden müssen.
- Für den Wendepunkt von f an der Stelle $x = 3$ mit waagerechter Tangente gilt $f'(3) = f''(3) = 0$.
- Es sind insgesamt vier Gleichungen zu finden.

Teilaufgabe a2

- Bedenken Sie, dass die Funktion f den Dachfirst modelliert.
- Der Funktionswert der Funktion f an einer Stelle x gibt die jeweilige Höhe über dem Boden an.

Teilaufgabe a3

- Bilden Sie die Ableitungsfunktion von f.
- Berechnen Sie den Funktionswert von f' an der Stelle $x = 0$.

Teilaufgabe a4

- Die Krümmung eines Funktionsgraphen f ist durch die zweite Ableitung charakterisiert.
- Ist $f'' > 0$, dann ist f linksgekrümmt; ist hingegen $f'' < 0$, dann ist f rechtsgekrümmt.
- Untersuchen Sie den Funktionsterm von f'' im Intervall [0; 3].
- Betrachten Sie dafür die Ungleichung $f''(x) = \frac{2}{9}x - \frac{2}{3} < 0$.

Teilaufgabe b1

- Bedenken Sie, dass für den Aufgabenteil b eine neue Funktion g den Dachfirst im Intervall [3; 6] modelliert.
- Für die Berechnung der fehlenden Werte nutzen Sie den Taschenrechner.
- Denken Sie beim Zeichnen auch an die Symmetrie des Dachfirsts (siehe die Funktion g* in Teilaufgabe b4).

Teilaufgabe b2

- Die beiden Funktionen f und g verlaufen durch denselben Punkt $W(3 \mid 4)$, d. h., die Funktion f „endet“ dort, wo die Funktion g „anfängt“. Das sichert schon mal den „Anschluss“.
- Was bedeutet in diesem Zusammenhang der Begriff „knickfrei“?

- In der Abbildung rechts sieht man einen deutlichen Knick am Punkt W.
- Es soll ein „fließender und nicht abrupter Übergang“ der beiden Funktionen sichergestellt werden.
- Einen knickfreien Übergang erhält man durch die Bedingung, dass der Wert der Steigung an der Stelle 3 sowohl bei f als auch bei g übereinstimmt.
- Die Bedingung lautet $f'(3) = g'(3)$.
- $f'(3)$ ist ohne große Rechnung zu ermitteln.
- Es gilt $g'(3) = e^{-2,5}$. Warum ist dieser Wert der e-Funktion stets größer als null?

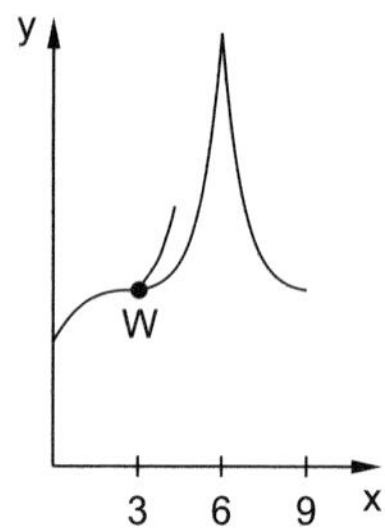

Teilaufgabe b3

- Bilden Sie zur Bestimmung der Extrem- und Wendestellen zunächst die Ableitungsfunktionen.
- Denken Sie daran, dass g auf ganz $\mathbb{R}$ definiert ist (und nicht nur auf dem Intervall [3; 6]).
- Verwenden Sie dazu die bekannten Regeln wie Summen-, Produkt-, Kettenregel.
- Es gilt für die Ableitung der e-Funktion: $(e^x)' = e^x$
- Bedenken Sie, dass für die innere Ableitung bei der Funktion $e^{x-5,5}$ gilt: $1 \cdot e^{x-5,5}$
- Vereinfachen Sie so weit wie möglich die Ableitungsfunktion g''.
- Gehen Sie entsprechend bei der Bestimmung von g''' vor.
- Bedenken Sie die Äquivalenz: $0 = a \cdot b \quad \Leftrightarrow \quad a = 0$ oder $b = 0$
- Für alle reellen Zahlen x gilt für die e-Funktion stets: $e^x > 0$
- Es ergibt sich aus der notwendigen Bedingung $g'(x) = 0$ eine einzige Extremstelle.
- Die notwendige Bedingung für die Existenz einer Wendestelle an einer Stelle x der Funktion g lautet $g''(x) = 0$.
- Es ist auch nur eine Wendestelle zu erwarten.

Teilaufgabe b4

- Zunächst wird g an der y-Achse gespiegelt, dann um 12 LE nach rechts parallel zur x-Achse verschoben (siehe Abbildung).
- Dann entsteht die Funktion g^*.
- Für die Funktion g gilt:
  $g: \mathbb{R} \to \mathbb{R},\ x \mapsto (x-3) \cdot e^{x-5,5} + 4$
- Die erst gespiegelte und dann verschobene Funktion g^* soll in die Form $g^*(x) = (ax+b) \cdot e^{x+c} + 4$ mit den Werten a, b und c gebracht werden.
- Versuchen Sie zunächst, die nur gespiegelte Funktion darzustellen.

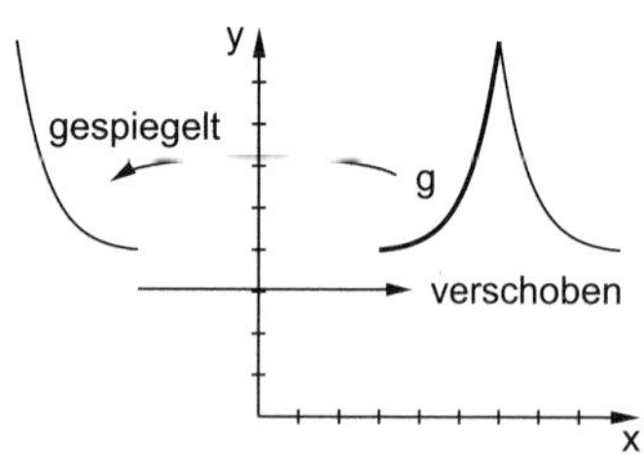

- Eine an der y-Achse gespiegelte Funktion erhält man durch: $f(x) \to f(-x)$
- Ersetzen Sie also x im Funktionsterm von g durch –x. Dadurch erhalten Sie die in der Abbildung gespiegelte Funktion für das Intervall [3; 6].
- Der gespiegelte Funktionsterm lautet also: $(-x-3)\cdot e^{-x-5{,}5}+4$
- Verschieben Sie nun diesen Term um 12 LE entlang der x-Achse.
- Diese Verschiebung leistet $x \to x-12$.
- Aus $(-x-3)\cdot e^{-x-5{,}5}+4$ wird dann $(-(x-12)-3)\cdot e^{-(x-12)-5{,}5}+4$
- Bringen Sie den Term $(-(x-12)-3)\cdot e^{-(x-12)-5{,}5}+4$ in die Form $(ax+b)\cdot e^{x+c}+4$ und lesen Sie die gesuchten Parameter ab.

Teilaufgabe c1

- Wenn die Funktion g aus Teilaufgabe b in der Schar „enthalten" sein soll, dann muss es eine nichtnegative reelle Zahl k so geben, dass für alle reellen x gilt: $g(x)=h_k(x)$
- Untersuchen Sie die Gleichung $g(x)=h_k(x)$.
- Wenn Sie nur eine einzige Stelle (eine einzige Zahl x) finden, für die die Gleichung nicht erfüllt ist, dann kann es keine Zahl k geben.

Teilaufgabe c2

- Die Steigung der Funktion h_k an der Stelle $x=6$ wird durch die erste Ableitung ermittelt.
- Bilden Sie $h'_k(6)$.
- Setzen Sie also für x die Zahl 6 in die angegebene Ableitungsfunktion von h_k ein.
- Denken Sie daran, dass $e^0=1$ gilt.

Teilaufgabe c3

- Die Spitze (siehe Abbildung) kann durch zwei lineare Funktionen modelliert werden.
- Der Winkel in der Spitze soll 30° betragen.
- Legen Sie jeweils eine Tangente am Punkt $(6\,|\,h_k(6))$ und am Punkt $(6\,|\,h_k^*(6))$ an.
- Nutzen Sie den Term aus Teilaufgabe c2 für die Berechnung des Parameters k zum Winkel an der Spitze des Dachfirsts der Größe $30°:2=15°$.
- Bedenken Sie den Zusammenhang von Steigungswinkel und Tangens.
- Wenn der Winkel an der Spitze 15° groß ist, dann gilt für den Winkel α, den die Tangente mit der x-Achse einschließt, $90°-15°=\alpha$.
- Es gilt $\tan(\alpha)=5k+\frac{10}{3}$.

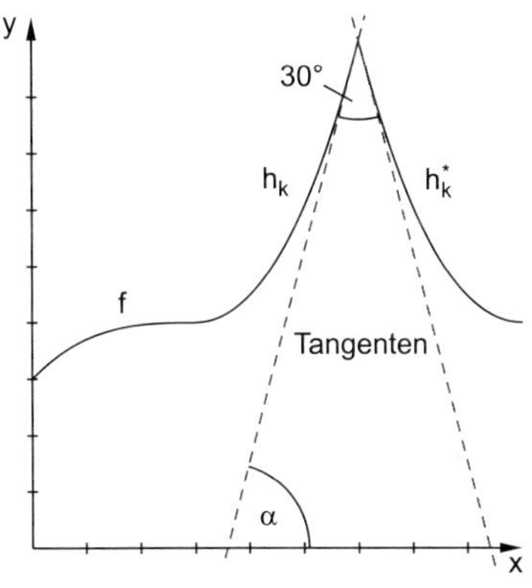

Lösung

a1) Gesucht wird eine ganzrationale Funktion f dritten Grades. Es sind also reelle Zahlen a, b, c und d so zu finden, dass die im Text gestellten Bedingungen der Funktion f mit der Gleichung $f(x) = ax^3 + bx^2 + cx + d$ erfüllt werden.

Folgende Informationen werden im Aufgabentext über die Funktion f aufgeführt:
(1) Der Graph von f verläuft durch $P(0|3)$.
(2) Der Graph von f verläuft durch $W(3|4)$.
(3) Der Punkt W ist ein Wendepunkt von f.
(4) Im Wendepunkt besitzt der Graph von f eine waagerechte Tangente.

Übersetzt man diese Informationen in die mathematische Sprache, so ergeben sich folgenden Gleichungen:
Aus (1) folgt: $f(0) = 3$
Aus (2) folgt: $f(3) = 4$
Aus (3) folgt: $f''(3) = 0$
Aus (4) folgt: $f'(3) = 0$

Mit $f(x) = ax^3 + bx^2 + cx + d$, $f'(x) = 3ax^2 + 2bx + c$ und $f''(x) = 6ax+2b$ ergibt sich nach oben das Gleichungssystem:
$3 = a \cdot 0^3 + b \cdot 0^2 + c \cdot 0 + d$, also: $d = 3$
$4 = a \cdot 3^3 + b \cdot 3^2 + c \cdot 3 + d$, also mit $d = 3$: $1 = 27a + 9b + 3c$
$0 = 6a \cdot 3 + 2b$, also: $0 = 18a + 2b$
$0 = 3a \cdot 3^2 + 2b \cdot 3 + c$, also: $0 = 27a + 6b + c$

Aus den letzten drei Gleichungen ergeben sich nach Vereinfachung (per Hand oder Taschenrechner) die noch zu bestimmenden reellen Parameter a, b, und c:

$a = \frac{1}{27}$, $b = -\frac{1}{3}$, $c = 1$

Hierdurch kann die in der Aufgabenstellung zur Kontrolle aufgeführte Funktion bestätigt werden:

$$f(x) = \frac{1}{27}x^3 - \frac{1}{3}x^2 + x + 3$$

a2) Zur Bestimmung der Höhe des Dachfirsts an der Stelle $x = 1$ ist $f(1)$ zu berechnen. Es ergibt sich:

$$f(1) = \frac{1}{27} - \frac{1}{3} + 1 + 3 - \frac{100}{27} \approx 3{,}704$$

Unter Berücksichtigung, dass eine Längeneinheit 10 m in der Realität entspricht, erhält man an der Stelle 1 eine ungefähre Firsthöhe von 37 m.

a3) Aus der obigen allgemeinen Ableitungsfunktion f' mit $f'(x) = 3ax^2 + 2bx + c$ folgt nach Einsetzung der errechneten Parameter a, b, c der Funktionsterm:

$$f'(x) = \frac{1}{9}x^2 - \frac{2}{3}x + 1$$

Daraus ergibt sich eine Steigung des Funktionsgraphen von f an der Stelle $x = 0$ zu $f'(0) = 1$.

a4) Die Art der Krümmung von Funktionsgraphen wird durch die zweite Ableitung bestimmt. Eine Linkskrümmung liegt genau dann vor, wenn $f''(x) > 0$, eine Rechtskrümmung genau dann, wenn $f''(x) < 0$.

Daher muss man hier für alle reellen $x < 3$ zeigen, dass $f''(x) = \frac{2}{9}x - \frac{2}{3} < 0$ gilt.

Für ein gewähltes $x < 3$ gelten die Äquivalenzen:

$$\frac{2}{9}x - \frac{2}{3} < 0 \quad \Leftrightarrow \quad \frac{2}{9}x < \frac{2}{3} \quad \Leftrightarrow \quad x < 3$$

Somit ist der Graph von f für $x < 3$ rechtsgekrümmt.

b) Nun werden eine Funktion g und ihre Ableitungsfunktion g' mit $g(x) = (x - 3) \cdot e^{x - 5,5} + 4$ und $g'(x) = (x - 2) \cdot e^{x - 5,5}$ betrachtet.
Der Graph von g modelliert den Dachfirst über dem Intervall [3; 6].

b1) Der Taschenrechner liefert die fehlenden vier Werte in der Tabelle:

x	3	3,5	4	4,5	5	5,5	6
g(x)	4,00	**4,07**	4,22	**4,55**	**5,21**	6,50	**8,95**

Durch die angegebenen Werte lässt sich die Zeichnung folgendermaßen ergänzen:

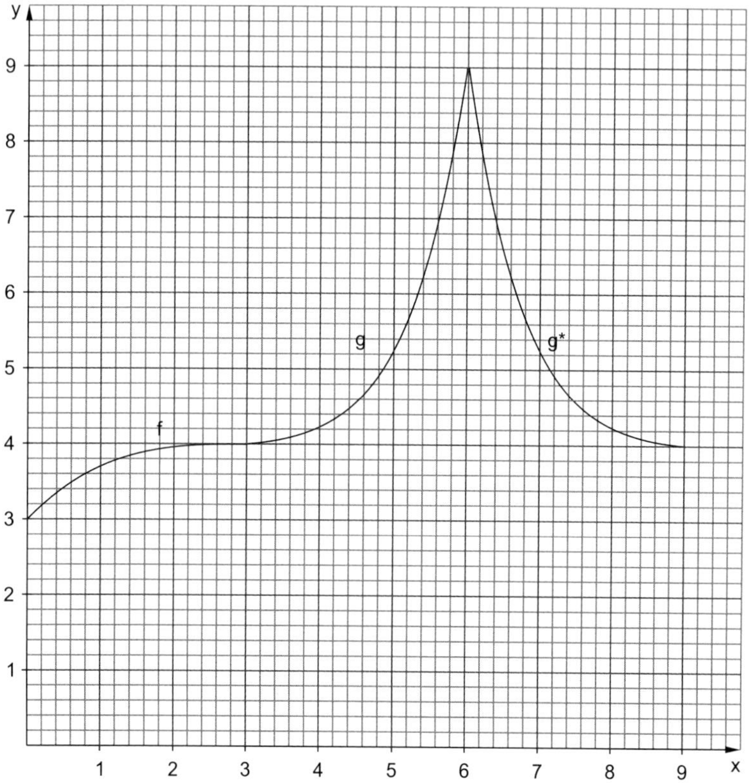

b2) Um einen knickfreien Verlauf zweier „aneinander anschließender" Funktionen an einer Stelle x zu gewährleisten, müssen die Werte der ersten Ableitung beim Übergang von f und g übereinstimmen, d. h., im vorliegenden Fall muss gelten: $f'(3) = g'(3)$

Eine Berechnung der beiden Funktionswerte an der Stelle $x = 3$ ergibt $f'(3) = 0$ und $g'(3) = (3-2)\, e^{3-5,5} = e^{-2,5}$. Damit gilt offenbar $g'(3) > 0$.

Daher modelliert die Funktion g keinen knickfreien Übergang an der Stelle $x = 3$.

b3) Die Funktion g ist für die Modellierung des Dachfirsts über dem Intervall [3; 6] definiert. Nun wird der Definitionsbereich auf alle reellen Zahlen erweitert. Also ist g eine reelle Funktion, definiert durch:
$g\colon \mathbb{R} \to \mathbb{R},\ x \mapsto (x-3) \cdot e^{x-5,5} + 4$

Ihre erste Ableitung ist im Aufgabentext gegeben. Zur Bestimmung der zweiten und dritten Ableitung nutzt man die Produkt- und die Kettenregel.

Es gilt:

$$g''(x) = ((x-2)\cdot e^{x-5,5})' = (x-2)'\cdot e^{x-5,5} + (x-2)\cdot (e^{x-5,5})'$$
$$= 1\cdot e^{x-5,5} + (x-2)\cdot (1\cdot e^{x-5,5}) = e^{x-5,5}\cdot (1+x-2)$$
$$= (x-1)\cdot e^{x-5,5}$$

Entsprechend erhält man für die dritte Ableitung von g:

$$g'''(x) = ((x-1)\cdot e^{x-5,5})' = x\cdot e^{x-5,5}$$

Eine notwendige Bedingung für die Existenz einer Extremstelle an einer Stelle x der Funktion g lautet $g'(x)=0$.

Die Funktion g hat höchstens eine Extremstelle, denn es gilt unter Beachtung von $e^{x-5,5}>0$ für alle reellen Zahlen x:

$$g'(x) = 0$$
$$\Leftrightarrow \quad (x-2)\cdot e^{x-5,5} = 0$$
$$\Leftrightarrow \quad x-2 = 0$$
$$\Leftrightarrow \quad x = 2$$

An der Stelle $x=2$ liegt tatsächlich eine Extremstelle vor, weil auch die hinreichende Bedingung für die Existenz einer Extremstelle erfüllt ist: An der Stelle $x=2$ ist die zweite Ableitung von g ungleich null. Es gilt nämlich:
$g''(2)=(2-1)\cdot e^{2-5,5}=e^{-3,5}>0$
Also liegt an der Stelle $x=2$ ein Minimum vor.

Eine notwendige Bedingung für die Existenz einer Wendestelle an einer Stelle x der Funktion g lautet $g''(x)=0$. Wie oben hat die Funktion g auch nur eine Wendestelle, und zwar bei $x=1$, denn es gilt für die notwendige Bedingung:

$$g''(x) = 0$$
$$\Leftrightarrow \quad (x-1)\cdot e^{x-5,5} = 0$$
$$\Leftrightarrow \quad x-1 = 0$$
$$\Leftrightarrow \quad x = 1$$

Für die dritte Ableitung von g erhält man bzgl. der hinreichenden Bedingung an der Stelle $x=1$ wieder einen positiven Wert, es gilt nämlich $g'''(1)=e^{-4,5}>0$. Also befindet sich an der Stelle $x=1$ die einzige Wendestelle.

b4) Die Funktion g wird zunächst an der y-Achse gespiegelt. Diese Spiegelung wird durch folgende allgemeine Transformation bei einer Funktion f erreicht:
$f(x)\rightarrow f(-x)$

Für die gegebene Funktion g erhält man dadurch:

$g\colon \mathbb{R}\rightarrow\mathbb{R},\ x\mapsto (x-3)\cdot e^{x-5,5}+4$

$g_{Spiegelung}\colon \mathbb{R}\rightarrow\mathbb{R},\ x\mapsto (-x-3)\cdot e^{-x-5,5}+4$

Dann wird diese gespiegelte Funktion noch um 12 Einheiten nach rechts verschoben. Dies geschieht durch die Transformation:
$f(x) \to f(x-12)$

$g^* = g_{\text{Spiegelung/Verschiebung}}: \mathbb{R} \to \mathbb{R},\ x \mapsto (-(x-12)-3) \cdot e^{-(x-12)-5{,}5} + 4$

Man erhält durch Vereinfachung die folgende Funktion:

$g^*: \mathbb{R} \to \mathbb{R},\ x \mapsto (-x+9) \cdot e^{-x+6{,}5} + 4$

Daher lauten die reellen Parameter $a=-1$, $b=9$ und $c=6{,}5$.

c) Die verbesserte Modellierung des Dachfirsts wird durch eine Funktion h_k mit einem Parameter $k \geq 0$ dargestellt: Es soll gelten:

$$h_k(x) = \frac{5}{9}(x-3)^2 \cdot e^{k(x-6)} + 4 \quad \text{und} \quad h_k'(x) = \frac{5}{9}(x-3) \cdot (kx-3k+2) \cdot e^{k(x-6)}$$

c1) Wenn die Funktion g aus Teilaufgabe b in der Schar „enthalten" sein soll, dann muss es eine nichtnegative reelle Zahl k so geben, dass für alle reellen x gilt:
$g(x) = h_k(x)$

Man nimmt an, dass es ein solches $k \geq 0$ gibt. Dann gilt für alle reellen $x \neq 3$ (somit kann durch $x-3$ geteilt werden):

$$g(x) = h_k(x)$$

$$\Leftrightarrow \quad (x-3) \cdot e^{x-5{,}5} + 4 = \frac{5}{9}(x-3)^2 \cdot e^{k(x-6)} + 4$$

$$\Leftrightarrow \quad e^{x-5{,}5} = \frac{5}{9}(x-3) \cdot e^{k(x-6)}$$

$$\Leftrightarrow \quad e^{(x-5{,}5)-k(x-6)} = \frac{5}{9}(x-3)$$

$$\Leftrightarrow \quad e^{x-kx+0{,}5} = \frac{5}{9}(x-3)$$

An dieser letzten Gleichung erkennt man, dass z. B. für $x=2$ die rechte Seite negativ ist, die linke Seite aber für jedes reelle k positiv ist.

Also ist die Funktion g nicht in der Funktionenschar h_k enthalten.

Alternativ: Für alle $k \geq 0$ nimmt h_k für $x=6$ den exakten Wert 9 an, hingegen ergibt sich für g der von 9 verschiedene Term $3 \cdot e^{0{,}5} + 4$.

c2) Die Steigung der Funktion h_k an der Stelle $x=6$ wird durch die erste Ableitung ermittelt. Es gilt an dieser Stelle für die im Aufgabentext angegebene erste Ableitung von h_k:

$$h_k'(6) = \frac{5}{9}(6-3) \cdot (k \cdot 6 - 3k + 2) \cdot e^{k(6-6)} = \frac{5}{3} \cdot (3k+2) \cdot e^0 = 5k + \frac{10}{3}$$

Dieser Term ist in der Aufgabenstellung angegeben.

c3) Die folgende Skizze soll den Sachzusammenhang verdeutlichen:

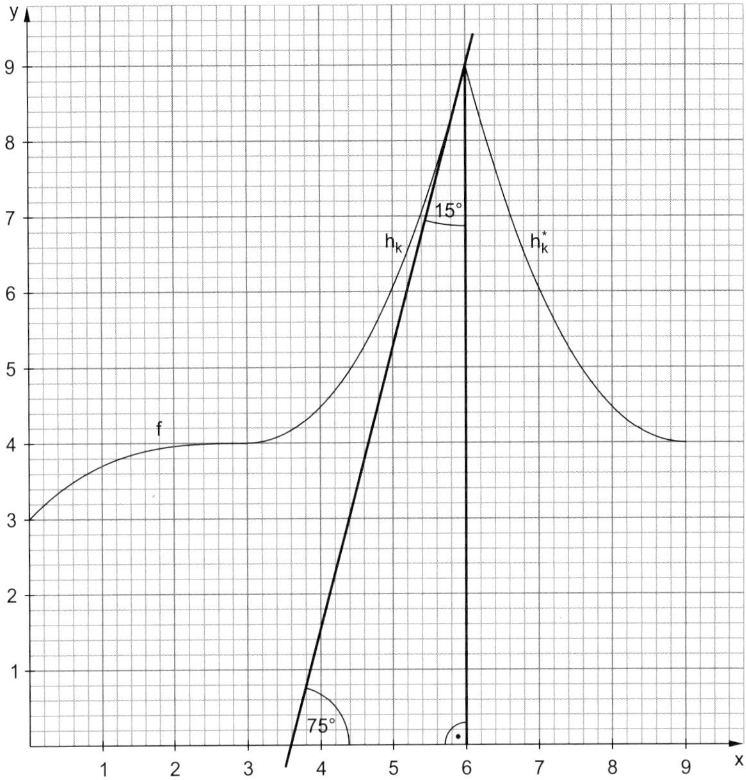

Die Spitze des Dachfirsts wird durch die beiden Funktionen h_k und h_k^* modelliert, genauer durch die beiden Tangenten (nur die von h_k ist eingezeichnet) an h_k und h_k^* an der Stelle $x = 6$. In Teilaufgabe c2 ist der Term für die Steigung (der Tangente) an dieser Stelle gegeben. Daher gilt für diesen Term:

$$\tan(\alpha) = 5k + \frac{10}{3}$$

Da der Innenwinkel der Spitze 30° betragen soll, ist der „halbe" Winkel 15° groß. Dementsprechend hat der „untere (Tangens-)Winkel α" die Größe $90° - 15° = 75°$. Also gilt:

$$\tan(75°) = 5k + \frac{10}{3}$$

Mit dem Taschenrechner erhält man daraus den ungefähren Wert $k \approx 0{,}08$.

Schleswig-Holstein – Kernfach Mathematik
2021 – Aufgabe 2: Analysis

Ein digitales Messgerät misst bei einem Diabetes-Patienten kontinuierlich den Glukosewert (Blutzuckerwert). Der Glukosewert dieses Patienten wird in Abhängigkeit von der Zeit t im Intervall [0; 3,75] mithilfe der Funktion g mit

$g(t) = 13 \cdot t^3 - 78 \cdot t^2 + 104 \cdot t + 96$

modelliert. Dabei wird der Glukosewert g(t) in u (Units) und die Zeit t in h (Stunden) seit Messbeginn angegeben. Die Abbildung 1 auf dem Beiblatt zeigt den Graphen von g im betrachteten Intervall.

a) a1) Bei einem Glukosewert von unter 70 u spricht man von Unterzuckerung. Bestimmen Sie mithilfe des Graphen die Länge des Zeitraums, in dem Unterzuckerung vorliegt. 2 P

a2) Etwas mehr als drei Stunden nach Messbeginn liegt im Bereich der Unterzuckerung der niedrigste Glukosewert. Berechnen Sie den zugehörigen Zeitpunkt. 3 P

a3) Weisen Sie nach, dass der Glukosewert eine Stunde nach Messbeginn um mehr als 40 % größer ist als zu Beginn der Messung. 3 P

a4) Berechnen Sie den durchschnittlichen Glukosewert innerhalb der ersten zwei Stunden nach Messbeginn. 3 P

b) Aus medizinischer Sicht ist ein zu schnelles Absinken des Glukosewerts gefährlich.

b1) $T(2\,|\,-52)$ ist der tiefste Punkt des Graphen der Ableitungsfunktion g' über dem Intervall [0; 3,75].
Interpretieren Sie dies im Sachzusammenhang. 3 P

b2) Die folgenden Terme beschreiben unterschiedliche Änderungsraten der Funktion g.

Term A: $\dfrac{g(3) - g(1)}{3 - 1}$

Term B: $\lim\limits_{h \to 0} \dfrac{g(1 + h) - g(1)}{h}$

Geben Sie an, welche Änderungsraten diese beiden Terme beschreiben. 4 P

b3) Liegt die momentane Änderungsrate unter einem Wert von -40 u/h, so zeigt das Messgerät des Patienten ein Warnsymbol an.
Weisen Sie nach, dass dieses Warnsymbol im betrachteten Zeitintervall mehr als eine Stunde lang angezeigt wird. 4 P

Gegeben ist die Funktionenschar f_a mit
$f_a(t) = a \cdot (t^3 - 4 \cdot t)$ und $a > 0$.
Die Abbildung 2 auf dem Beiblatt zeigt den Graphen von f_1.

c) c1) Für jedes $a > 0$ hat der Graph von f_a genau einen Hochpunkt H_a. Beschreiben Sie, wie sich die Lage von H_a ändert, wenn sich der Wert des Parameters a verdreifacht. 3 P

c2) Die Tangente an den Graphen von f_a im Punkt $(2|0)$ schließt mit der t-Achse einen Winkel ein.
Bestimmen Sie denjenigen Wert für a, für den dieser Winkel 45° beträgt. 3 P

c3) Weisen Sie durch Rechnung nach:
Verschiebt man den Graphen von g nach links entlang der t-Achse um 2 Einheiten und anschließend entlang der y-Achse nach unten um 96 Einheiten, so erhält man einen Graphen, der zur Schar f_a gehört. 5 P

d) Gegeben ist die Funktionenschar h_a mit $h_a(t) = -a \cdot t$ und $a > 0$.
Betrachtet wird der folgende Term:

$$\left| \left| \int_1^{t_0} f_a(t)\,dt \right| - \left| \int_1^{t_0} h_a(t)\,dt \right| \right|$$

Dabei ist t_0 diejenige Lösung der Gleichung $f_a(t) = h_a(t)$, für die $1 < t_0 < 2$ gilt.

d1) Zeichnen Sie in Abbildung 2 ein Flächenstück ein, dessen Inhalt mit dem angegebenen Term für $a = 1$ berechnet werden kann. 2 P

d2) Berechnen Sie t_0 sowie den Wert des obigen Terms in Abhängigkeit von a. 5 P

Beiblatt

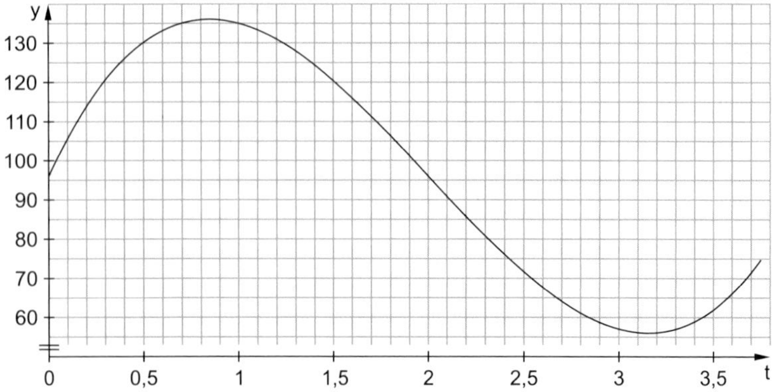

Abbildung 1: der Graph von g im betrachteten Zeitintervall [0; 3,75]

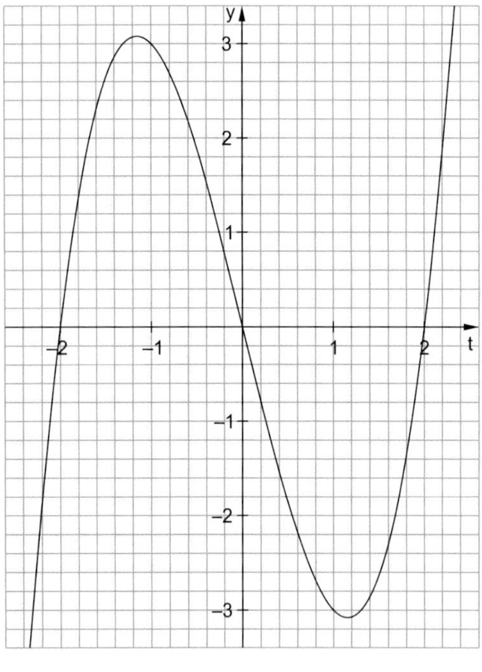

Abbildung 2: der Graph von f_1

Hinweise und Tipps

Teilaufgabe a1

- Gegeben ist eine auf dem Intervall [0; 3,75] definierte reelle ganzrationale Funktion g dritten Grades, die zum Zeitpunkt t (angegeben in Stunden) den Glukosewert g(t) (angegeben in Units) einer Person angibt.
- In der gegebenen Abbildung 1 erkennt man einen wellenartigen und für diesen Funktionstyp charakteristischen Verlauf des Graphen von g: Nach einem anfänglichen Zuwachs fällt der Blutzuckerspiegel, daraufhin steigt er wieder.
- Wenn der Glukosewert unter 70 u ist, dann spricht man von Unterzuckerung; suchen Sie Werte unter 70 u.
- Für welche Zeitpunkte t gilt $g(t) \leq 70$? Sie können ein ganzes Intervall in der Abbildung 1 ablesen, über dem diese Ungleichung erfüllt ist.
- Dieser Aufgabenteil verlangt lediglich einen Schätzwert durch Ablesen, also keine Rechnung.
- Es wird keine Umrechnung in Minuten erwartet.

Teilaufgabe a2

- In der Abbildung 1 ist der niedrigste Glukosewert (etwas mehr als 55 u) kurz nach 3 Stunden nach Messbeginn schon zu erkennen.
- Offenbar wird hier ein lokales Minimum der Funktion gesucht.
- Die Nullstellen der Ableitungsfunktion g' von g sind hier die Extremstellen von g, d. h. diejenigen Stellen mit waagerechter Tangente an den Graphen von g.
- Bilden Sie zunächst die erste Ableitung von g nach den bekannten Ableitungsregeln.
- Sie erhalten eine quadratische Funktion mit zwei Nullstellen, die mit dem Taschenrechner ermittelt werden können.
- Da im Aufgabentext der Zeitpunkt (t etwa bei 3 Stunden) schon angegeben ist, können Sie den betreffenden Zeitpunkt ohne weitere Rechnung angeben.
- *Alternativ* bilden Sie die zweite Ableitung und untersuchen die hinreichende Bedingung für die Existenz eine Minimalstelle, also $g''(t) > 0$.

Teilaufgabe a3

- Bestimmen Sie die Werte für $t = 0$ (Beginn der Messung) und für $t = 1$ (eine Stunde nach Beginn der Messung).
- Für $t = 0$ ergibt sich ein Glukosewert von 96 u.
- 40 % von 96 u sind $0{,}4 \cdot 96\ \text{u} = 38{,}4\ \text{u}$.
- Beantworten Sie die Frage: Ist $g(1) > g(0) + 38{,}4$ u oder $g(1) \leq g(0) + 38{,}4$ u?

Teilaufgabe a4

- Zur Bestimmung der durchschnittlichen Glukosemenge hilft die Integralrechnung.
- Die Glukosemenge zwischen zwei Zeitpunkten t_1 und t_2 entspricht dem Flächeninhalt unterhalb des Graphen der Funktion (siehe Abbildung).
- Für die Berechnung des Durchschnitts muss man den Wert der Fläche noch durch die Länge des Intervalls, also $t_2 - t_1$, dividieren.

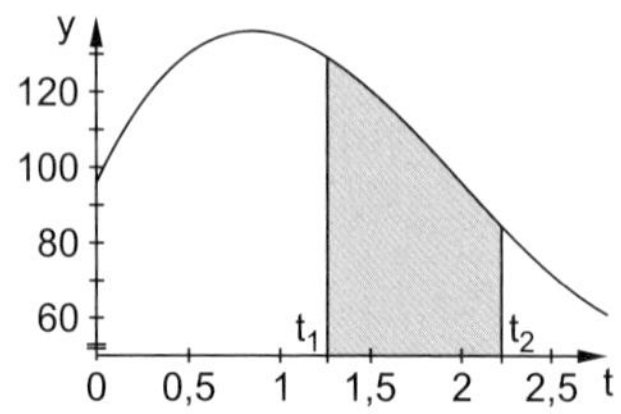

- In diesem Aufgabenteil ergibt sich der Term $\frac{1}{2-0} \cdot \int_0^2 g(t)\,dt$.
- Eine Stammfunktion G von g erhält man durch die bekannten Integrationsregeln.
- Es gilt mit den üblichen Bezeichnungen: $\int_{t_1}^{t_2} ax^n\,dx = a \cdot \left[\frac{1}{n+1} x^{n+1}\right]_{t_1}^{t_2}$

Teilaufgabe b1

- Lesen Sie den Vortext von Teilaufgabe b.
- Die Ableitungsfunktion einer Funktion ist ein Maß für die Veränderung der Funktion.
- Nach Aufgabenstellung hat g' an der Stelle $x = 2$ ein lokales Minimum.
- Was bedeutet dies für die Veränderung des Glukosewerts?

Teilaufgabe b2

- Beziehen Sie die Begriffe „mittlere (durchschnittliche)“ und „momentane (lokale)“ Änderungsrate auf die beiden Terme.
- Bedenken Sie im Term B das Grenzwertverhalten der Variablen h.
- Welche Stelle wird im Term B fokussiert?

Teilaufgabe b3

- Die erste Ableitung kann als momentane Änderungsrate einer Funktion interpretiert werden.
- Suchen Sie eine Ungleichung, die den Sachzusammenhang „momentane Änderungsrate sinkt unter -40 u pro Stunde“ beschreibt.
- Es soll gelten: $g'(t) < -40$.
- Lösen Sie diese Ungleichung
- *Alternativ* können Sie auch die beiden Stellen (Zeitpunkte) t_1 und t_2 aus der Bedingungsgleichung $g'(t) = -40$ bestimmen und anschließend das Intervall so eingrenzen, dass augenscheinlich „mehr als eine Stunde für das Aufleuchten des Warnsymbols“ übrig bleibt.

Teilaufgabe c1

- Die Funktionen $f_a(t) = a \cdot (t^3 - 4 \cdot t)$ mit dem Parameter $a > 0$ sind ganzrationale Funktionen dritten Grades.
- Die beiden offensichtlichen Nullstellen $t = 0$ und $t = 2$ (siehe Abbildung 2) von f_a ändern sich bei Veränderung von a nicht. Warum?
- Ändern sich die Extremstellen (also die x- bzw. t-Koordinate), wenn sich a verändert? Es gibt eine inhaltliche und eine rechnerische Begründung für die Antwort „nein".
- Rechnerisch ergibt sich für die erste Ableitung $f_a'(t) = a \cdot (3 \cdot t^2 - 4)$. Man erhält die notwendige Bedingung für eine Extremstelle durch die Gleichung $0 = a \cdot (3 \cdot t^2 - 4)$.
- Bei Division durch den positiven Parameter a erhält man $0 = 3 \cdot t^2 - 4$. Also hängt die Nullstelle von f' nicht von a ab.
- Der Wert der Extremstellen wird wegen $f_{3 \cdot a}(t) = 3 \cdot a \cdot (t^3 - 4 \cdot t)$ schlicht verdreifacht, wenn a verdreifacht wird.

Teilaufgabe c2

- Für den Wert der Steigung (der Tangente) im Punkt $A(2 \mid 0)$ gilt $f_a'(2)$.
- Berechnen Sie diesen Wert in Abhängigkeit von a.
- Bedenken Sie für die Bestimmung des Parameters die Gleichung $\tan(45°) = f_a'(2)$.
- Für den Tangens gilt allgemein $\tan(45°) = 1$.

Teilaufgabe c3

- Eine Verschiebung einer Funktion f in Richtung der x-Achse um k Einheiten nach links erhält man durch die Transformation $f(x) \rightarrow f(x + k)$.
- Eine Verschiebung einer Funktion f in Richtung der y-Achse um m Einheiten nach unten erhält man durch die Transformation $f(x) \rightarrow f(x) - m$.
- Ersetzen Sie im ersten Schritt in der Funktionsgleichung von g die Variable x durch $x + 2$.
- Addieren Sie im zweiten Schritt zur neuen Funktionsgleichung den Wert –96.
- Bringen Sie nun die neue Funktionsgleichung durch schrittweise Vereinfachung auf die Form $f_a(t) = a \cdot (t^3 - 4 \cdot t)$ und begründen Sie damit, dass diese Transformation eine Funktion der Funktionenschar f_a ist.
- Es lässt sich auch schon der Parameter a „erraten". Versuchen Sie es!
- Vergleichen Sie dafür $f_a(t) = a \cdot (t^3 - 4 \cdot t)$ mit $g(t) = 13 \cdot t^3 - 78 \cdot t^2 + 104 \cdot t + 96$. Schauen Sie dabei auf den Koeffizienten vor der höchsten Potenz von t.

Teilaufgabe d1

- Offensichtlich beschreibt der Term $\left|\int_1^{t_0} f_a(t)\,dt\right| - \left|\int_1^{t_0} h_a(t)\,dt\right|$ zunächst eine Differenz zweier nichtnegativer Zahlen.
- Um welche Art von Funktionen handelt es sich bei $h_a(t) = -a \cdot t$?
- Alle Funktionen dieser Schar sind lineare Funktionen mit negativer Steigung, die durch den Ursprung verlaufen.
- Beschreiben Sie inhaltlich/geometrisch die beiden Teil-Terme. Welche Flächen werden dabei angesprochen? Welche Bedeutung haben dabei die Betragsstriche?
- Bedenken Sie die Intervallgrenzen 1 und 2 für die obere Integrationsvariable t_0.
- Veranschaulichen Sie nun den obigen Term, indem Sie das dadurch veranschaulichte Flächenstück identifizieren.

Teilaufgabe d2

- Da t_0 die Lösung der Gleichung $f_a(t) = h_a(t)$ sein soll, müssen Sie diese Gleichung aufstellen und lösen.
- Die Division durch a ist ohne Einschränkung möglich.
- Sie erhalten eine Gleichung dritten Grades mit insgesamt drei Lösungen.
- Nur eine Lösung liegt im Intervall [1; 2].
- Berechnen Sie mit dieser Lösung den Wert des Terms.
- Wenden Sie die bekannten Integrationsregeln an.

Lösung

a) Gegeben ist eine reelle ganzrationale Funktion g dritten Grades $g(t) = 13 \cdot t^3 - 78 \cdot t^2 + 104 \cdot t + 96$, die im Intervall [0; 3,75] zum Zeitpunkt t den Glukosewert g(t) eines Patienten angibt.

a1)

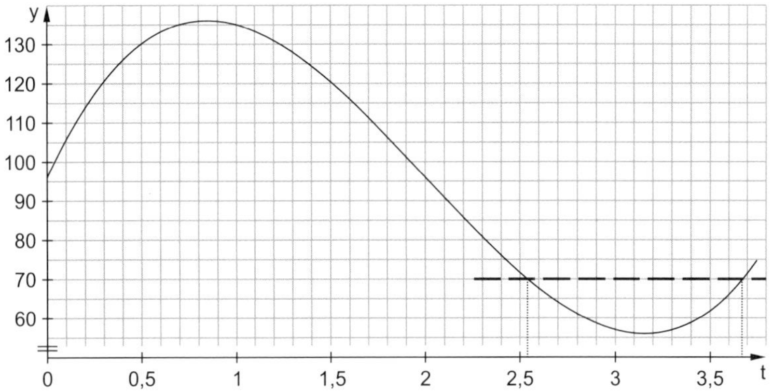

Zeichnet man in der gegebenen Abbildung eine Waagerechte auf Höhe von 70 u, liegt unterhalb der Waagerechten der Bereich der Unterzuckerung. Man liest in der Zeichnung folgendes Zeitintervall ab: Beginn der Unterzuckerung nach ca. 2,55 Stunden und Ende der Unterzuckerung etwa zum Zeitpunkt 3,7 Stunden. Also beträgt die Länge des Zeitraumes ungefähr 1,15 Stunden.

a2) Der niedrigste Glukosewert im Bereich der Unterzuckerung, also im Intervall [2,55; 3,7], kann als lokale Extremstelle interpretiert werden. Die notwendige Bedingung für die Existenz eines Minimums lautet $g'(t) = 0$. Mithilfe der Ableitungsregeln bestimmt man g'; es gilt dafür:

$g'(t) = 3 \cdot 13 \cdot t^2 - 2 \cdot 78 \cdot t + 104 = 39 \cdot t^2 - 156 \cdot t + 104$

Nun gilt:

$$g'(t) = 0$$

$$\Leftrightarrow \quad 39 \cdot t^2 - 156 \cdot t + 104 = 0$$

$$\Leftrightarrow \quad t^2 - 4 \cdot t + \frac{8}{3} = 0$$

$$\Leftrightarrow \quad t_1 = 2 + \frac{2}{3}\sqrt{3} \approx 3{,}15 \text{ oder } t_2 = 2 - \frac{2}{3}\sqrt{3} \approx 0{,}85$$

Für die zweite Ableitung von g gilt:

$g''(t) = 78 \cdot t - 156$

Für $t_1 = 2 + \frac{2}{3}\sqrt{3}$ erhält man sofort $g''(t_1) > 0$ und für $t_2 = 2 - \frac{2}{3}\sqrt{3}$ entsprechend $g''(t_2) < 0$.

Also liegt an der Stelle $t = 2 + \frac{2}{3}\sqrt{3}$ ein lokales Minimum vor. Der Zeitpunkt lautet etwa $t \approx 3{,}15$ Stunden.

a3) Man bestimmt zu den Zeitpunkten $t=0$ und $t=1$ den jeweiligen Glukosewert. Es ergibt sich $g(0)=96$ und $g(1)=135$. Für die Differenz ergibt sich ein Wert von 39 u. 40 % vom Wert zum Zeitpunkt $t=0$ sind 40 % von 96 u, also 38,4 u. Also ist nach einer Stunde der Glukosewert um mehr als 40 % größer als zu Beginn der Messung.

a4) Zur Bestimmung der durchschnittlichen Glukosemenge hilft die Integralrechnung. Die Glukosemenge M im Intervall [0; 2] wird durch das folgende Integral bestimmt:

$$M = \int_0^2 g(t)\,dt$$

Man erhält für eine Stammfunktion G von g:

$$G(t) = \frac{13}{4} \cdot t^4 - 26 \cdot t^3 + 52 \cdot t^2 + 96 \cdot t + c$$

Für die durchschnittliche Glukosemenge innerhalb der ersten zwei Stunden erhält man damit

$$\frac{M}{2} = \frac{1}{2} \cdot [G(t)]_0^2 = \frac{1}{2} \cdot (G(2) - G(0)) = 122$$

Der durchschnittliche Glukosewert der ersten zwei Stunden beträgt also 122 u.

b1) Der angegebene Punkt T ist laut Aufgabenstellung ein lokales Minimum der Ableitungsfunktion von g. Das heißt, dass die Änderungsrate des Blutzuckerspiegels mit –52 u pro Stunde am kleinsten ist. Dies bedeutet im Kontext des Sachzusammenhangs, dass nach zwei Stunden der Glukosewert am stärksten abfällt.

b2) Der Term A beschreibt als sogenannter Differenzenquotient die durchschnittliche Rate oder mittlere Änderungsgrate der Glukose-Funktion g im Intervall [1; 3]. Er beschreibt also einen „Durchschnitt in einem Intervall".

Der Term B hingegen beschreibt eine punktuelle Veränderung. In diesem Fall gibt der Term B die lokale oder momentane Änderungsrate der Glukose-Funktion g an der Stelle $t=1$ oder im Punkt $(1\,|\,g(1))$ an. Diese momentane Änderungsrate entspricht dem Wert $g'(1)$.

b3) Die momentane Änderungsrate wird durch die erste Ableitungsfunktion von g charakterisiert. Es gilt nach oben:
$g'(t) = 39 \cdot t^2 - 156 \cdot t + 104$

Gesucht sind Zeitpunkte t für g', für die gilt:

$$
\begin{aligned}
& g'(t) < -40 \\
\Leftrightarrow\quad & 39 \cdot t^2 - 156 \cdot t + 104 < -40 \\
\Leftrightarrow\quad & 39 \cdot t^2 - 156 \cdot t + 144 < 0 \\
\Leftrightarrow\quad & t^2 - 4 \cdot t + \frac{48}{13} < 0 \\
\Leftrightarrow\quad & t > 2 - \frac{2}{13}\sqrt{13} \approx 1{,}445 \text{ und } t < 2 + \frac{2}{13}\sqrt{13} \approx 2{,}555
\end{aligned}
$$

Also liegt im Intervall

$$\left[2 - \frac{2}{13}\sqrt{13}; 2 + \frac{2}{13}\sqrt{13}\right]$$

die momentane Änderungsrate unter einem Wert von −40 u pro Stunde.

Zusätzlich gilt für die Länge des Zeitintervalls:

$$2 + \frac{2}{13}\sqrt{13} - \left(2 - \frac{2}{13}\sqrt{13}\right) = \frac{4}{13}\sqrt{13} \approx 1{,}11 > 1$$

Damit beträgt die Zeitdauer des Leuchtens des Warnsymbols mehr als eine Stunde.

c) Für ein reelles $a > 0$ ist eine Funktionenschar f_a gegeben durch $f_a(t) = a \cdot (t^3 - 4 \cdot t)$.

c1) Der Parameter a in der Funktion f_a bewirkt grafisch eine Streckung oder Stauchung von f_a, aber keine Verschiebung in Richtung der x-Achse. Das bedeutet für die Lage des Hochpunktes, dass sich die x-Koordinate nicht ändert, aber die y-Koordinate nach „oben oder unten", also vertikal verschiebt; im Falle der Verdreifachung des Parameters a verdreifacht sich auch der y-Wert.

c2) Für die Ableitungsfunktion von f_a gilt:

$f_a'(t) = a \cdot (3 \cdot t^2 - 4)$

Der Wert der Steigung der Tangente an der Stelle $t = 2$ beträgt also in Abhängigkeit des Parameters a:

$f_a'(2) = a \cdot (3 \cdot 2^2 - 4) = 8a$

Damit der mit der x-Achse eingeschlossene Winkel der Tangente an den Graphen von f_a wie gefordert 45° beträgt, muss daher gelten:

$$
\begin{aligned}
& \tan(45°) = 8a \\
\Leftrightarrow\quad & 1 = 8a \\
\Leftrightarrow\quad & a = \frac{1}{8}
\end{aligned}
$$

Der Wert für a beträgt also $\frac{1}{8}$.

c3) Eine Verschiebung in Richtung der x-Achse um zwei Einheiten nach links erhält man durch die Transformation $g(x) \to g(x+2)$.

Für die Funktion g bedeutet dies:

$g^*(t) = 13 \cdot (t+2)^3 - 78 \cdot (t+2)^2 + 104 \cdot (t+2) + 96$

Eine Verschiebung in Richtung der y-Achse um 96 Einheiten nach unten erhält man durch die auf g* angewandte Transformation $g^*(x) \to g^*(x) - 96$.

Man erhält damit:

$$\begin{aligned} g^{**}(t) &= 13 \cdot (t+2)^3 - 78 \cdot (t+2)^2 + 104 \cdot (t+2) + 96 - 96 \\ &= 13 \cdot (t+2)^3 - 78 \cdot (t+2)^2 + 104 \cdot (t+2) \end{aligned}$$

Es gilt:

$$\begin{aligned} g^{**}(t) &= 13 \cdot (t+2)^3 - 78 \cdot (t+2)^2 + 104 \cdot (t+2) && \text{[Ausklammern der Zahl 13]} \\ &= 13 \cdot \big((t+2)^3 - 6 \cdot (t+2)^2 + 8 \cdot (t+2)\big) && \text{[Ausklammern von } (t+2)\text{]} \\ &= 13 \cdot (t+2) \cdot \big((t+2)^2 - 6 \cdot (t+2) + 8\big) && \text{[Vereinfachung]} \\ &= 13 \cdot (t+2) \cdot (t^2 + 4t + 4 - 6t - 12 + 8) && \text{[Zusammenfassung]} \\ &= 13 \cdot (t+2) \cdot (t^2 - 2t) && \text{[Vereinfachung]} \\ &= 13 \cdot (t^3 - 2t^2 + 2t^2 - 4 \cdot t) && \text{[Zusammenfassung]} \\ &= 13 \cdot (t^3 - 4 \cdot t) && \text{[Vergleich mit } f_a(t)\text{]} \\ &= f_{13}(t) \end{aligned}$$

Also enthält die Schar mit $a = 13$ eine wie oben transformierte Funktion.

d) Gegeben ist nun eine weitere Funktionenschar h_a mit $a > 0$ und $h_a(t) = -a \cdot t$, also eine fallende lineare Funktion durch den Ursprung.

d1) Der angegebene Term veranschaulicht die in der Abbildung auf der folgenden Seite grau schraffierte Fläche. Denn der erste Term

$$\left| \int_1^{t_0} f_a(t)\, dt \right|$$

zur Funktion f_1 gibt den Flächeninhalt zwischen dem Graphen von f_1 und der x-Achse im Intervall $[1; t_0]$ an; dabei sorgen die Betragsstriche für die Positivität, die bei Flächenmaß-Angaben nötig ist.

Der zweite Term

$$\left| \int_1^{t_0} h_a(t)\, dt \right|$$

beschreibt entsprechend im selben Intervall das trapezartige Flächenstück zwischen der Funktion h_1 und der x-Achse.

Die Differenz der beiden Flächenstücke ist somit das graue Flächenstück.

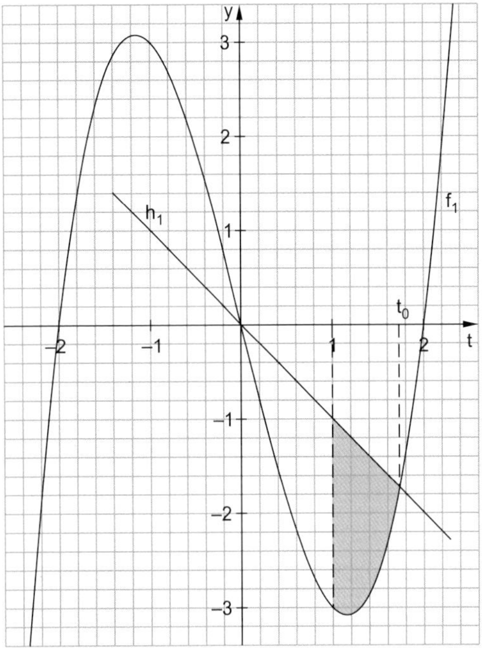

d2) Zur Bestimmung von t_0 löst man folgende Gleichung:
$f_a(t) = h_a(t)$

Es sind für $a > 0$ (daher ist Kürzen mit a möglich) gleichwertig:

$$
\begin{aligned}
& f_a(t) = h_a(t) \\
\Leftrightarrow \quad & a \cdot (t^3 - 4t) = -at \\
\Leftrightarrow \quad & t^3 - 4t = -t \\
\Leftrightarrow \quad & t^3 - 3t = 0 \\
\Leftrightarrow \quad & t \cdot (t^2 - 3) = 0 \\
\Leftrightarrow \quad & t = 0 \;\text{ oder }\; t^2 - 3 = 0 \\
\Leftrightarrow \quad & t = 0 \;\text{ oder }\; t = \sqrt{3} \;\text{ oder }\; t = -\sqrt{3}
\end{aligned}
$$

Da t_0 im Intervall [1; 2] liegen soll, folgt $t_0 = \sqrt{3}$.

Der Wert des Terms

$$\left| \int_1^{t_0} f_a(t)\,dt \right| - \left| \int_1^{t_0} h_a(t)\,dt \right|$$

ergibt sich unter Berücksichtigung von $a > 0$ durch die folgende Rechnung, wobei für die obere Integrationsgrenze $t_0 = \sqrt{3}$ eingesetzt wurde.

$$\left|\int_1^{t_0} f_a(t)\,dt\right| - \left|\int_1^{t_0} h_a(t)\,dt\right| = \left|\int_1^{\sqrt{3}} a\cdot(t^3-4t)\,dt\right| - \left|\int_1^{\sqrt{3}} -a\cdot t\,dt\right|$$

$$= \left|a\cdot\int_1^{\sqrt{3}} (t^3-4t)\,dt\right| - \left|a\cdot\int_1^{\sqrt{3}} t\,dt\right|$$

$$= a\cdot\left|\left[\frac{1}{4}t^4-2t^2\right]_1^{\sqrt{3}}\right| - a\cdot\left|\left[\frac{1}{2}t^2\right]_1^{\sqrt{3}}\right|$$

$$= a\cdot\left|\frac{9}{4}-6-\left(\frac{1}{4}-2)\right)\right| - a\cdot\left|\frac{3}{2}-\frac{1}{2}\right|$$

$$= a\cdot|-2| - a\cdot 1$$

$$= 2a - a$$

$$= a$$

Somit nimmt der Wert des obigen Terms stets die positive Zahl a an.

Schleswig-Holstein – Kernfach Mathematik
2021 – Aufgabe 3: Analytische Geometrie

Ein Sportler trainiert in einer Kletterhalle. Die Situation wird in einem geeigneten Koordinatensystem modelliert, wobei eine Längeneinheit einem Meter in der Realität entspricht.
Die x_1x_2-Ebene stellt den Hallenboden dar. Der Kletterer steht zunächst auf dem Startpunkt $(0|0|0)$. Er klettert an der Wand PQRS hoch, greift von dort auf die Wand RSTU über und hangelt sich an ihr nach vorne bis zur Kante $\overline{TU}$.

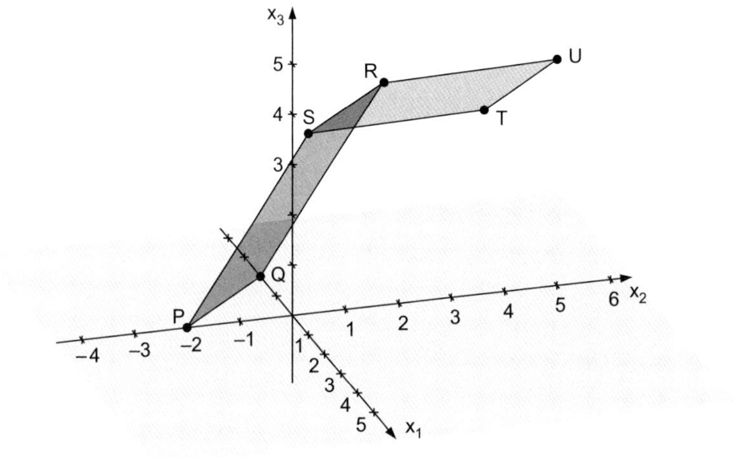

Die ebenen Vierecke PQRS und RSTU haben die Eckpunkte
$P(0|-2|0)$, $Q(-2|0|0)$, $R(-1|2|4)$, $S(1|0|4)$, $T(2|3|4{,}5)$ und $U(0|5|4{,}5)$.
Das Viereck PQRS liegt in der Ebene E.

a) a1) Berechnen Sie die Länge der Kante $\overline{PQ}$. 2 P

a2) Zeigen Sie, dass das Viereck PQRS ein Parallelogramm, aber kein Rechteck ist. 5 P

a3) Bestimmen Sie eine Gleichung der Ebene E in Koordinatenform.
[*Kontrolle:* E: $4x_1+4x_2-3x_3=-8$] 4 P

a4) Berechnen Sie den Schnittpunkt der Ebene E mit der x_3-Achse und geben Sie die Höhe der Wand senkrecht über dem Startpunkt an. 4 P

a5) Untersuchen Sie, ob es in der Ebene E einen Punkt $(x_1|x_2|2)$ mit ganzzahligen Koordinaten x_1 und x_2 gibt. 3 P

b) In der Nähe der Kante $\overline{TU}$ hängt bei G(3 | 3,5 | 4,5) eine Glocke, die mit einer Leine am Hallendach befestigt ist. Zum Abschluss seiner Trainingseinheit läutet der Kletterer diese Glocke mit der einen Hand, während er sich mit der anderen Hand an demjenigen Punkt K auf der Kante $\overline{TU}$ festhält, der den geringsten Abstand zu G hat.

Durch T und U verläuft die Gerade g: $\vec{x} = \overrightarrow{OT} + r \cdot \overrightarrow{TU} = \begin{pmatrix} 2 \\ 3 \\ 4{,}5 \end{pmatrix} + r \cdot \begin{pmatrix} -2 \\ 2 \\ 0 \end{pmatrix}$.

b1) Bestimmen Sie den Fußpunkt F des Lotes von G auf g.
[*Kontrolle:* F(2,25 | 2,75 | 4,5)] 5 P

b2) Begründen Sie, dass K und F nicht identisch sind. 2 P

b3) Künftig soll die Glocke an einem anderen Punkt G* platziert werden. Der Punkt G* befindet sich in einer Höhe von 4,5 m und ist gleich weit von T und U entfernt; sein Abstand vom Mittelpunkt M der Kante $\overline{TU}$ beträgt 35 cm.
Ermitteln Sie die Koordinaten des Punktes M und die Koordinaten eines Punktes G* mit den beschriebenen Eigenschaften. 5 P

c) Im Rahmen einer Renovierung wird darüber nachgedacht, den Winkel zwischen den beiden Wänden zu verändern. Für jedes $a \in \mathbb{R}$ ist durch E_a: $x_1 + x_2 - ax_3 = 1 - 4a$ eine Ebene E_a gegeben. Jede dieser Ebenen enthält die Gerade durch R und S.

c1) Es gibt genau eine Zahl a mit $E_a = E$. Bestimmen Sie diese Zahl. 3 P

c2) E_8 ist diejenige Ebene, in der das Viereck RSTU liegt. Berechnen Sie den Schnittwinkel der Ebenen E und E_8. 3 P

c3) Bestimmen Sie alle Zahlen a, sodass sich E und E_a unter einem 60°-Winkel schneiden. 4 P

Hinweise und Tipps

Teilaufgabe a1

- Für die Bestimmung der Länge der Kante $\overline{PQ}$ bilden Sie den Vektor $\overrightarrow{PQ}$.
- Für die Länge eines Vektors $\vec{a}$ mit den reellen Koordinaten a_1, a_2, a_3 gilt allgemein:

$$|\vec{a}| = \left|\begin{pmatrix} a_1 \\ a_2 \\ a_3 \end{pmatrix}\right| = \sqrt{a_1^2 + a_2^2 + a_3^2}$$

- Wenden Sie diesen Ausdruck auf den Vektor $\overrightarrow{PQ}$ an.

Teilaufgabe a2

- Wenn bei einem allgemeinen Viereck ABCD zwei sich gegenüberliegende Kanten (also entweder $\overline{AB}$ und $\overline{CD}$ oder $\overline{AD}$ und $\overline{BC}$) parallel und gleichlang sind, ist dieses Viereck bereits ein Parallelogramm.
- Wählen Sie ein Kantenpaar des Vierecks PQRS und bilden Sie die zugehörigen Vektoren.
- Weisen Sie die Gleichheit der Vektoren nach.
- Damit ein Parallelogramm kein Rechteck ist, muss mindestens ein benachbartes Kantenpaar nicht senkrecht zueinander sein.
- Zeigen Sie dafür, dass das Skalarprodukt zweier benachbarter Kanten verschieden von null ist.

Teilaufgabe a3

- Bilden Sie einen Normalenvektor $\vec{n}$ zur Ebene E durch Anwendung des Kreuz- oder Vektorproduktes.
- Es gilt allgemein:

$$\vec{n} = \vec{a} \times \vec{b} = \begin{pmatrix} a_1 \\ a_2 \\ a_3 \end{pmatrix} \times \begin{pmatrix} b_1 \\ b_2 \\ b_3 \end{pmatrix} = \begin{pmatrix} a_2 b_3 - a_3 b_2 \\ a_3 b_1 - a_1 b_3 \\ a_1 b_2 - a_2 b_1 \end{pmatrix}$$

- Wählen Sie zwei linear unabhängige Richtungsvektoren, die die Ebene E aufspannen, am besten diejenigen, die Sie am Ende von Teilaufgabe a2 benutzt haben.
- Achten Sie darauf, dass der einfach abzulesende Normalenvektor $\begin{pmatrix} 4 \\ 4 \\ -3 \end{pmatrix}$ in der Kontroll-Ebene ein Vielfaches Ihres Vektors sein kann.
- Berechnen Sie für die Gleichung $n_1 \cdot x_1 + n_2 \cdot x_2 + n_3 \cdot x_3 = a$ mithilfe eines beliebigen Punktes der Ebene E, z. B. für P gegeben durch den Vektor $\begin{pmatrix} 0 \\ -2 \\ 0 \end{pmatrix}$, einen Wert a.
- Offenbar ergibt sich daraus $a = -8$.

Teilaufgabe a4

- Alle Punkte der x_3-Achse haben die Koordinaten $(0|0|x)$ mit einer reellen Zahl x und müssen als Schnittpunkte Teil der Ebene E sein. Setzen Sie $(0|0|x)$ in die zuvor in Teilaufgabe a3 errechnete Koordinatengleichung ein.
- Sie erhalten die Gleichung $-3x=-8$ und daraus sofort die Koordinaten des gesuchten Schnittpunktes.
- Dieser Schnittpunkt gibt auch direkt die gesuchte Höhe der Wand über dem Startpunkt an.

Teilaufgabe a5

- Der Punkt $(x_1|x_2|2)$ soll in der Ebene liegen, also muss er die gegebene Koordinatengleichung von E erfüllen
- Setzen Sie diesen Punkt in E ein und vereinfachen Sie anschließend die Gleichung.
- Sie erhalten eine lineare Gleichung mit den zwei Unbekannten x_1 und x_2.
- Ist es möglich, dass darin **beide** Koordinaten ganzzahlig sind?
- Bedenken Sie: Die Summe zweier ganzer Zahlen ist stets eine ganze Zahl, also $5+(-6)=-1$ oder $2+8=10$ oder $-3+(-4)=-7$ etc.

Teilaufgabe b1

- Der Lotfußpunkt F des Lotes von G auf g ist der Schnittpunkt der Geraden g mit der Senkrechten zu g durch den Punkt G.
- Ein Verfahren, diesen Lotfußpunkt zu bestimmen, lautet:
  (1) Man stellt eine Hilfsebene H auf, die senkrecht zu g und durch den Punkt G verläuft.
    - Nehmen Sie für diese Hilfsebene den Richtungsvektor $\overrightarrow{TU}$ von g.
    - Stellen Sie dann mit dem Punkt G eine Normalenform für H auf, also:
      $$H: \left(\begin{pmatrix} x_1 \\ x_2 \\ x_3 \end{pmatrix} - \overrightarrow{OG}\right) \circ \overrightarrow{TU} = 0$$
    - Vereinfachen Sie diese Normalenform in die Koordinatenform.

  (2) Durch Einsetzen der Geradengleichung in die Hilfsebene erhält man den gesuchten Lotfußpunkt.
    - Bilden Sie $H \cap g$, indem Sie g: $\vec{x} = \overrightarrow{OT} + r \cdot \overrightarrow{TU}$ in H einsetzen.
    - Sie erhalten einen Wert für r.
    - Wenn Sie diesen Wert wieder in g einsetzen, erhalten Sie schließlich den Punkt F.

Teilaufgabe b2

- Beide Punkte K und F liegen nach Aufgabenstellung auf der Geraden g.
- Bedenken Sie, dass der Punkt K auf der Kante, also auf der Strecke $\overline{TU}$ (die Strecke ist „nur" ein Teil der Geraden g) liegt.

- Welche Bedingung muss für den Parameter r in der Geradengleichung gelten, damit die Geradengleichung nur die Strecke beschreibt?
- Setzen Sie $r = 0$ und $r = 1$ in g ein und rechnen Sie die Punkte aus.
- Sie erhalten für $r = 0$ den Punkt T und für $r = 1$ den Punkt U, also die Endpunkte der Strecke.
- Offenbar gilt für die Strecke $\overline{TU} = \{X \mid \overrightarrow{OX} = \overrightarrow{OT} + r \cdot \overrightarrow{TU}, 0 \le r \le 1\}$.
- Der für F berechnete Parameter liegt nicht im Intervall [0; 1], also sind F und K verschieden.

Teilaufgabe b3

- Bestimmen Sie zunächst den Mittelpunkt M der Strecke $\overline{TU}$.
- Dazu können Sie für den Parameter (in der Gleichung von g) $r = \frac{1}{2}$ setzen (siehe die Hinweise in Teilaufgabe b2).
- Wählen Sie einen zum Richtungsvektor $\begin{pmatrix} -2 \\ 2 \\ 0 \end{pmatrix}$ von g senkrechten Vektor.
- Bilden Sie daraus die Senkrechte zu g durch M unter Berücksichtigung, dass der Punkt G* in einer Höhe von 4,5 m platziert wird.
- Wählen Sie als Richtungsvektor z. B. $\begin{pmatrix} 1 \\ 1 \\ 0 \end{pmatrix}$, so erhalten Sie eine Senkrechte s mit s: $\vec{x} = \overrightarrow{OM} + t \cdot \begin{pmatrix} 1 \\ 1 \\ 0 \end{pmatrix}$.
- Nun müssen Sie den geforderten Abstand von 0,35 m noch einbringen.
- Dazu können Sie die Geradengleichung von s „normieren", d. h., den Richtungsvektor „auf die Länge 1" setzen, also einen Einheitsvektor bilden.
- Man erhält dann die Geradengleichung s: $\vec{x} = \begin{pmatrix} 1 \\ 4 \\ 4{,}5 \end{pmatrix} + t \cdot \frac{1}{\sqrt{2}} \begin{pmatrix} 1 \\ 1 \\ 0 \end{pmatrix}$.
- Wie in Teilaufgabe b2 lässt sich hierin der Abstand vom Punkt M zu anderen Punkten der Geraden mithilfe des Parameters t beschreiben.
- So gilt für $t = 1$: Der dadurch entstehende Punkt $\begin{pmatrix} 1 \\ 4 \\ 4{,}5 \end{pmatrix} + 1 \cdot \frac{1}{\sqrt{2}} \begin{pmatrix} 1 \\ 1 \\ 0 \end{pmatrix}$ hat von M einen Abstand von 1 m (und liegt natürlich auf s).

Teilaufgabe c1

- Betrachten Sie die beiden gegebenen Ebenengleichungen, also E: $4 \cdot x_1 + 4 \cdot x_2 - 3 \cdot x_3 = -8$ und E_a: $x_1 + x_2 - a \cdot x_3 = 1 - 4a$.
- Wie können Sie die Gleichung der Ebene E vereinfachen?
- *Alternativ* kann auch ein Vergleich der beiden Normalenvektoren $\begin{pmatrix} 4 \\ 4 \\ -3 \end{pmatrix}$ und $\begin{pmatrix} 1 \\ 1 \\ -a \end{pmatrix}$ helfen.
- Offenbar soll gelten: $\begin{pmatrix} 4 \\ 4 \\ -3 \end{pmatrix} = 4 \cdot \begin{pmatrix} 1 \\ 1 \\ -a \end{pmatrix}$

Teilaufgabe c2

Bilden Sie E_8.

Sie können die beiden Normalenvektoren nun ablesen. Es ergibt sich $\begin{pmatrix} 4 \\ 4 \\ -3 \end{pmatrix}$ und $\begin{pmatrix} 1 \\ 1 \\ 8 \end{pmatrix}$.

Mit den Normalenvektoren $\vec{n}$ und $\vec{m}$ gilt allgemein für den Schnittwinkel α:

$$\cos\alpha = \frac{|\vec{n} \circ \vec{m}|}{|\vec{n}| \cdot |\vec{m}|}$$

Teilaufgabe c3

Verfahren Sie genau wie in Teilaufgabe c2, mit dem einzigen Unterschied, dass jetzt die Winkelgröße gegeben ist und der Parameter a gesucht wird.

Dies führt auf die Gleichung:

$$\cos(60°) = \frac{1}{2} = \frac{\left|\begin{pmatrix} 4 \\ 4 \\ -3 \end{pmatrix} \circ \begin{pmatrix} 1 \\ 1 \\ -a \end{pmatrix}\right|}{\left|\begin{pmatrix} 4 \\ 4 \\ -3 \end{pmatrix}\right| \cdot \left|\begin{pmatrix} 1 \\ 1 \\ -a \end{pmatrix}\right|}$$

Diese Gleichung führt auf eine quadratische Gleichung mit der Variablen a und liefert zwei Lösungen.

Lösung

a1) Für die Bestimmung der Länge der Kante $\overline{PQ}$ bildet man zunächst den Vektor $\overrightarrow{PQ}$. Dafür gilt:

$$\overrightarrow{PQ} = \begin{pmatrix} -2 \\ 0 \\ 0 \end{pmatrix} - \begin{pmatrix} 0 \\ -2 \\ 0 \end{pmatrix} = \begin{pmatrix} -2 \\ 2 \\ 0 \end{pmatrix}$$

Für die Länge eines Vektors $\vec{a}$ mit den reellen Koordinaten a_1, a_2, a_3 gilt allgemein:

$$|\vec{a}| = \left| \begin{pmatrix} a_1 \\ a_2 \\ a_3 \end{pmatrix} \right| = \sqrt{a_1^2 + a_2^2 + a_3^2}$$

Für die obige Kante gilt demnach:

$$|\overrightarrow{PQ}| = \left| \begin{pmatrix} -2 \\ 2 \\ 0 \end{pmatrix} \right| = \sqrt{(-2)^2 + 2^2 + 0^2} = \sqrt{8} = 2 \cdot \sqrt{2} \approx 2{,}83$$

Die Länge der Kante $\overline{PQ}$ beträgt also etwa 2,83 m.

a2) Wenn bei einem Viereck zwei sich gegenüberliegende Kanten parallel und gleichlang sind, ist dieses Viereck ein Parallelogramm.

Für das Viereck PQRS wird die Kante $\overline{SR}$ betrachtet. Der zugehörige Vektor $\overrightarrow{SR}$ berechnet sich wie in Teilaufgabe a1 zu:

$$\overrightarrow{SR} = \begin{pmatrix} -1 \\ 2 \\ 4 \end{pmatrix} - \begin{pmatrix} 1 \\ 0 \\ 4 \end{pmatrix} = \begin{pmatrix} -2 \\ 2 \\ 0 \end{pmatrix}$$

Man stellt fest: $\overrightarrow{PQ} = \overrightarrow{SR}$

Also ist das Viereck PQRS ein Parallelogramm.

Damit PQRS kein Rechteck ist, muss mindestens ein Paar benachbarter Seiten **nicht** senkrecht zueinander sein. Untersucht wird das Paar $\overrightarrow{PQ}$ und $\overrightarrow{PS}$. Es gilt:

$$\overrightarrow{PS} = \begin{pmatrix} 1 \\ 0 \\ 4 \end{pmatrix} - \begin{pmatrix} 0 \\ -2 \\ 0 \end{pmatrix} = \begin{pmatrix} 1 \\ 2 \\ 4 \end{pmatrix}$$

Nun bildet man das Skalarprodukt der beiden Vektoren:

$$\overrightarrow{PQ} \circ \overrightarrow{PS} = \begin{pmatrix} -2 \\ 2 \\ 0 \end{pmatrix} \circ \begin{pmatrix} 1 \\ 2 \\ 4 \end{pmatrix} = -2 \cdot 1 + 2 \cdot 2 + 0 \cdot 4 = 2 \neq 0$$

Damit ist gezeigt, dass die beiden Seiten nicht senkrecht zueinander sind und daher das Viereck PQRS kein Rechteck ist.

a3) Da das Viereck PQRS in der Ebene E liegt, bildet man aus seinen Punkten zunächst einen senkrecht zur Ebene E stehenden Normalenvektor. Dafür kann man das Kreuzprodukt nutzen. Es gilt:

$$\overrightarrow{PQ} \times \overrightarrow{PS} = \begin{pmatrix} -2 \\ 2 \\ 0 \end{pmatrix} \times \begin{pmatrix} 1 \\ 2 \\ 4 \end{pmatrix} = \begin{pmatrix} 8 \\ 8 \\ -6 \end{pmatrix}$$

Nach einer Vereinfachung ergibt sich $\vec{n} = \begin{pmatrix} 4 \\ 4 \\ -3 \end{pmatrix}$ als Normalenvektor für E.

Für einen beliebigen Punkt der Ebene, zum Beispiel für den Punkt P mit seinem Ortsvektor $\begin{pmatrix} 0 \\ -2 \\ 0 \end{pmatrix}$, und diesen Normalenvektor $\vec{n} = \begin{pmatrix} 4 \\ 4 \\ -3 \end{pmatrix}$ gilt die Gleichheit:

$$n_1 \cdot p_1 + n_2 \cdot p_2 + n_3 \cdot p_3 = 4 \cdot 0 + 4 \cdot (-2) + (-3) \cdot 0 = -8$$

Also ist die zur Kontrolle gegebene Koordinatenform von E gefunden durch:
E: $4 \cdot x_1 + 4 \cdot x_2 - 3 \cdot x_3 = -8$

a4) Die Ebene E, in der das Viereck PQRS liegt, schneidet offenbar die x_3-Achse. Alle Punkte dieser Achse haben die Koordinaten $(0\,|\,0\,|\,x)$ mit einer reellen Zahl x und müssen als Schnittpunkte Teil der Ebene sein. Setzt man $(0\,|\,0\,|\,x)$ in die in Teilaufgabe a3 errechnete Koordinatengleichung ein, so erhält man:

$$4 \cdot 0 + 4 \cdot 0 - 3 \cdot x = -8 \quad \Leftrightarrow \quad x = \frac{8}{3}$$

Also hat der Schnittpunkt von E mit der x_3-Achse die Koordinaten $\left(0 \,\middle|\, 0 \,\middle|\, \frac{8}{3}\right)$.

Nach Aufgabenstellung liegt der Startpunkt im Koordinatenursprung, also in $(0\,|\,0\,|\,0)$. Daher gibt die eben errechnete x_3-Koordinate genau die gesuchte Höhe der Wand an. Die Wand ist also senkrecht über dem Punkt $(0\,|\,0\,|\,0)$ genau $\frac{8}{3}$ m, also etwa 2,67 m hoch.

a5) Zunächst setzt man den gegebenen Punkt $(x_1\,|\,x_2\,|\,2)$ in die Ebenengleichung E ein. Man erhält:

$$4 \cdot x_1 + 4 \cdot x_2 - 3 \cdot 2 = -8 \quad \Leftrightarrow \quad 4 \cdot x_1 + 4 \cdot x_2 = -2 \quad \Leftrightarrow \quad x_1 + x_2 = -\frac{1}{2}$$

Wenn **beide** Koordinaten x_1 und x_2 ganzzahlig sind, so ist auch deren Summe ganzzahlig. Da die Summe aber gemäß der letzten Gleichung den Wert $-\frac{1}{2}$ besitzt, existiert kein Punkt der Form $(x_1\,|\,x_2\,|\,2)$ mit ganzzahligen Koordinaten, der in der Ebene E liegt.

b1) Um den Lotfußpunkt F von G auf g zu bestimmen, stellt man zunächst eine Hilfsebene H auf, die senkrecht zu g und durch den Punkt G verläuft.

Als Normalenvektor der Ebene H kann man den Richtungsvektor $\begin{pmatrix} 2 \\ 2 \\ 0 \end{pmatrix}$ von g nehmen. Zusammen mit dem Punkt G ergibt sich eine Normalenform von H:

$$H: \left(\begin{pmatrix} x_1 \\ x_2 \\ x_3 \end{pmatrix} - \begin{pmatrix} 3 \\ 3{,}5 \\ 4{,}5 \end{pmatrix} \right) \circ \begin{pmatrix} -2 \\ 2 \\ 0 \end{pmatrix} = 0$$

Hieraus erhält man eine Koordinatengleichung für H:

$H: -2 \cdot x_1 + 2 \cdot x_2 + 0 \cdot x_3 - (-6 + 7 + 0) = 0 \quad \Leftrightarrow \quad -2 \cdot x_1 + 2 \cdot x_2 = 1$

Für den gesuchten Schnittpunkt F von H mit g ergibt sich durch Einsetzen von $g\colon \vec{x} = \overrightarrow{OT} + r \cdot \overrightarrow{TU} = \begin{pmatrix} 2 \\ 3 \\ 4{,}5 \end{pmatrix} + r \cdot \begin{pmatrix} -2 \\ 2 \\ 0 \end{pmatrix}$ in H:

$$-2 \cdot (2 - 2r) + 2 \cdot (3 + 2r) = 1 \quad \Leftrightarrow \quad 2 + 8r = 1 \quad \Leftrightarrow \quad 8r = -1 \Leftrightarrow \quad r = -\frac{1}{8}$$

Damit erhält man die Koordinaten des gesuchten Punktes F durch Einsetzen dieses Wertes für r in die Geradengleichung von g:

$$\overrightarrow{OF} = \begin{pmatrix} 2 \\ 3 \\ 4{,}5 \end{pmatrix} + \left(-\frac{1}{8} \right) \cdot \begin{pmatrix} -2 \\ 2 \\ 0 \end{pmatrix} = \begin{pmatrix} 2{,}25 \\ 2{,}75 \\ 4{,}5 \end{pmatrix} \quad \Rightarrow \quad F(2{,}25 \,|\, 2{,}75 \,|\, 4{,}5)$$

b2) Der Punkt K, an dem sich der Kletterer festhält, liegt zwischen den Punkten T und U, also auf der oberen Kante $\overline{TU}$ der Kletterwand. Zudem liegt er auf der Geraden g. Für den Parameter r der Geraden g ergibt sich für $r = 0$ der Punkt T und für $r = 1$ der Punkt U (dies kann auch durch Einsetzen und anschließenden Vergleich mit den Koordinaten bestätigt werden). Daher gibt es für jeden Punkt auf der Kante eine eindeutig bestimmte reelle Zahl r mit $0 \leq r \leq 1$. Da der eben errechnete Lotfußpunkt F zum Parameter $r = -\frac{1}{8}$ gehört, liegt der Punkt F nicht auf der Kante und ist somit verschieden von K.

b3) Für den Mittelpunkt M der Strecke $\overline{TU}$ erhält man den Vektor:

$$\overrightarrow{OM} = \frac{1}{2} \cdot \left(\begin{pmatrix} 2 \\ 3 \\ 4{,}5 \end{pmatrix} + \begin{pmatrix} 0 \\ 5 \\ 4{,}5 \end{pmatrix} \right) = \begin{pmatrix} 1 \\ 4 \\ 4{,}5 \end{pmatrix} \quad \Rightarrow \quad M(1 \,|\, 4 \,|\, 4{,}5)$$

Alternative: Unter Verwendung der Geradengleichung von g ergibt sich mit dem Parameter $r = \frac{1}{2}$ ebenfalls:

$$\overrightarrow{OM} = \begin{pmatrix} 2 \\ 3 \\ 4{,}5 \end{pmatrix} + \frac{1}{2} \cdot \begin{pmatrix} -2 \\ 2 \\ 0 \end{pmatrix} = \begin{pmatrix} 1 \\ 4 \\ 4{,}5 \end{pmatrix} \quad \Rightarrow \quad M(1 \,|\, 4 \,|\, 4{,}5)$$

Der Punkt G* liegt auf einer Senkrechten zur Geraden g (zur Kante $\overline{TU}$) durch den Mittelpunkt M.

Zum Beispiel ist der Vektor $\begin{pmatrix}1\\1\\0\end{pmatrix}$ senkrecht zum Richtungsvektor $\begin{pmatrix}-2\\2\\0\end{pmatrix}$ von g, denn es gilt für das Skalarprodukt dieser beiden Vektoren:

$$\begin{pmatrix}1\\1\\0\end{pmatrix}\circ\begin{pmatrix}-2\\2\\0\end{pmatrix}=-2+2+0=0$$

Damit erhält man die folgende Senkrechte s zu g (zur Kante $\overline{TU}$) durch M:

$$s\colon\ \vec{x}=\overrightarrow{OM}+t\cdot\begin{pmatrix}1\\1\\0\end{pmatrix}=\begin{pmatrix}1\\4\\4{,}5\end{pmatrix}+t\cdot\begin{pmatrix}1\\1\\0\end{pmatrix}$$

Der Abstand der Punkte M und G* soll 0,35 m sein. Dafür transformiert man den Richtungsvektor $\begin{pmatrix}1\\1\\0\end{pmatrix}$ von s mittels Division durch $\sqrt{1^2+1^2}=\sqrt{2}$ zu einem Einheitsvektor und erhält für dieselbe Gerade s die Darstellung:

$$s\colon\ \vec{x}=\begin{pmatrix}1\\4\\4{,}5\end{pmatrix}+t\cdot\frac{1}{\sqrt{2}}\cdot\begin{pmatrix}1\\1\\0\end{pmatrix}$$

Für $t=0$ erhält man den Punkt M, für $t=1$ einen Punkt auf s, der einen Abstand von 1 m von M hat. Für $t=0{,}35$ erhält man schließlich den gesuchten Punkt G*. Es gilt für seine Koordinaten:

$$\overrightarrow{OG^*}=\begin{pmatrix}1\\4\\4{,}5\end{pmatrix}+0{,}35\cdot\frac{1}{\sqrt{2}}\cdot\begin{pmatrix}1\\1\\0\end{pmatrix}=\frac{1}{\sqrt{2}}\cdot\begin{pmatrix}\sqrt{2}+0{,}35\\4\cdot\sqrt{2}+0{,}35\\4{,}5\end{pmatrix}$$

Mit gerundeten Werten gilt damit G*(1,25 | 4,25 | 4,5).

c) Nun ist eine Ebenenschar mit einem reellen Parameter a gegeben durch
(∗) $E_a\colon\ x_1+x_2-ax_3=1-4a$

Alle Ebenen E_a enthalten die Gerade durch die Punkte R und S.

c1) Dividiert man die Ebenengleichung $E\colon\ 4\cdot x_1+4\cdot x_2-3\cdot x_3=-8$ durch 4, so erhält man:

$$E\colon\ x_1+x_2-\frac{3}{4}\cdot x_3=-2$$

Damit ergibt sich aus (∗):

$$a=\frac{3}{4}$$

c2) Für E_8 gilt: $E_8\colon\ x_1+x_2-8\cdot x_3=-31$. Nach Aufgabenstellung liegen in dieser Ebene die vier Punkte R, S, T und U.

Für den Schnittwinkel α zwischen den Ebenen E und E_8 mit den Normalenvektoren $\begin{pmatrix}4\\4\\-3\end{pmatrix}$ und $\begin{pmatrix}1\\1\\-8\end{pmatrix}$ gilt:

$$\cos(\alpha)=\frac{\left|\begin{pmatrix}4\\4\\-3\end{pmatrix}\circ\begin{pmatrix}1\\1\\-8\end{pmatrix}\right|}{\left|\begin{pmatrix}4\\4\\-3\end{pmatrix}\right|\cdot\left|\begin{pmatrix}1\\1\\-8\end{pmatrix}\right|}=\frac{4+4+24}{\sqrt{16+16+9}\cdot\sqrt{1+1+64}}=\frac{32}{\sqrt{41}\cdot\sqrt{66}}$$

Daraus erhält man die Winkelgröße α zwischen den beiden Ebenen:

$$\alpha=\arccos\left(\frac{32}{\sqrt{41}\cdot\sqrt{66}}\right)\approx 52{,}04°$$

c3) Man erhält wie in Teilaufgabe c2 mit der gegebenen Größe $\alpha=60°$ für den Winkel und dem allgemeinen Normalenvektor $\begin{pmatrix}1\\1\\-a\end{pmatrix}$ von E_a folgende Gleichung:

$$\cos(60°)=\frac{\left|\begin{pmatrix}4\\4\\-3\end{pmatrix}\circ\begin{pmatrix}1\\1\\-a\end{pmatrix}\right|}{\left|\begin{pmatrix}4\\4\\-3\end{pmatrix}\right|\cdot\left|\begin{pmatrix}1\\1\\-a\end{pmatrix}\right|}\quad\Leftrightarrow\quad\frac{1}{2}=\frac{\left|\begin{pmatrix}4\\4\\-3\end{pmatrix}\circ\begin{pmatrix}1\\1\\-a\end{pmatrix}\right|}{\left|\begin{pmatrix}4\\4\\-3\end{pmatrix}\right|\cdot\left|\begin{pmatrix}1\\1\\-a\end{pmatrix}\right|}$$

Weil beide Seiten dieser Gleichung positiv sind, ist Quadrieren eine Äquivalenzumformung, was zu folgender Rechnung führt:

$$\frac{1}{2}=\frac{\left|\begin{pmatrix}4\\4\\-3\end{pmatrix}\circ\begin{pmatrix}1\\1\\-a\end{pmatrix}\right|}{\left|\begin{pmatrix}4\\4\\-3\end{pmatrix}\right|\cdot\left|\begin{pmatrix}1\\1\\-a\end{pmatrix}\right|}$$

$$\Leftrightarrow\quad \frac{1}{2}=\frac{|4+4+3a|}{\sqrt{41}\cdot\sqrt{2+a^2}}$$

$$\Leftrightarrow\quad \frac{1}{4}=\frac{(8+3a)^2}{41\cdot(2+a^2)}$$

$$\Leftrightarrow\quad 82+41a^2=256+192a+36a^2$$

$$\Leftrightarrow\quad 5a^2-192a-174=0$$

$$\Leftrightarrow\quad a^2-\frac{192}{5}a-\frac{174}{5}=0$$

$$\Leftrightarrow\quad a=\frac{96}{5}-\frac{41}{5}\sqrt{6}\ \text{ oder }\ a=\frac{96}{5}+\frac{41}{5}\sqrt{6}$$

Der gegebene Winkel zwischen den Ebenen E und E_a wird also bei den gerundeten Parametern $a\approx-0{,}89$ und $a\approx 39{,}29$ angenommen.

Schleswig-Holstein – Kernfach Mathematik
2021 – Aufgabe 4: Stochastik

Vorbemerkung: Alle in Ihren Lösungen verwendeten Zufallsgrößen müssen explizit eingeführt werden. Machen Sie auch Angaben über die Verteilung der jeweiligen Zufallsgrößen.

Eine Gruppe von Bogenschützen schießt im Training regelmäßig auf die in der Abbildung dargestellte Scheibe.
Es soll angenommen werden, dass für jedes Mitglied der Gruppe die Anzahl der Treffer ins Zentrum durch eine binomialverteilte Zufallsgröße beschrieben werden kann.
Die 18-jährige Nike trifft dabei das Zentrum der Scheibe mit einer Wahrscheinlichkeit von 70 %.

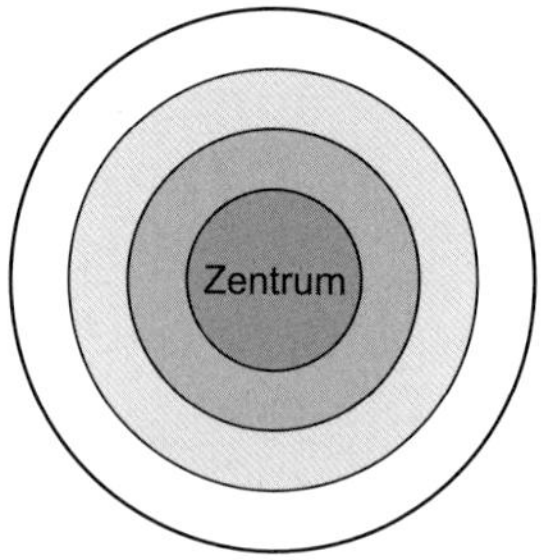

a) a1) Berechnen Sie die Wahrscheinlichkeit dafür, dass Nike in einer Serie von 20 Schüssen das Zentrum
- genau 14-mal trifft;
- mindestens 10-mal trifft;
- mit mehr als 60 % und weniger als 80 % ihrer Schüsse trifft. 7 P

a2) Bestimmen Sie – beispielsweise durch systematisches Probieren – die Anzahl an Schüssen, die Nike mindestens abgeben muss, um mit einer Wahrscheinlichkeit von mehr als 99 % mindestens zweimal das Zentrum zu treffen. 4 P

b) Nike und Victor trainieren oft gemeinsam. Die Wahrscheinlichkeiten in der abgebildeten Vierfeldertafel beruhen auf ihren bisherigen Trainingsergebnissen. Beschrieben wird eine Situation, in der beide jeweils einen Schuss abgeben.

Victor / Nike	V	$\overline{V}$	
N	0,28		0,7
$\overline{N}$			
	0,4		1

V: „Victor trifft ins Zentrum."
N: „Nike trifft ins Zentrum."

b1) Vervollständigen Sie die Vierfeldertafel. 3 P

b2) Zum Trainingsauftakt schießen die beiden jeweils einen Pfeil ab. Nur einer der beiden Pfeile landet im Zentrum. Berechnen Sie die Wahrscheinlichkeit dafür, dass dieser Pfeil von Nike abgeschossen wurde. 4 P

b3) Für das Spiel „Treffer gewinnt" vereinbaren Nike und Victor folgende Regeln:

Sie schießen abwechselnd, wobei Victor beginnt.

Wer zuerst das Zentrum trifft, gewinnt. Das Spiel ist damit sofort beendet.

Sollten beide jeweils dreimal am Zentrum vorbeischießen, so endet das Spiel ebenfalls und Victor ist Sieger.

Untersuchen Sie, wer von den beiden bei diesem Spiel die bessere Gewinnchance hat. 4 P

c) Für die Teilnahme an einem Wettbewerb testet Nike einen neuen Bogen. Nach einer ausreichenden Eingewöhnungsphase hat sie die Vermutung, mit dem neuen Bogen ihre bisherige Trefferquote ins Zentrum auf mehr als 70 % verbessern zu können.

c1) Erstellen Sie für eine Serie von 150 Schüssen, die Nike mit dem neuen Bogen abgibt, einen Hypothesentest, der geeignet ist, ihre Vermutung auf einem Signifikanzniveau von 10 % zu stützen.
Geben Sie die entsprechende Entscheidungsregel an. 8 P

c2) Beschreiben Sie den Fehler zweiter Art im Sachzusammenhang.
Bestimmen Sie dessen Wahrscheinlichkeit unter der Annahme, dass Nikes Trefferquote ins Zentrum mit dem neuen Bogen tatsächlich auf 75 % gestiegen ist. 4 P

d) In ihrem Köcher hat Nike 20 Pfeile, von denen 17 Pfeile rote Federn und zwei Pfeile blaue Federn haben. Einer der 20 Pfeile hat goldene Federn. Nike schießt eine Serie von zehn Pfeilen. Dabei zieht sie vor jedem Schuss ohne hinzusehen einen Pfeil aus ihrem Köcher und schießt diesen ab.

d1) Bestimmen Sie die Wahrscheinlichkeit dafür, dass in der Serie alle Pfeile rote Federn haben. 3 P

d2) Bestimmen Sie die Wahrscheinlichkeit dafür, dass die Serie mindestens einen Pfeil jeder Federnfarbe enthält. 3 P

Hinweise und Tipps

Teilaufgabe a1

- Betrachten Sie binomialverteilte Zufallsgrößen X mit den Parametern $p = 0{,}7$ und $n = 20$, die die Anzahl der Treffer Nikes ins Zentrum beschreibt.
- Es gilt $P(X \geq a) = 1 - P(X \leq a-1)$ für $a \in \mathbb{N}$.
- Es gilt $P(a < X < b) = P(X \leq b-1) - P(X \leq a)$ für $a, b \in \mathbb{N}$ mit $a < b$.

Teilaufgabe a2

- Betrachten Sie die binomialverteilte Zufallsgröße X_n mit den Parametern $p = 0{,}7$ und n, die die Anzahl der Treffer Nikes ins Zentrum bei n Schüssen beschreibt.
- Betrachten Sie die Ungleichung $P(X_n \geq 2) > 0{,}99$.
- Nutzen Sie aus, dass $P(X_n \geq 2) = 1 - P(X_n = 0) - P(X_n = 1)$ und lösen Sie die Ungleichung durch systematisches Probieren.

Teilaufgabe b1

- Wenn in einer Zeile bzw. Spalte einer Vierfeldertafel zwei der drei Werte gegeben sind, lässt sich der fehlende Wert direkt als Summe bzw. Differenz berechnen.

Teilaufgabe b2

- Betrachten Sie das Ereignis E: „Entweder trifft Nike ins Zentrum oder Victor trifft ins Zentrum."
- P(E) ergibt sich als Summe zweier Werte der Vierfeldertafel.
- Zu bestimmen ist die bedingte Wahrscheinlichkeit $P_E(N)$.
- Es gilt: $P_E(N) = \frac{P(E \cap N)}{P(E)}$

Teilaufgabe b3

- Stellen Sie das Spiel in einem Baumdiagramm dar.
- Beachten Sie dabei, dass Victor beginnt, und nutzen Sie die gegebenen Trefferwahrscheinlichkeiten für Nike bzw. Victor.
- Zeichnen Sie die Pfade nur so weit, bis das Spiel beendet ist.
- Markieren Sie die Pfade, die zu Ergebnissen gehören, bei denen z. B. Nike gewinnt, und nutzen Sie die Pfadregeln.

Teilaufgabe c1

- Betrachten Sie die Zufallsgröße X_p, die die Anzahl der Treffer ins Zentrum beschreibt, die Nike bei 150 Schüssen mit dem neuen Bogen erzielt. X_p ist binomialverteilt mit den Parametern $n = 150$ und p.
- Überlegen Sie, welche Hypothese gestützt werden soll, und wählen Sie das Gegenteil als zu verwerfende Nullhypothese.

- Es handelt sich hier um einen rechtsseitigen Hypothesentest.
- Begründen Sie, dass es reicht, die Hypothese H: $p = 0{,}7$ rechtsseitig zu verwerfen.
- Bestimmen Sie den Verwerfungsbereich der Hypothese H: $p = 0{,}7$ bei einem Signifikanzniveau von 10 %.
- Die Untergrenze des Verwerfungsbereichs ist die kleinste natürliche Zahl k mit $P(X_{0,7} \geq k) \leq 0{,}10$.

Teilaufgabe c2

- Der Fehler 2. Art tritt ein, wenn die Nullhypothese nicht verworfen wird, obwohl diese falsch ist.
- In diesem Fall bedeutet das: Der Fehler 2. Art tritt ein, wenn bei den 150 Schüssen höchstens 112 Treffer ins Zentrum zu verzeichnen sind und die Nullhypothese damit nicht verworfen wird, obwohl der neue Bogen Nike zu einer höheren Trefferquote verhelfen würde.
- Die Wahrscheinlichkeit des Fehlers zweiter Art ist für $p = 0{,}75$ gegeben durch $P(X_{0,75} \leq 112)$.

Teilaufgabe d1

- Sie können die Situation durch ein Ziehen aus einer Urne ohne Zurücklegen modellieren.
- Sie können die Situation durch eine hypergeometrische Verteilung modellieren. Unterscheiden Sie dabei „rote Federn" und „nicht rote Federn".

Teilaufgabe d2

- Überlegen Sie, wie viele Pfeile mit bestimmter Federnfarbe in der Serie vorkommen können, damit jede Federnfarbe mindestens einmal vorkommt. Es gibt hier prinzipiell zwei verschiedene Möglichkeiten.
- Berechnen Sie die Wahrscheinlichkeiten dieser Möglichkeiten getrennt.
- Nutzen Sie zur Bestimmung der Wahrscheinlichkeit für jede der Möglichkeiten den Binomialkoeffizienten $\binom{n}{k}$.

Lösung

a1) Die Zufallsgröße X beschreibt die Anzahl der Treffer Nikes ins Zentrum. Sie ist binomialverteilt mit den Parametern $n = 20$ und $p = 0{,}7$.

$P(X = 14) \approx 0{,}1916 \approx 19{,}2\,\%$

$P(X \geq 10) = 1 - P(X \leq 9) \approx 1 - 0{,}0171 = 0{,}9829 \approx 98{,}3\,\%$

$$P(20 \cdot 0{,}6 < X < 20 \cdot 0{,}8) = P(12 < X < 16) = P(X \leq 15) - P(X \leq 12)$$
$$\approx 0{,}7625 - 0{,}2277 = 0{,}5348 \approx 53{,}5\,\%$$

a2) Die Zufallsgröße X_n gibt die Anzahl der Treffer an, die Nike bei n Schüssen ins Zentrum erzielt. X_n ist binomialverteilt mit der Trefferwahrscheinlichkeit $p = 0{,}7$. Gesucht ist das kleinste n mit $P(X_n \geq 2) > 0{,}99$.

$P(X_n \geq 2) = 1 - P(X_n = 0) - P(X_n = 1) = 1 - 0{,}3^n - n \cdot 0{,}7 \cdot 0{,}3^{n-1}$

Wegen $P(X_6 \geq 2) \approx 0{,}989$ und $P(X_7 \geq 2) \approx 0{,}996$ muss Nike mindestens 7 Schüsse abgeben.

b1)

Nike \ Victor	V	$\overline{V}$	
N	0,28	0,42	0,7
$\overline{N}$	0,12	0,18	0,3
	0,4	0,6	1

b2) E: „Entweder trifft Nike ins Zentrum oder Victor trifft ins Zentrum."

Es ist $P(E) = P(N \cap \overline{V}) + P(\overline{N} \cap V) = 0{,}42 + 0{,}12 = 0{,}54$.

Somit ist:

$$P_E(N) = \frac{P(E \cap N)}{P(E)} = \frac{P(N \cap \overline{V})}{P(E)} = \frac{0{,}42}{0{,}54} \approx 0{,}7778 \approx 77{,}8\,\%$$

b3) Die Wahrscheinlichkeit dafür, dass Nike

- mit ihrem ersten Schuss gewinnt, ist $0{,}6 \cdot 0{,}7 = 0{,}42$,
- mit ihrem zweiten Schuss gewinnt, ist $(0{,}6 \cdot 0{,}3) \cdot (0{,}6 \cdot 0{,}7) = 0{,}0756$,
- mit ihrem dritten Schuss gewinnt, ist $(0{,}6 \cdot 0{,}3) \cdot (0{,}6 \cdot 0{,}3) \cdot (0{,}6 \cdot 0{,}7) \approx 0{,}0136$.

Somit beträgt Nikes Gewinnwahrscheinlichkeit ungefähr
$0{,}42 + 0{,}0756 + 0{,}0136 = 0{,}5092$,
sodass sie die bessere Gewinnchance hat.

c1) Die Zufallsgröße X_p beschreibt die Anzahl der Treffer ins Zentrum, die Nike bei 150 Schüssen mit dem neuen Bogen erzielt.

X_p ist binomialverteilt mit den Parametern $n = 150$ und p.

Da die Hypothese H_1: $p > 0{,}7$ gestützt werden soll, wird H_0: $p \leq 0;7$ als Nullhypothese gewählt.

Wenn die Hypothese H: $p = 0{,}7$ rechtsseitig verworfen werden kann, so auch die Hypothese H_0.

Zu bestimmen ist die kleinste natürliche Zahl k mit:

$P(X_{0,7} \geq k) \leq 0{,}10 \quad \Leftrightarrow \quad 1 - P(X_{0,7} \leq k-1) \leq 0{,}10 \quad \Leftrightarrow \quad P(X_{0,7} \leq k-1) \geq 0{,}90$

Aus $P(X_{0,7} \leq 111) \approx 0{,}878$ und $P(X_{0,7} \leq 112) \approx 0{,}911$ ergibt sich $k - 1 = 112$. Somit ist $k = 113$.

Trifft Nike bei den 150 Schüssen mit dem neuen Bogen mindestens 113-mal ins Zentrum, so stützt dies ihre Vermutung, mit dem neuen Bogen eine höhere Trefferquote erreichen zu können als mit dem alten.

c2) Der Fehler 2. Art tritt ein, wenn bei den 150 Schüssen höchstens 112 Treffer ins Zentrum zu verzeichnen sind und die Nullhypothese damit nicht verworfen wird, also die Vermutung nicht gestützt werden kann, obwohl der neue Bogen Nike zu einer höheren Trefferquote verhelfen würde.

Mit $P(X_{0,75} \leq 112) \approx 0{,}4937$ beträgt die Wahrscheinlichkeit eines Fehlers 2. Art bei einer tatsächlichen Trefferquote von 75 % ungefähr 49,4 %.

d1) Die Zufallsgröße X gibt die Anzahl der Pfeile mit roten Federn unter den zehn gezogenen Pfeilen an. Dann ist X hypergeometrisch verteilt.

$$P(X = 10) = \frac{\binom{17}{10} \cdot \binom{3}{0}}{\binom{20}{10}} = \frac{2}{19} \approx 0{,}1053 \approx 10{,}5\ \%$$

d2) Die Wahrscheinlichkeit dafür, dass die Serie

- einen goldenen und einen blauen Pfeil sowie acht rote Pfeile enthält, beträgt:

$$\frac{\binom{1}{1} \cdot \binom{2}{1} \cdot \binom{17}{8}}{\binom{20}{10}} = \frac{5}{19} \approx 0{,}2632 \approx 26{,}3\ \%$$

- einen goldenen Pfeil sowie zwei blaue und sieben rote Pfeile enthält, beträgt:

$$\frac{\binom{1}{1} \cdot \binom{2}{2} \cdot \binom{17}{7}}{\binom{20}{10}} = \frac{2}{19} \approx 0{,}1053 \approx 10{,}5\ \%$$

Die gesuchte Wahrscheinlichkeit beträgt somit:

$$\frac{5}{19} + \frac{2}{19} = \frac{7}{19} \approx 0{,}3684 \approx 36{,}8\ \%$$

Schleswig-Holstein – Kernfach Mathematik
2021 – Aufgabe 1: Analysis (CAS)

Angesichts des vorhergesagten Anstiegs des Meeresspiegels wird an der Nordseeküste ein neuer Klimadeich geplant. Stellvertretend für den ganzen Deich wird ein ausgewählter Deichquerschnitt betrachtet, dessen obere Begrenzungslinie durch die Funktion f mit

$f(x) = -288 \cdot (x-9) \cdot e^{-0,1 \cdot (x-9)^2 - 6}$ und $0 \leq x \leq 9$

modelliert wird. Im Folgenden entspricht dabei eine Längeneinheit sowohl in x- als auch in y-Richtung stets 10 m in der Wirklichkeit.

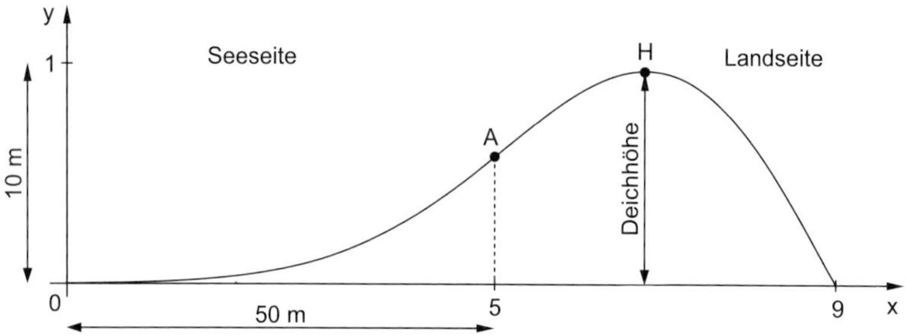

A ist ein Bezugspunkt auf dem Deich, der zur Vermessung dient. H ist der höchste Punkt des Deiches.

a) a1) Bestimmen Sie die Höhe des Punktes A und die Steigung des Deiches im Punkt A. **3 P**

a2) Berechnen Sie die Breite des Deiches in einer Höhe von 5 m. **3 P**

a3) Berechnen Sie die Deichhöhe. **4 P**

b) Im Folgenden wird die Schar der Funktionen g_k mit

$g_k(x) = -8 \cdot k^2 \cdot (x-9) \cdot e^{-0,1 \cdot (x-9)^2 - k}$ für $k \in \mathbb{R}$ und $0 \leq x \leq 9$

betrachtet.

b1) Zeigen Sie, dass f ein Element dieser Schar ist. **2 P**

b2) Begründen Sie anhand des Funktionsterms:
Für jedes $k \neq 0$ hat g_k genau eine Nullstelle. **2 P**

Ein Planungsbüro modelliert mithilfe der Funktionen g_k die obere Begrenzungslinie von weiteren Deichquerschnitten.
Dazu werden im Folgenden ausschließlich die Parameterwerte k mit $5 \leq k \leq 7$ betrachtet.

b3) Für jedes solche k ist $H_k\left(9-\sqrt{5}\;\middle|\;8\cdot\sqrt{\frac{5}{e}}\cdot k^2\cdot e^{-k}\right)$ der Hochpunkt des Graphen von g_k. Die y-Koordinate von H_k entspricht der Deichhöhe.

- Bestimmen Sie denjenigen Wert für k, für den die Deichhöhe 11 m beträgt. 2 P
- Berechnen Sie die Deichhöhe des höchsten Deiches, der mithilfe einer dieser Funktionen g_k mit $5 \leq k \leq 7$ modelliert werden kann. 5 P

b4) Für jedes betrachtete k hat g_k im Intervall $[0; 9-\sqrt{5}]$ genau eine Wendestelle.
Bestimmen Sie die Koordinaten des zugehörigen Wendepunkts.
[*Kontrolle:* Die Wendestelle ist $9-\sqrt{15}$.] 3 P

b5) Der Deich steigt seeseitig bis zu seinem höchsten Punkt an. Dabei verläuft das Deichprofil im Uferbereich zunächst flach, wird dann steiler und flacht zum höchsten Punkt hin wieder ab. Aus Stabilitätsgründen darf der maximale Steigungswinkel des Deichprofils seeseitig höchstens 20° betragen.
Untersuchen Sie, für welche k mit $5 \leq k \leq 7$ diese Bedingung erfüllt ist. 5 P

c) Für die weitere Planung wird der durch $g_{5,8}$ modellierte Deich ausgewählt. Dieser soll einen begradigten Bereich (die sogenannte Deichkrone) erhalten.

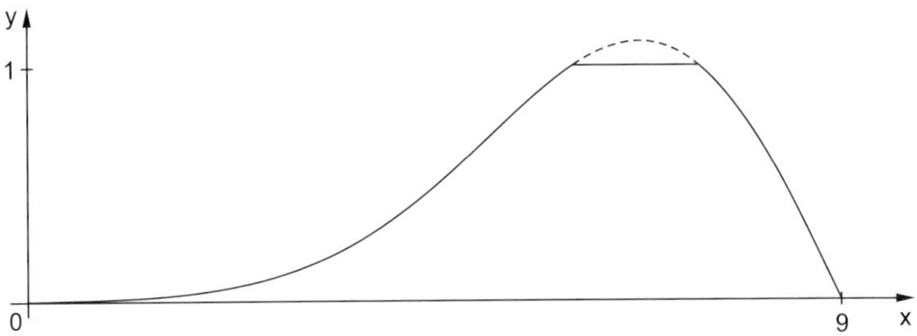

c1) Ermitteln Sie rechnerisch die Höhe, in der der Deich begradigt werden müsste, damit die Deichkrone waagerecht und 12 m breit ist. 3 P

Es wird schließlich entschieden, den Deich für $6{,}0 \leq x \leq 7{,}2$ zu begradigen.

c2) Zeigen Sie, dass der Deich auf diese Weise nicht waagerecht begradigt wird.
Bestimmen Sie die Neigung des begradigten Bereichs in Prozent. 3 P

c3) Ein Abschnitt des geplanten Deiches soll 2 km lang werden.
Berechnen Sie die Menge des benötigten Materials in Kubikmetern. 5 P

Hinweise und Tipps

Teilaufgabe a1

- Die x-Koordinate von A kann der Zeichnung entnommen werden, die y-Koordinate können Sie mithilfe der Funktion f berechnen.
- Beachten Sie, dass eine Längeneinheit für 10 m steht.
- Die Steigung des Graphen von f können Sie mithilfe der ersten Ableitung f' berechnen.

Teilaufgabe a2

- Bestimmen Sie zunächst die Stellen, an denen f den Funktionswert 0,5 besitzt.

Teilaufgabe a3

- Die Deichhöhe wird durch das globale Maximum von f im Intervall [0; 9] beschrieben.
- Im vorliegenden Fall ist das lokale Maximum von f auch das globale Maximum.
- Notwendig für eine lokale Extremstelle x von f ist $f'(x)=0$.

Teilaufgabe b1

- Bestimmen Sie ein k so, dass $g_k(x)=f(x)$ für alle x ist.
- Einen Kandidaten für k können Sie auch durch genaues Vergleichen der Funktionsterme erkennen.

Teilaufgabe b2

- Hier dürfen Sie den CAS-Rechner nicht verwenden!
- Überlegen Sie, wann ein Produkt den Wert 0 annimmt.
- Einige Faktoren des Produkts sind immer positiv und damit nie null.

Teilaufgabe b3

- Fassen Sie die y-Koordinate von H_k als den Funktionsterm h(k) einer Funktion h auf, die jedem k die Deichhöhe des Deiches zuordnet.
- Zu bestimmen ist das globale Maximum von h auf dem Intervall [5; 7].
- Untersuchen Sie zunächst h auf lokale Extrema im Intervall [5; 7].
- Notwendig für eine lokale Extremstelle k von h ist $h'(k)=0$.
- Beachten Sie, dass das globale Maximum von h auf dem Intervall [5; 7] auch an den Rändern des Intervalls liegen kann.

Teilaufgabe b4

- Notwendig für eine Wendestelle x von g_k ist $g_k''(x) = 0$.
- Beachten Sie, dass es laut Voraussetzung genau eine Wendestelle von g_k für $0 \leq x \leq 9 - \sqrt{5}$ gibt.
- Bestimmen Sie auch die y-Koordinate des Wendepunkts.

Teilaufgabe b5

- Die maximale Steigung liegt für $x \in [0; 9 - \sqrt{5}]$ an der bereits bekannten Wendestelle von g_k vor.
- Der Steigungswinkel α der Tangente an den Graphen einer Funktion f an der Stelle x ist gegeben durch $\tan(\alpha) = f'(x)$.
- Untersuchen Sie also, für welche k mit $5 \leq k \leq 7$ die Relation $\arctan(g_k'(9 - \sqrt{15})) \leq 20°$ erfüllt ist.

Teilaufgabe c1

- Bestimmen Sie zwei Stellen im Abstand 1,2, an denen die Funktion $g_{5,8}$ den gleichen Funktionswert hat.

Teilaufgabe c2

- Berechnen Sie die Funktionswerte $g_{5,8}(6)$ und $g_{5,8}(7{,}2)$ und interpretieren Sie das Ergebnis.
- Die Neigung entspricht der Steigung der Sekante durch die Graphenpunkte an den Stellen 6 und 7,2.

Teilaufgabe c3

- Bestimmen Sie die Querschnittsfläche des begradigten Deiches. Beachten Sie, dass eine Flächeneinheit $10\ \text{m} \cdot 10\ \text{m} = 100\ \text{m}^2$ beträgt.
- Für $6 \leq x \leq 7{,}2$ kann der Deichquerschnitt durch ein Trapez modelliert werden, für das man den Flächeninhalt aus der Höhe und der Länge der zueinander parallelen Seiten berechnen kann.
- Die Inhalte der anderen Flächen können Sie jeweils durch ein Integral berechnen.
- Das Volumen ergibt sich als Produkt von Querschnittsfläche und Länge des Deiches.

Lösung

a1) Im Modell liegt A an der Stelle $x = 5$.

Es gilt $f(5) \approx 0{,}577$ und $f'(5) \approx 0{,}317$.

Die Höhe des Punktes A beträgt etwa 5,77 Meter und die Steigung des Deiches im Punkt A etwa 0,317.

$f(x) := -288 \cdot (x-9) \cdot e^{-0.1 \cdot (x-9)^2 - 6}$	*Fertig*
$f1(x) := \frac{d}{dx}(f(x))$	*Fertig*
$f(5)$	0.57652
$f1(5)$	0.317086

a2) $f(x) = 0{,}5$ wird von $x \approx 4{,}755$ und $x \approx 8{,}260$ gelöst.

Mit $8{,}260 - 4{,}755 = 3{,}505$ beträgt die Breite in einer Höhe von 5 Metern etwa 35,05 Meter.

⚠ solve$(f(x)=0.5,x)$	$x=4.75525$ or $x=8.2602$
8.26−4.755	3.505

a3) Die Deichhöhe ist die Höhe des Punktes H. Hier hat f ein lokales Extremum. Notwendig für ein solches Extremum an der Stelle x ist $f'(x) = 0$.

Wegen $0 \leq x \leq 9$ ist
$f'(x) = 0 \;\Leftrightarrow\; x \approx 6{,}764$.

Damit liegt das gesuchte Maximum ungefähr an der Stelle 6,764.
Die Deichhöhe beträgt wegen $f(6{,}764) \approx 0{,}968$ etwa 9,68 Meter.

solve$(f1(x)=0,x)$	$x=6.76393$ or $x=11.2361$
$f(6.764)$	0.968196

b1) Eine Möglichkeit ist $k = 6$, denn es ist:

$$g_6(x) = -8 \cdot 36 \cdot (x-9) \cdot e^{-0{,}1 \cdot (x-9)^2 - 6} = f(x)$$

$g(k,x) := -8 \cdot k^2 \cdot (x-9) \cdot e^{-0.1 \cdot (x-9)^2 - k}$	*Fertig*
⚠ solve$(g(k,x)=f(x),k)$	$k=-0.262039$ or $k=0.357121$ or $k=6.$

b2) Wegen $e^{-0{,}1 \cdot (x-9)^2 - k} > 0$ und $k^2 > 0$ für alle $k \neq 0$ gilt:
$g_k(x) = 0 \;\Leftrightarrow\; x - 9 = 0 \;\Leftrightarrow\; x = 9$

Somit hat g_k genau eine Nullstelle.

b3) $8 \cdot \sqrt{\frac{5}{e}} \cdot k^2 \cdot e^{-k} = 1{,}1$ wird für $5 \leq k \leq 7$ gelöst durch $k \approx 5{,}807$.

Für $k \approx 5{,}807$ beträgt die Deichhöhe 11 m.

$h(k) := 8 \cdot \sqrt{\frac{5}{e}} \cdot k^2 \cdot e^{-k}$	*Fertig*
⚠ solve$(h(k)=1.1,k)$	$k=-0.277198$ or $k=0.386236$ or $k=5.80697$

Die Funktion h mit $h(k)=8\cdot\sqrt{\frac{5}{e}}\cdot k^2\cdot e^{-k}$ beschreibt die Deichhöhe in Abhängigkeit von k.

Gesucht ist das globale Maximum von h(k) über dem Intervall [5; 7].

Notwendig für ein lokales Extremum von h an der Stelle k ist $h'(k)=0$.

Es ist: $h'(k)=0 \iff k=0 \vee k=2$

Also wird das globale Maximum an einer Randstelle angenommen.

Es gilt $h(5)\approx 1{,}828$ und $h(7)\approx 0{,}485$. Somit wird die maximale Deichhöhe für $k=5$ angenommen und beträgt etwa 18,28 m.

```
h1(k):=d/dk(h(k))                                  Fertig
solve(h1(k)=0,k)                           k=0 or k=2
h(5)                                  200·e^(-11/2)·√5
h(5)                                          1.82766
h(7)                                  392·e^(-15/2)·√5
h(7)                                           0.4848
```

b4) Notwendig für eine Wendestelle x von g_k ist $g_k''(x)=0$.

Mit $k\neq 0$ und $0\le x\le 9$ gilt:

$g_k''(x)=0 \iff x=9-\sqrt{15} \vee x=9$

Da es laut Voraussetzung genau eine Wendestelle von g_k für $0\le x\le 9-\sqrt{5}$ gibt, ist $x=9-\sqrt{15}$ die gesuchte Stelle.

Mit $g_k(9-\sqrt{15})=8\cdot\sqrt{\frac{15}{e^3}}\cdot k^2\cdot e^{-k}$ hat der Wendepunkt des Graphen von g_k die Koordinaten $H_k\left(9-\sqrt{15}\;\middle|\;8\cdot\sqrt{\frac{15}{e^3}}\cdot k^2\cdot e^{-k}\right)$.

```
g1(k,x):=d/dx(g(k,x))                              Fertig
g2(k,x):=d/dx(g1(k,x))                             Fertig
solve(g2(k,x)=0,x)
       x=-(√15-9) or x=9 or x=√15+9 or k=0
g(k,-(√15-9))                  8·k^2·e^(-k-3/2)·√15
```

b5) Die maximale Steigung liegt für $x\in[0; 9-\sqrt{5}]$ an der Wendestelle von g_k vor, da die Ränder nicht infrage kommen.

Mit $5\le k\le 7$ wird $g_k'(9-\sqrt{15})=\tan(20°)$ nur von $k\approx 5{,}798$ gelöst.

Prüft man zum Beispiel die Steigung an der Wendestelle für $k=6$, so erhält man:

$\arctan(g_6'(9-\sqrt{15}))\approx\arctan(0{,}319)\approx 17{,}7° < 20°$

```
⚠ solve(g1(k,9-√15)=tan(20°),k)
   k=-0.277878 or k=0.387574 or k=5.79845
tan⁻¹(g1(6,9-√15))                        17.6707
```

Also sind die Steigungswinkel für $5{,}798\le k\le 7$ höchstens 20° groß, für $k<5{,}798$ aber größer als 20°.

Für $5{,}798\le k\le 7$ liegt die maximale seeseitige Steigung somit im erlaubten Bereich.

c1) Die Gleichung $g_{5,8}(x) = g_{5,8}(x + 1{,}2)$ wird gelöst durch $x \approx 6{,}137$. Somit folgt für die Höhe der Deichkrone $g_{5,8}(6{,}137) \approx 1{,}028$, also 10,28 m.

solve(g(5.8,x)=g(5.8,x+1.2),x)	x=6.13674 or x=10.6633
g(5.8,6.137)	1.02773

c2) Es gilt $g_{5,8}(6) \approx 0{,}994 \neq 1{,}061 \approx g_{5,8}(7{,}2)$, deshalb wird der Deich nicht waagerecht begradigt.

Mit $\frac{g_{5,8}(7{,}2) - g_{5,8}(6)}{7{,}2 - 6} \approx 0{,}056$ beträgt die Neigung des begradigten Abschnitts etwa 5,6 %.

g(5.8,6)	0.993789
g(5.8,7.2)	1.06072
$\frac{g(5.8,7.2)-g(5.8,6)}{7.2-6}$	0.055772

c3) Für $6 \leq x \leq 7{,}2$ wird der Deichquerschnitt durch ein Trapez modelliert. Es ist:

$$\int_0^6 g_{5,8}(x)\,dx + \frac{1}{2}\left(g_{5,8}(6) + g_{5,8}(7{,}2)\right) \cdot 1{,}2 + \int_{7{,}2}^9 g_{5,8}(x)\,dx \approx 4{,}015$$

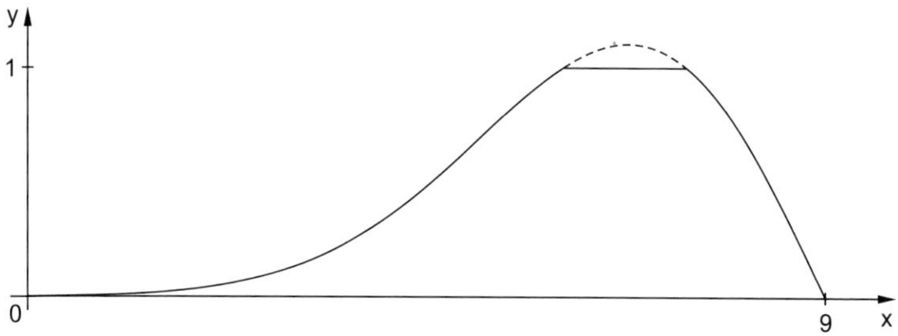

Die Querschnittsfläche beträgt also etwa 401,5 m^2.

Mit $401{,}5 \cdot 2\,000 = 803\,000$ ergibt sich ein Materialbedarf von etwa 803 000 m^3.

$\int_0^6 g(5.8,x)\,dx+\frac{1}{2}\cdot(g(5.8,6)+g(5.8,7.2))\cdot 1.2$▸	4.01523
4.015· 10· 10	401.5
401.5· 2000	803000

Schleswig-Holstein – Kernfach Mathematik
2021 – Aufgabe 2: Analysis (CAS)

Surfbretter können am Computer konstruiert und dann automatisch aus einem Styroporblock gefräst werden. Die folgende Abbildung zeigt die Draufsicht eines Surfbretts, das bezüglich der eingezeichneten x-Achse achsensymmetrisch ist.

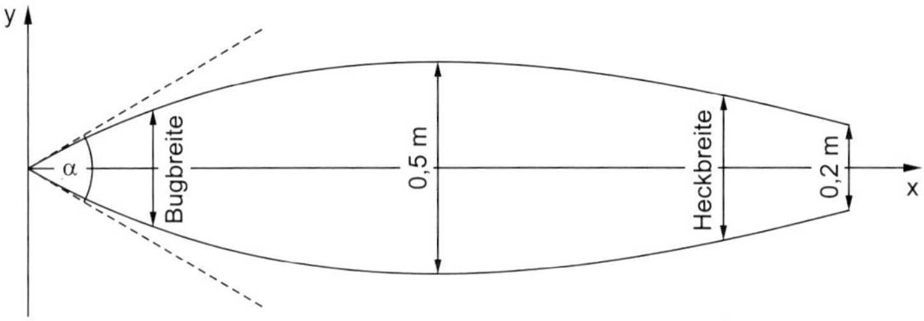

Eine Längeneinheit entspricht einem Meter in der Wirklichkeit.

a) Eine Surferin wünscht sich ein wie in der Zeichnung dargestelltes Shortboard der Länge 2 m. Die größte Breite von 0,5 m wird genau in der Mitte zwischen Bugspitze und dem Ende des Hecks erreicht. Am Ende des Hecks hat das Surfbrett eine Breite von 0,2 m. Der in Fahrtrichtung gesehen rechte Rand des Surfbretts (in der Abbildung der obere Teil) soll durch den Graphen einer ganzrationalen Funktion f dritten Grades modelliert werden.

a1) Bestimmen Sie einen Funktionsterm von f.
[*Kontrolle:* $f(x) = 0{,}05 \cdot x^3 - 0{,}35 \cdot x^2 + 0{,}55 \cdot x$] 4 P

a2) Zum Vergleich verschiedener Surfbrett-Designs wird oft neben der größten Breite des Surfbretts die Breite des Bretts jeweils 1 Fuß (30,48 cm) von der Spitze des Bugs und vom Ende des Hecks entfernt gemessen (siehe obige Abbildung).
Berechnen Sie die Bugbreite und die Heckbreite für das vorgegebene Modell. 3 P

a3) Es gibt zwei Stellen, an denen das Surfbrett eine Breite von 40 cm aufweist.
Ermitteln Sie den Abstand dieser beiden Stellen voneinander. 3 P

a4) Berechnen Sie den Öffnungswinkel α an der Spitze des Surfbrettes. 3 P

a5) Nehmen Sie vereinfachend an, dass das Surfbrett eben ist und eine einheitliche Dicke von 5 cm hat.
Berechnen Sie das Volumen des Surfbretts und geben Sie dieses Volumen in Litern an. 4 P

b) Neben dem im Aufgabenteil a untersuchten Shortboard gibt es noch viele andere Bauformen von Surfbrettern. Der in Fahrtrichtung gesehen rechte Rand (in der folgenden Abbildung der obere Teil) eines Funboards wird vollständig durch den Graphen der Funktion g mit

$$g(x) = 0{,}3 \cdot \sqrt{1-(x-1)^2}$$

zwischen den beiden Nullstellen von g beschrieben.

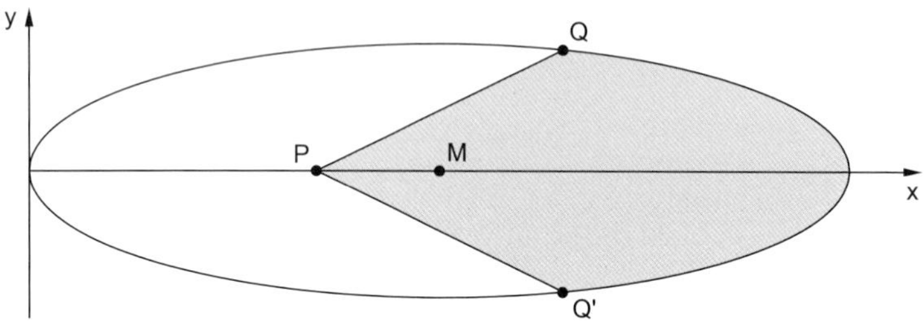

b1) Zeigen Sie, dass das Funboard eine Länge von 2,0 m hat. 2 P

b2) Geben Sie das Verhalten von $g'(x)$ für $x \to 2$ an und interpretieren Sie dieses Verhalten im Sachzusammenhang. 3 P

b3) Ein Funboard gleicher Bauart soll – wie in der Abbildung dargestellt – teilweise farbig lackiert werden. Dabei soll der Punkt $P(0{,}75\,|\,0)$ geradlinig mit den beiden zur x-Achse symmetrisch angeordneten Punkten $Q(b\,|\,g(b))$ bzw. Q' verbunden sein. Q ist so zu platzieren, dass der Flächeninhalt des gefärbten Teils der Hälfte der Gesamtfläche entspricht. Stellen Sie eine Gleichung auf, die die Situation in Abhängigkeit von b beschreibt, und bestimmen Sie die Koordinaten von Q. 5 P

c) Für jedes $k > 0$ wird durch $g_k(x) = 0{,}15 \cdot k \cdot \sqrt{1-\left(\frac{2}{k} \cdot x - 1\right)^2}$ mit $x \in [0; k]$ eine Funktion g_k gegeben. Für geeignete k beschreibt der Graph von g_k erneut den in Fahrtrichtung gesehen rechten Rand eines Funboards.

c1) Es gibt ein $k > 0$, für das $g_k = g$ gilt (mit g aus Teilaufgabe b). Geben Sie den entsprechenden Wert für k an. 1 P

c2) Der Graph von g_k ist an jeder Stelle x mit $0 < x < k$ rechtsgekrümmt. Zeigen Sie, dass die größte Breite für das durch g_k modellierte Funboard an der Stelle $x = \frac{k}{2}$ angenommen wird. 3 P

c3) Ein Surfer wünscht sich ein durch g_k modelliertes Funboard, das eine Länge von 2,5 Metern aufweist. Bestimmen Sie den zugehörigen Wert von k und ermitteln Sie die größte Breite dieses Funboards. 4 P

c4) Je größer das Verhältnis von größter Breite zur Länge ist, desto stabiler verhält sich ein Surfbrett im Wasser. Weisen Sie nach, dass sich alle durch g_k modellierten Funboards stabiler im Wasser verhalten als das Shortboard aus Aufgabenteil a. 5 P

Hinweise und Tipps

Teilaufgabe a1

- Eine ganzrationale Funktion 3. Grades hat einen Funktionsterm der Form $f(x) = ax^3 + bx^2 + cx + d$.
- Aus dem Einleitungstext von Aufgabenteil a können Sie vier Bedingungen an die Funktion f bzw. ihre Ableitung f' entnehmen.
- Die vier Bedingungen ergeben ein Gleichungssystem, das Sie nach a, b, c, d lösen können.

Teilaufgabe a2

- Berechnen Sie die Funktionswerte von f an den angegebenen Stellen (0,3048 Einheiten von der Spitze bzw. vom Ende entfernt).
- Beachten Sie, dass der Funktionswert nur die halbe Breite angibt.

Teilaufgabe a3

- Bestimmen Sie die Stellen, an denen der Funktionswert von f den Wert 0,2 hat.

Teilaufgabe a4

- Der Steigungswinkel β der Tangente an den Graphen einer Funktion f an der Stelle x ist gegeben durch $\tan(\beta) = f'(x)$.
- Der Öffnungswinkel α an der Spitze des Surfbretts ist das Doppelte des Steigungswinkels der Tangente an den Graphen von f an der Stelle 0.

Teilaufgabe a5

- Bestimmen Sie den Flächeninhalt der Draufsicht über ein bestimmtes Integral.
- Das Produkt des Flächeninhalts mit der Dicke ergibt das Volumen.
- 1 Kubikmeter entspricht 1 000 Litern.

Teilaufgabe b1

- Bestimmen Sie die Nullstellen von g.

Teilaufgabe b2

- Bilden Sie g'(x) und berechnen Sie Werte g'(a), wobei a kleiner als 2 ist und sich dem Wert 2 immer weiter annähert.
- Interpretation: Interpretieren Sie g'(a) als Tangentensteigung.

Teilaufgabe b3

- Betrachten Sie nur die Figur oberhalb der x-Achse.
- Zeichnen Sie die Stelle b in die Zeichnung mit ein.

- Betrachten Sie die grau gefärbte Fläche oberhalb der x-Achse und teilen Sie diese in ein Dreieck und eine weitere Fläche, deren Inhalt sich über ein Integral bestimmen lässt.
- Erstellen Sie einen Term für den Flächeninhalt der grau gefärbten Fläche in Abhängigkeit von b.

Teilaufgabe c1

- Bestimmen Sie ein k so, dass $g_k(x) = f(x)$ für alle x ist.
- Einen Kandidaten für k können Sie auch durch genaues Vergleichen der Funktionsterme erkennen.

Teilaufgabe c2

- Zeigen Sie, dass eine notwendige Bedingung für das Vorliegen eines lokalen Extremums an der Stelle $\frac{k}{2}$ erfüllt ist.
- Begründen Sie mit den in der Aufgabe gegebenen Informationen, dass an dieser Stelle das globale Maximum von g_k im Intervall [0; k] liegt.

Teilaufgabe c3

- Bestimmen Sie die Nullstellen von g_k und schließen Sie daraus auf den Wert von k.
- Bestimmen Sie das globale Maximum von g_k, beachten Sie dabei die Ergebnisse aus Teilaufgabe c2.

Teilaufgabe c4

- Berechnen Sie die Verhältnisse von größter Breite zu Länge der Funboards in Abhängigkeit von k.
- Berechnen Sie dieses Verhältnis auch für das durch die Funktion f modellierte Shortboard.

Lösung

a1) Mit $f(x) = ax^3 + bx^2 + cx + d$ und $f(0) = 0$; $f(1) = 0{,}25$; $f'(1) = 0$; $f(2) = 0{,}1$ folgt $a = 0{,}05$; $b = -0{,}35$; $c = 0{,}55$; $d = 0$, also $f(x) = 0{,}05x^3 - 0{,}35x^2 + 0{,}55x$.

$f(x):=a\cdot x^3+b\cdot x^2+c\cdot x+d$	*Fertig*
$f1(x):=\frac{d}{dx}(f(x))$	*Fertig*
solve(f(0)=0 and f(1)=0.25 and f1(1)=0 and f▸	a=0.05 and b=−0.35 and c=0.55 and d=0.
f(x)|a=0.05 and b=−0.35 and c=0.55 and d=0.	$0.05\cdot x^3-0.35\cdot x^2+0.55\cdot x$
$f(x):=0.05\cdot x^3-0.35\cdot x^2+0.55\cdot x$	*Fertig*

a2) Mit $2 \cdot f(0{,}3048) \approx 0{,}2731$ und $2 \cdot f(2 - 0{,}3048) \approx 0{,}3403$ erhält man eine Bugbreite von etwa 27,3 cm und eine Heckbreite von etwa 34,0 cm.

$2\cdot f(0.3048)$	0.27308
$2\cdot f(2-0.3048)$	0.340278

a3) $f(x) = 0{,}2$ ergibt $x \approx 0{,}5272$ oder $x \approx 1{,}5374$ oder $x \approx 4{,}9354$.

Da $x \approx 4{,}9354 > 2$ ist, entfällt diese Lösung. Mit $1{,}5374 - 0{,}5272 = 1{,}0102$ folgt, dass die Stellen etwa 1,01 m voneinander entfernt sind.

$\text{solve}\left(f(x)=\frac{0.4}{2},x\right)$	x=0.527166 or x=1.5374 or x=4.93543
1.5374−0.527166	1.01023

a4) $\tan(\frac{\alpha}{2}) = f'(0)$ ergibt $\alpha = 2 \cdot \arctan(0{,}55) \approx 58°$.

$f1(0)$	0.55
$2\cdot \tan^{-1}(0.55)$	57.6216

a5) Der Inhalt der Grundfläche beträgt

$$A = 2 \cdot \int_0^2 f(x)\,dx = \frac{11}{15}$$

und das Volumen

$$V = A \cdot h = \frac{11}{15} \cdot 0{,}05 = \frac{11}{300} \approx 0{,}03667,$$

d. h., das Volumen des Surfbretts beträgt etwa 36,7 Liter.

$2\cdot\int_0^2 f(x)\,dx$	$\frac{11}{15}$
$2\cdot\int_0^2 f(x)\,dx$	0.733333
$\frac{11}{15}\cdot 0.05$	0.036667

b1) $g(x) = 0 \Leftrightarrow x = 0 \vee x = 2$, d. h., die Länge des Funboards beträgt 2 m − 0 m = 2 m.

$g(x):=0.3\cdot\sqrt{1-(x-1)^2}$	*Fertig*
solve(g(x)=0,x)	x=0 or x=2

b2) Für $x \to 2$ gilt $g'(x) \to -\infty$.

Am Heck schließt das Funboard abgerundet ab, es hat dort keine Spitze.

$g1(x) := \frac{d}{dx}(g(x))$	*Fertig*
$\lim\limits_{x \to 2^-} (g1(x))$	$-\infty$

b3) Mit $Q(b \mid g(b))$ kann die Gleichung lauten:

$$\frac{1}{2} \cdot (b - 0{,}75) \cdot g(b) + \int_b^2 g(x)\,dx = 0{,}5 \cdot \int_0^2 g(x)\,dx$$

Auflösen nach b ergibt $b \approx 1{,}2403$ und mit $g(1{,}2403) \approx 0{,}2912$ erhält man $Q(1{,}2403 \mid 0{,}2912)$.

⚠ $\text{solve}\left(\frac{1}{2} \cdot (b-0.75) \cdot g(b) + \int_b^2 g(x)\,dx = 0.5 \cdot \right.$ ▸	$b=1.2403$
$g(1.2403)$	0.29121

c1) $k = 2$

$g(k,x) := 0.15 \cdot k \cdot \sqrt{1-\left(\frac{2}{k} \cdot x-1\right)^2}$	*Fertig*
$\text{solve}(0.15 \cdot k=0.3,k)$	$k=2$

c2) Wegen $g_k'(\frac{k}{2}) = 0$ ist die notwendige Bedingung für ein lokales Maximum an der Stelle $\frac{k}{2}$ erfüllt. Aufgrund der Rechtskrümmung des Graphen an jeder Stelle x mit $0 < x < k$ liegt bei $\frac{k}{2}$ das globale Maximum.

$g1(k,x) := \frac{d}{dx}(g(k,x))$	*Fertig*
⚠ $g1\left(k,\frac{k}{2}\right)$	0

c3) Mit $g_k(x) = 0 \iff x = 0 \vee x = k$ weist jedes Funboard die Länge k auf. Also ist das Funboard für $k = 2{,}5$ genau 2,5 Meter lang.

Wegen $g_{2,5}(1{,}25) = 0{,}375$ beträgt die größte Breite dieses Longboards 75 cm.

⚠ $\text{solve}(g(k,x)=0,x)$	$x=k$ or $x=0$
$g\left(2.5,\frac{2.5}{2}\right)$	0.375
$2 \cdot 0.375$	0.75

c4) Für das Verhältnis von größter Breite zur Länge gilt:

$$\frac{2 \cdot g_k(\frac{k}{2})}{k} = \frac{2 \cdot 0{,}15 \cdot k}{k} = 0{,}3$$

Für das Shortboard aus Aufgabenteil a beträgt dieses Verhältnis $\frac{0{,}5}{2} = 0{,}25$, sodass jedes durch g_k modellierte Funboard sich im Wasser stabiler als das Shortboard verhält.

⚠ $\frac{2 \cdot g\left(k,\frac{k}{2}\right)}{k}$	$\frac{3}{10}$
$\frac{0.5}{2}$	0.25

Schleswig-Holstein – Kernfach Mathematik
2022 – hilfsmittelfreier Teil

1 **Analysis (Pool 1)**
Gegeben ist die Funktion f mit $f(x) = \frac{1}{3}x^3 - 3x^2 + 8x - \frac{8}{3}$.
Es ist $f'(x) = x^2 - 6x + 8$.

1.1 Geben Sie den Funktionswert von f und die Steigung des Graphen von f jeweils an der Stelle 2 an. 2 P

1.2 Untersuchen Sie, ob 3 eine Wendestelle von f ist. 3 P

2 **Analysis (Pool 1)**
Betrachtet werden die in $\mathbb{R}$ definierten Funktionen f und F, wobei F eine Stammfunktion von f ist. Die Abbildung zeigt den Graphen G_F von F.

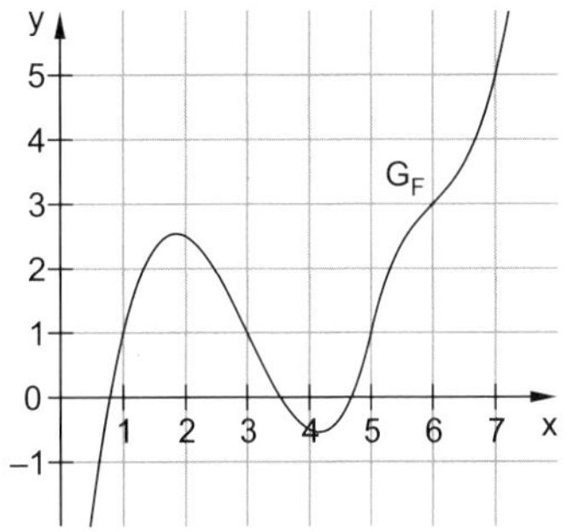

2.1 Bestimmen Sie den Wert des Integrals $\int_1^7 f(x)\,dx$. 2 P

2.2 Bestimmen Sie den Funktionswert von f an der Stelle 1.
Veranschaulichen Sie Ihr Vorgehen in der Abbildung. 3 P

3 **Analysis (Pool 2)**
Im Koordinatensystem ist der Graph der Funktion f mit $f(x) = 24 - \frac{1}{6}x^2$ dargestellt. Für jede Zahl x mit $0 < x < 12$ wird ein Rechteck R_x durch die Eckpunkte $(0|0)$, $(x|0)$, $(x|f(x))$ und $(0|f(x))$ festgelegt.

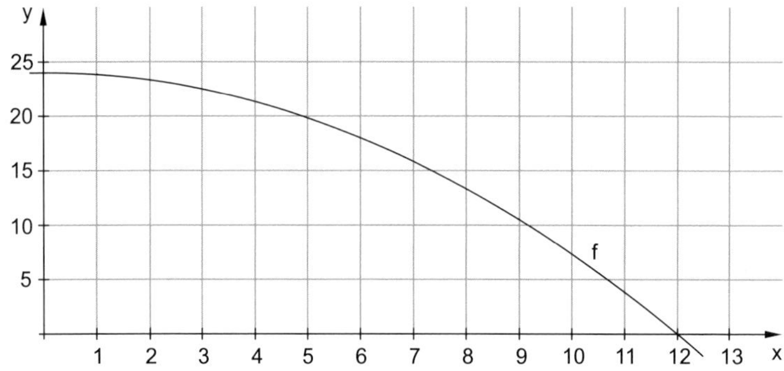

3.1 Zeichnen Sie das Rechteck R_6 in das Koordinatensystem. 1 P

3.2 Unter allen Rechtecken R_x gibt es eines mit maximalem Flächeninhalt $A(x) = x \cdot f(x)$. Untersuchen Sie, ob für dieses Rechteck $x < 7$ ist. 4 P

4 **Analytische Geometrie (Pool 1)**
Gegeben sind der Punkt $P(6\,|\,3\,|\,7)$ und die Ebene $E\colon 2x_1 + x_2 + 2x_3 = 11$.

4.1 Geben Sie eine Gleichung der Gerade g an, die durch den Punkt P und senkrecht zu E verläuft. 2 P

Zusätzlich ist die Schar der Geraden $g_a\colon \vec{x} = \begin{pmatrix} 6 \\ 3 \\ 7 \end{pmatrix} + t \cdot \begin{pmatrix} 2 \\ 1 \\ a \end{pmatrix}$ mit $t \in \mathbb{R}$ und $a \in \mathbb{R}$ gegeben.

4.2 Zeigen Sie, dass es genau einen Wert für a gibt, so dass die zugehörige Gerade g_a parallel zu E ist und nicht in E liegt. 3 P

5 **Analytische Geometrie (Pool 1)**
Wird der Punkt $P(1\,|\,2\,|\,3)$ an der Ebene E gespiegelt, so ergibt sich der Punkt $Q(7\,|\,2\,|\,11)$.

5.1 Bestimmen Sie eine Gleichung von E in Koordinatenform. 3 P

5.2 Auf der Gerade durch P und Q liegen die Punkte R und S symmetrisch bezüglich E, dabei liegt R bezüglich E auf der gleichen Seite wie P. Der Abstand von R und S ist doppelt so groß wie der Abstand von P und Q. Bestimmen Sie die Koordinaten von R. 2 P

6 **Stochastik (Pool 1)**

In einem Unternehmen werden die Mitarbeitenden zu ihrem Arbeitsweg befragt. Zu den Ereignissen

F: „Person kommt regelmäßig mit dem Fahrrad zur Arbeit"
N: „Person wohnt nah an der Arbeitsstelle (in höchstens zehn Kilometern Entfernung)"

ergeben sich aus der Umfragestatistik die folgenden relativen Häufigkeiten:

	N	$\overline{N}$	
F		0,12	
$\overline{F}$			0,70
		0,60	

6.1 Ergänzen Sie die fehlenden Werte in der Tabelle. 2 P

6.2 Von allen befragten Personen wird eine zufällig ausgewählt. Berechnen Sie die Wahrscheinlichkeit $P_{\overline{N}}(F)$ und geben Sie die Bedeutung dieser Wahrscheinlichkeit im Sachzusammenhang an. 3 P

7 **Stochastik (Pool 1)**

Gegeben sind die im Folgenden beschriebenen Zufallsgrößen X und Y:

- Ein Würfel, dessen Seiten mit den Zahlen von 1 bis 6 durchnummeriert sind, wird zweimal geworfen. X gibt die dabei erzielte Augensumme an.
- Aus einem Behälter mit 60 schwarzen und 40 weißen Kugeln wird zwölfmal nacheinander jeweils eine Kugel zufällig entnommen und wieder zurückgelegt. Y gibt die Anzahl der entnommenen schwarzen Kugeln an.

7.1 Begründen Sie, dass die Wahrscheinlichkeit $P(X=4)$ mit der Wahrscheinlichkeit $P(X=10)$ übereinstimmt. 2 P

7.2 Die Wahrscheinlichkeitsverteilungen von X und Y werden jeweils durch eines der folgenden Diagramme I, II und III dargestellt.

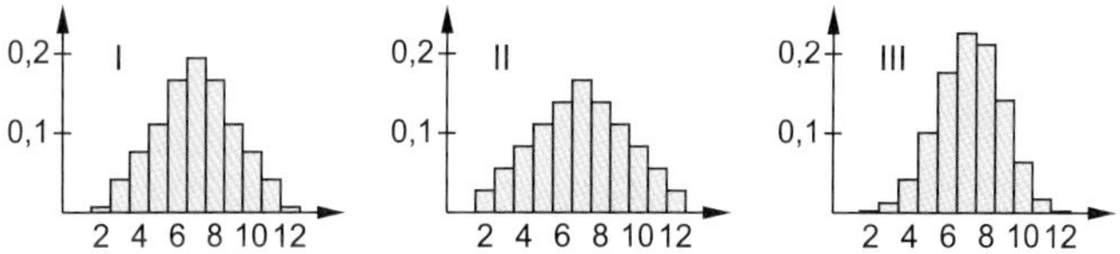

Ordnen Sie X und Y jeweils dem passenden Diagramm zu und begründen Sie Ihre Zuordnung. 3 P

8 **Stochastik (Pool 2)**

Für ein Spiel wird ein Behälter mit 100 Kugeln gefüllt. Dafür stehen rote und blaue Kugeln zur Verfügung. Vor jedem Spiel legt der Spieler die Anzahl der blauen Kugeln im Behälter fest. Anschließend wird dem Behälter eine Kugel zufällig entnommen. Ist diese Kugel rot, so wird dem Spieler die festgelegte Anzahl blauer Kugeln in Cent ausgezahlt; ist die Kugel blau, so beträgt die Auszahlung 10 Cent.

Ermitteln Sie, wie der Spieler die Anzahl blauer Kugeln für ein Spiel festlegen muss, damit der Erwartungswert der Auszahlung möglichst groß ist. 5 P

Hinweise und Tipps

Teilaufgabe 1.1

- Der Funktionswert von f an der Stelle 2 ist der Wert des Funktionsterms von f an dieser Stelle.
- Der Wert des Funktionsterms der ersten Ableitung von f an der Stelle 2 gibt die Steigung des Graphen von f an der Stelle 2 an.
- Berechnen Sie also f(2) und f'(2).

Teilaufgabe 1.2

- Prüfen Sie zunächst, ob eine notwendige Bedingung für eine Wendestelle an der Stelle 3 erfüllt ist.
- Notwendig dafür, dass an der Stelle 3 eine Wendestelle vorliegen kann, ist $f''(3)=0$.
- Untersuchen Sie, ob eine hinreichende Bedingung für eine Wendestelle an der Stelle 3 erfüllt ist.
- Hinreichend dafür, dass an der Stelle 3 eine Wendestelle vorliegt, ist $f''(3)=0$ und $f'''(3)\neq 0$.

Teilaufgabe 2.1

- Nutzen Sie den Hauptsatz der Integralrechnung, um den Wert des Integrals über f mit der gegebenen Stammfunktion zu bestimmen.
- Es gilt: $\int_1^7 f(x)\,dx = F(7)-F(1)$
- Die Funktionswerte der Stammfunktion an den Stellen 1 und 7 können Sie der Grafik entnehmen.

Teilaufgabe 2.2

- Der Funktionswert von f an der Stelle 1 ist die Steigung von G_F an dieser Stelle.
- Bestimmen Sie also die Steigung der Tangente an G_F an der Stelle 1.
- Zeichnen Sie diese ein und bestimmen Sie die Steigung über ein Steigungsdreieck.

Teilaufgabe 3.1

- Der Punkt $(x\,|\,f(x))$ liegt auf dem Graphen von f.
- Eine Seite des Rechtecks liegt auf der x-Achse.

Teilaufgabe 3.2

- Geben Sie einen Term A(x) an, der den Flächeninhalt des Rechtecks in Abhängigkeit von x beschreibt.
- Betrachten Sie diesen Term als Funktionsterm einer Funktion A und untersuchen Sie diese auf Maximalstellen.

- Bestimmen Sie über die notwendige Bedingung $A'(x) = 0$ die Kandidaten für lokale Extremstellen.
- Beachten Sie, dass die Existenz einer lokalen Maximalstelle x mit $0 < x < 12$ in der Aufgabe vorausgesetzt ist.

Teilaufgabe 4.1

- Sie können den Ortsvektor von P als Stützvektor der Geraden verwenden.
- Als Richtungsvektor von g können Sie einen Normalenvektor der Ebene E wählen, dann verläuft g senkrecht zu E.
- Einen Normalenvektor von E können Sie in der Koordinatenform von E ablesen.

Teilaufgabe 4.2

- Damit g_a parallel zu E ist, muss der Richtungsvektor von g_a orthogonal zum Normalenvektor von E sein.
- Das ist genau dann der Fall, wenn das Skalarprodukt des Richtungsvektors von g_a mit dem Normalenvektor von E gleich null ist.
- Aus dieser Bedingung können Sie den Wert für a ermitteln, für den g_a parallel zu E ist.
- Prüfen Sie noch, ob ein Punkt der parallelen Geraden in der Ebene E liegt. Wenn nicht, dann liegt die gesamte Gerade nicht in E.

Teilaufgabe 5.1

- Der Mittelpunkt der Strecke $\overline{PQ}$ liegt in der Ebene, an der die Spiegelung durchgeführt wird.
- Die Strecke $\overline{PQ}$ liegt orthogonal zu der Ebene, an der die Spiegelung durchgeführt wird.
- Diese Bedingung liefert einen Normalenvektor der Ebene E.

Teilaufgabe 5.2

- Fertigen Sie zu dem gegebenen Sachverhalt eine Skizze an.
- Stellen Sie dann den Ortsvektor von R als Linearkombination von $\overrightarrow{OP}$ und $\overrightarrow{PQ}$ dar.
- Berechnen Sie dann $\overrightarrow{OR}$ und damit die Koordinaten von R.

Teilaufgabe 6.1

- Sind in einer Zeile/Spalte zwei der drei Felder bereits ausgefüllt, so können Sie das fehlende Feld als Summe/Differenz berechnen.
- Beginnen Sie mit der Rechnung $0{,}60 - 0{,}12 = 0{,}48$.

Teilaufgabe 6.2

- Die zu bestimmende bedingte Wahrscheinlichkeit ergibt sich als Quotient zweier Werte aus der Vierfeldertafel.
- Es gilt: $P_{\overline{N}}(F) = \frac{P(\overline{N} \cap F)}{P(\overline{N})}$
- Interpretation: Dies ist die Wahrscheinlichkeit, dass die zufällig ausgewählte Person … zur Arbeit kommt, falls sie … wohnt.

Teilaufgabe 7.1

- Überlegen Sie, welche Ergebnisse die genannten Ereignisse enthalten, und vergleichen Sie so die Wahrscheinlichkeiten.
- Verwenden Sie dabei eine Laplace'sche Ergebnismenge, also eine solche, in der alle Ergebnisse gleichwahrscheinlich sind.

Teilaufgabe 7.2

- Stellen Sie Überlegungen zur Symmetrie/Asymmetrie der Wahrscheinlichkeitsverteilung von Y an.
- Vergleichen Sie die Wahrscheinlichkeiten $P(X=2)$ und $P(X=3)$.
- Mit diesen Überlegungen können Sie eine begründete Entscheidung treffen.

Teilaufgabe 8

- Stellen Sie einen Term für den Erwartungswert der Auszahlung in Cent in Abhängigkeit von der Anzahl b der blauen Kugeln auf.
- Zeigen Sie, dass sich dieser Term in der Form $-\frac{1}{100} \cdot b \cdot (b-110)$ schreiben lässt.
- Betrachten Sie den Term als Funktionsterm einer quadratischen Funktion und bestimmen Sie deren Nullstellen.
- Aus der Lage der Nullstellen können Sie auf die Lage der Maximalstelle schließen.

Lösung

1.1 $f(2) = \frac{1}{3} \cdot 2^3 - 3 \cdot 2^2 + 8 \cdot 2 - \frac{8}{3} = \frac{8}{3} - 12 + 16 - \frac{8}{3} = 4$

$f'(2) = 2^2 - 6 \cdot 2 + 8 = 4 - 12 + 8 = 0$

1.2 Mit $f''(x) = 2x - 6$ und $f'''(x) = 2$ folgen $f''(3) = 2 \cdot 3 - 6 = 0$ und $f'''(3) = 2 \neq 0$. Damit ist 3 eine Wendestelle von f.

2.1 $\int_1^7 f(x)\,dx = F(7) - F(1) = 5 - 1 = 4$

2.2 $f(1) = F'(1) \approx 4$

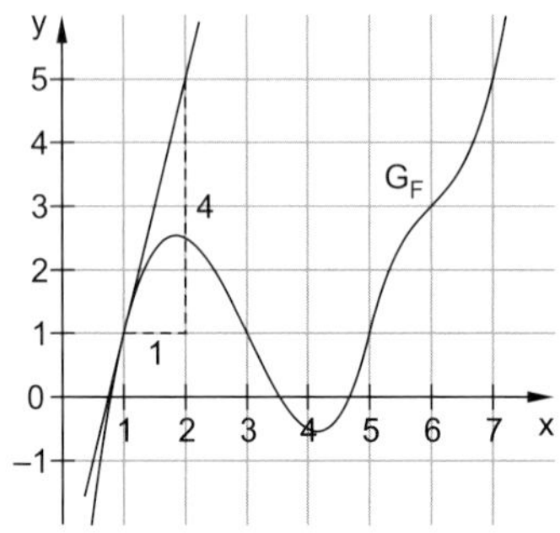

3.1

3.2 Es ist $A(x) = x \cdot f(x) = 24x - \frac{1}{6}x^3$, also $A'(x) = 24 - \frac{1}{2}x^2$.

Ist A(x) maximal, so gilt notwendigerweise:

$A'(x) = 0 \quad \Leftrightarrow \quad 24 - \frac{1}{2}x^2 = 0 \quad \Leftrightarrow \quad x^2 = 48$

Mit $x > 0$ folgt $x = \sqrt{48}$. Diese Zahl ist kleiner als $\sqrt{49} = 7$.

4.1 g: $\vec{x} = \begin{pmatrix} 6 \\ 3 \\ 7 \end{pmatrix} + t \cdot \begin{pmatrix} 2 \\ 1 \\ 2 \end{pmatrix}$

4.2 Es gilt:

$\begin{pmatrix} 2 \\ 1 \\ a \end{pmatrix} \circ \begin{pmatrix} 2 \\ 1 \\ 2 \end{pmatrix} = 0 \iff 4 + 1 + 2a = 0 \iff a = -2{,}5$

Daher ist nur $g_{-2,5}$ parallel zu E.

Da $2 \cdot 6 + 3 + 2 \cdot 7 = 29 \neq 11$ ist, verläuft die Gerade $g_{-2,5}$ nicht in E.

5.1 Der Mittelpunkt von $\overline{PQ}$ ergibt sich als $M\left(\frac{1+7}{2} \middle| \frac{2+2}{2} \middle| \frac{3+11}{2}\right)$, d. h. $M(4\,|\,2\,|\,7)$.

$\overrightarrow{PQ} = \begin{pmatrix} 6 \\ 0 \\ 8 \end{pmatrix}$ ist ein Normalenvektor von E. Mit $6 \cdot 4 + 8 \cdot 7 = 80$ ist $6x_1 + 8x_3 = 80$ eine Gleichung von E in Koordinatenform.

5.2 $\overrightarrow{OR} = \overrightarrow{OP} - \frac{1}{2} \cdot \overrightarrow{PQ} = \begin{pmatrix} 1 \\ 2 \\ 3 \end{pmatrix} - \frac{1}{2} \cdot \begin{pmatrix} 6 \\ 0 \\ 8 \end{pmatrix} = \begin{pmatrix} -2 \\ 2 \\ -1 \end{pmatrix}$

bzw. $R(-2\,|\,2\,|\,-1)$

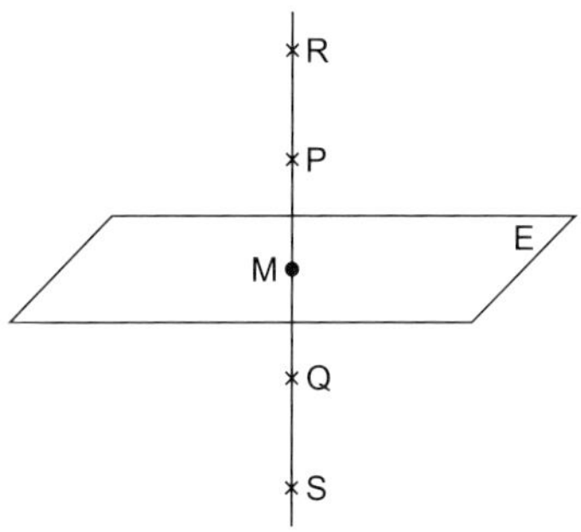

6.1

	N	$\overline{N}$	
F	0,18	0,12	0,30
$\overline{F}$	0,22	0,48	0,70
	0,40	0,60	

6.2 $P_{\overline{N}}(F) = \frac{P(\overline{N} \cap F)}{P(\overline{N})} = \frac{0{,}12}{0{,}60} = 0{,}2$

Dies ist die Wahrscheinlichkeit, dass die zufällig ausgewählte Person regelmäßig mit dem Fahrrad zur Arbeit kommt, falls sie nicht nah an der Arbeitsstelle wohnt.

7.1 $X = 4$ enthält genau die Ergebnisse (1; 3), (2; 2), (3; 1) und $X = 10$ enthält genau (4; 6), (5; 5), (6; 4).

Dabei sind die Ergebnisse gleichwahrscheinlich, sie treten mit einer Wahrscheinlichkeit von $\frac{1}{36}$ auf. Daher sind die Ereignisse gleichwahrscheinlich.

7.2 Da die Wahrscheinlichkeitsverteilung von Y asymmetrisch ist, kommt dafür nur das Diagramm III infrage.

Die Wahrscheinlichkeit $P(X = 3)$ ist doppelt so groß wie die Wahrscheinlichkeit $P(X = 2)$. Folglich wird die Wahrscheinlichkeitsverteilung von X durch das Diagramm II dargestellt.

8 Bezeichnet man die festgelegte Anzahl blauer Kugeln mit b, so kann der Erwartungswert der Auszahlung in Cent mit dem Term

$$\frac{100-b}{100} \cdot b + \frac{b}{100} \cdot 10 = \frac{b}{100} \cdot (100 - b + 10) = -\frac{1}{100} \cdot b \cdot (b - 110)$$

berechnet werden. Stellt man diesen Term grafisch dar, so ergibt sich eine nach unten geöffnete Parabel, die die b-Achse bei 0 und 110 schneidet. Der Spieler muss sich also für $\frac{0+110}{2} = 55$ blaue Kugeln entscheiden.

Schleswig-Holstein – Kernfach Mathematik
2022 – Aufgabe 1: Analysis

Gegeben ist die in $\mathbb{R}$ definierte Funktion f mit $f(x) = x \cdot e^{-\frac{1}{2}x^2 + \frac{1}{2}}$.
Der Graph von f ist symmetrisch bezüglich des Koordinatenursprungs.
Die Abbildung 1 zeigt diesen Graphen ohne das zugrunde liegende Koordinatensystem.

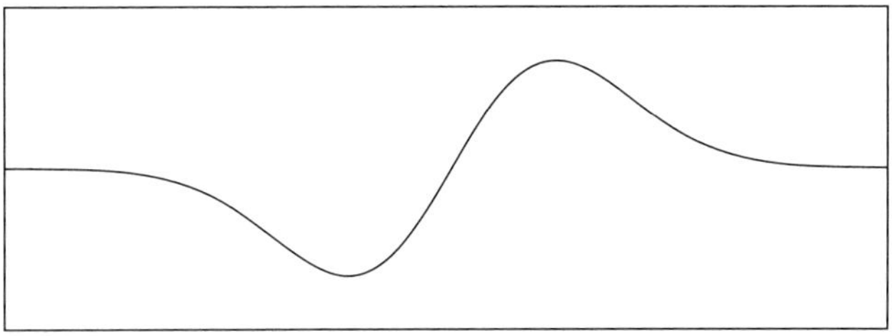

Abbildung 1

a) a1) Berechnen Sie den Funktionswert f(1) sowie die mittlere Steigung des Graphen von f über dem Intervall [0; 1]. 3 P

a2) Prüfen Sie, ob der Punkt $(0{,}5 \mid 0{,}5)$ auf dem Graphen von f liegt. 2 P

a3) Begründen Sie, dass f genau eine Nullstelle hat, und geben Sie den Grenzwert von f für $x \to +\infty$ an. 2 P

a4) Zeigen Sie, dass $f'(x) = (1 - x^2) \cdot e^{-\frac{1}{2}x^2 + \frac{1}{2}}$ ein Term der ersten Ableitungsfunktion f' von f ist. 3 P

a5) Untersuchen Sie rechnerisch das Monotonieverhalten von f. 4 P

a6) Ergänzen Sie in der Abbildung 1 die Koordinatenachsen und skalieren Sie diese passend. 2 P

b) Interpretieren Sie den folgenden Sachverhalt geometrisch:
Für jede Stammfunktion F von f und für jede reelle Zahl $w > 2022$ gilt

$$F(w) - F(0) \approx \int_0^{2022} f(x)\,dx.$$ 3 P

Betrachtet wird nun die Schar der in $\mathbb{R}$ definierten Funktionen f_a mit

$f_a(x) = x \cdot e^{-\frac{1}{2}a \cdot x^2 + \frac{1}{2}}$ und $a \in \mathbb{R}$.

c) c1) Zeigen Sie, dass genau ein Graph der Schar den Punkt $(1 \mid 1)$ enthält, und geben Sie den zugehörigen Wert von a an. 3 P

c2) Der Graph der Funktion f_0 ist eine Gerade. Geben Sie die Steigung dieser Gerade und die Koordinaten ihres Schnittpunkts mit der y-Achse an. 2 P

c3) Die folgenden Aussagen gelten für alle reellen Zahlen a, a_1 und a_2:
- $f_a(0) = 0$
- $f_a'(0) = f_0'(0)$
- $f_{a_1}(x) = f_{a_2}(x) \;\Leftrightarrow\; a_1 = a_2 \vee x = 0$

Geben Sie an, was sich aus diesen Aussagen hinsichtlich des Verlaufs der Graphen der Schar folgern lässt. 3 P

Die Graphen der Schar lassen sich in die beiden folgenden Gruppen I und II einteilen:

I Der Graph hat genau zwei Extrempunkte.

II Der Graph hat keine Extrempunkte.

Die Abbildung 2 zeigt einen Graphen der Gruppe I, die Abbildung 3 einen Graphen der Gruppe II.

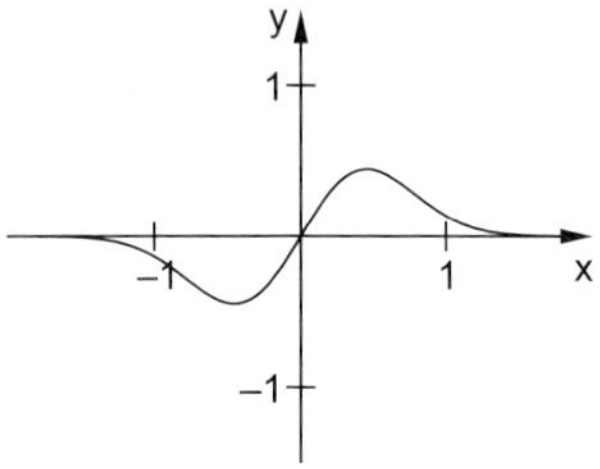

Abbildung 2

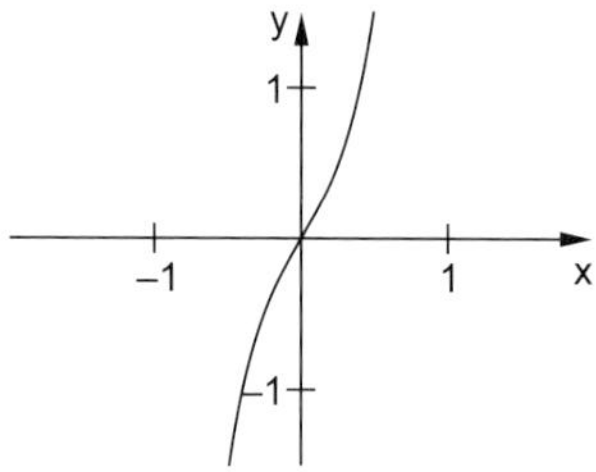

Abbildung 3

d) Die Extremstellen von f_a sind genau die Lösungen der Gleichung $a \cdot x^2 = 1$.

d1) Geben Sie zu den beiden Gruppen I und II jeweils alle zugehörigen Werte von a an und begründen Sie Ihre Angabe. 3 P

d2) Zeigen Sie, dass alle Extrempunkte der Graphen der Schar auf der Gerade mit der Gleichung $y = x$ liegen. 4 P

d3) Für jeden positiven Wert von a bilden der Hochpunkt $(v \mid f_a(v))$ des Graphen von f_a, der Punkt $\left(0 \mid \frac{2}{v}\right)$, der Koordinatenursprung und der Punkt $(v \mid 0)$ die Eckpunkte eines Vierecks.
Bestimmen Sie ausgehend von einer geeigneten Skizze denjenigen Wert von a, für den das Viereck den Flächeninhalt 49 hat. 6 P

Hinweise und Tipps

Teilaufgabe a1

- Bilden Sie f(1), indem Sie für x den Wert 1 in die Gleichung der Funktion einsetzen.
- Für die mittlere Steigung einer Funktion f über dem reellen Intervall [a; b] gilt allgemein der Term $\frac{f(b)-f(a)}{b-a}$.

Teilaufgabe a2

- Damit ein Punkt P mit den Koordinaten $(p_1 \mid p_2)$ auf dem Graphen einer Funktion f liegt, muss die Gleichung $f(p_1)=p_2$ gelten.
- Überprüfen Sie die Gleichung.

Teilaufgabe a3

- Bedenken Sie, dass die e-Funktion für jede reelle Zahl stets positive Funktionswerte annimmt.
- An welcher Stelle kann dann nur die Nullstelle sein?
- Geben Sie $\lim\limits_{x \to \infty} f(x)$ an. Beachten Sie dabei auch die Abbildung 1.

Teilaufgabe a4

- Nutzen Sie die Produktregel und die Kettenregel zum Bilden der Ableitungsfunktion von f.
- Wenn Sie dann den Term $e^{-\frac{1}{2}x^2+\frac{1}{2}}$ ausklammern, erhalten Sie den angegebenen Ausdruck.

Teilaufgabe a5

- Bilden Sie bezüglich des Monotonieverhaltens aus den bisherigen Ergebnissen und der Abbildung 1 eine Vermutung.
- Vermuten Sie auch, dass die Funktion f für $|x| \geq 1$ monoton fallend und für $|x| < 1$ monoton steigend ist?
- Das Monotonieverhalten lässt sich mit der gegebenen Ableitungsfunktion von f rechnerisch überprüfen.
- Untersuchen Sie, für welche reellen Zahlen x die Ungleichungen $f'(x) > 0$ und $f'(x) < 0$ gelten.

Teilaufgabe a6

- Nutzen Sie alle Informationen (Symmetrie, Nullstelle, Grenzwertverhalten, $f(1)=1$) für das Einzeichnen der Koordinatenachsen und für die Skalierung.

Teilaufgabe b

- Geometrisch kann ein Integralausdruck $\int_a^b f(x)\,dx$ als Inhalt eines Flächenstücks interpretiert werden, welches durch den Graphen einer Funktion f und die x-Achse über dem Intervall [a; b] begrenzt wird.
- Ist F eine Stammfunktion von f, so gilt nach dem Hauptsatz der Differenzial- und Integralrechnung:
  $$\int_a^b f(x)\,dx = F(b) - F(a)$$
- Bedenken Sie für die Interpretation auch das Ergebnis von Teilaufgabe a3.

Teilaufgabe c1

- Damit der Punkt $(1\,|\,1)$ auf dem Graphen von f_a liegt, muss $f_a(1) = 1$ gelten.
- Formen Sie die Gleichung nach Einsetzen so um, dass Sie den Parameter a bestimmen können.
- Es entsteht dabei eine Exponentialgleichung, auf die Sie den Logarithmus anwenden können.

Teilaufgabe c2

- Bestimmen Sie die Gleichung von f_0, indem Sie für a den Wert null einsetzen.
- Sie erhalten eine Funktion der Art $g(x) = mx$. Der Faktor m gibt dabei den Wert der Steigung der Funktion an.
- Für den Schnittpunkt mit der y-Achse bestimmen Sie die Lösung der Gleichung $f_0(x) = 0$.
- Bedenken Sie stets, dass die e-Funktion nur positive Funktionswerte annimmt.

Teilaufgabe c3

- Was heißt die Bedingung $f_a(0) = 0$ geometrisch? Was folgt damit für die Graphen der Funktionen?
- Was bedeutet die Bedingung $f_a'(0) = f_0'(0)$ hinsichtlich der Steigung an der Stelle 0?
- Betrachten Sie dazu die Ergebnisse von Teilaufgabe c2.
- Die letzte Aussage $f_{a_1}(x) = f_{a_2}(x) \Leftrightarrow a_1 = a_2$ oder $x = 0$ ist gleichwertig zur Aussage $f_{a_1}(x) \neq f_{a_2}(x) \Leftrightarrow a_1 \neq a_2$ und $x \neq 0$. Was bedeutet letztere Aussage?
- Die „negierte" Aussage beschreibt eine Bedingung, bei der die Parameter verschieden sind.
- Zwei verschiedene Funktionen haben mit Ausnahme des Ursprungs stets verschiedene Funktionswerte.

Teilaufgabe d1

- Die Gleichung $a \cdot x^2 = 1$ besitzt genau dann zwei Lösungen, wenn $a > 0$ ist. Warum?
- Können Sie die beiden Lösungen angeben?
- Warum müssen sie symmetrisch zum Ursprung sein?
- Warum besitzt die Gleichung $a \cdot x^2 = 1$ keine Lösung, wenn $a \leq 0$ ist? Betrachten Sie vielleicht zunächst den Fall $a = 0$.

Teilaufgabe d2

- Bedenken Sie, dass die Lösungen der Gleichung $a \cdot x^2 = 1$ die x-Koordinaten der Extrempunkte der Graphen von f_a für $a > 0$ sind.
- Für den Parameter a gilt damit: $a \cdot x^2 = 1 \Leftrightarrow a = \frac{1}{x^2}$
- Nun muss also für diesen Parameter die Funktionsgleichung $f_{\frac{1}{x^2}}(x) = x$ gelten, damit sich alle Extrempunkte auf einer Geraden befinden.
- Überprüfen Sie diese Gleichung $f_{\frac{1}{x^2}}(x) = x$ auf Richtigkeit.

Teilaufgabe d3

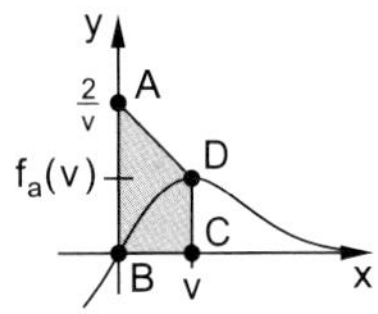

- Betrachten Sie die nebenstehende Skizze und das darin enthaltene grau getönte Trapez ABCD.
- Wie lautet die Formel zur Bestimmung des Flächeninhaltes A_T eines Trapezes?
- Benutzen Sie $A_T = \frac{1}{2} \cdot (a + c) \cdot h$ mit den „üblichen“ Bezeichnungen.
- Warum brauchen Sie $f_a(v)$ nicht auszurechnen?
- Es gilt $f_a(v) = v$; warum? Denken Sie an die Lage aller Extrempunkte.
- Bestimmen Sie aus der Gleichung $A_T = 49$ einen Wert für v.
- Es gilt $a \cdot v^2 = 1$. Damit erhalten Sie den Parameter a, für den der gesuchte Flächeninhalt 49 ist.

Lösung

a) Gegeben ist eine auf ganz $\mathbb{R}$ definierte und zum Koordinatenursprung symmetrische Funktion f mit der Gleichung $f(x) = x \cdot e^{-\frac{1}{2}x^2 + \frac{1}{2}}$, die aus einer linearen und einer e-Funktion zusammengesetzt ist.

a1) Um den Funktionswert an der Stelle $x = 1$ auszurechnen, bildet man f(1). Es gilt:

$f(1) = 1 \cdot e^{-\frac{1}{2} \cdot 1^2 + \frac{1}{2}} = e^{-\frac{1}{2} + \frac{1}{2}} = e^0 = 1$

Für die mittlere Steigung einer Funktion f über dem reellen Intervall [a; b] gilt allgemein der Term $\frac{f(b) - f(a)}{b - a}$. In der vorliegenden Situation ist damit die mittlere Steigung der Funktion f über dem Intervall [0; 1]:

$$\frac{f(1) - f(0)}{1 - 0} = \frac{1 - 0 \cdot e^{-\frac{1}{2} \cdot 0^2 + \frac{1}{2}}}{1} = \frac{1 - 0}{1} = \frac{1}{1} = 1$$

a2) Damit ein Punkt $P(p_1 \mid p_2)$ auf dem Graphen einer Funktion f liegt, muss die Gleichung $f(p_1) = p_2$ gelten. Bei der obigen Funktion ergibt sich für $x = \frac{1}{2}$:

$$f\left(\frac{1}{2}\right) = \frac{1}{2} \cdot e^{-\frac{1}{2} \cdot \frac{1}{4} + \frac{1}{2}} = \frac{1}{2} \cdot e^{\frac{3}{8}} > \frac{1}{2}$$

Die letzte Ungleichung gilt, da die Werte der e-Funktion für positive Argumente größer als 1 sind. Also liegt der Punkt $(0{,}5 \mid 0{,}5)$ nicht auf dem Graphen von f.

a3) Die e-Funktion und damit auch die oben angegebene Teilfunktion $e^{-\frac{1}{2}x^2 + \frac{1}{2}}$ ist für jede reelle Zahl stets positiv (also insbesondere an keiner Stelle null), es gilt also $e^{-\frac{1}{2}x^2 + \frac{1}{2}} > 0$ für alle reellen Zahlen x. Damit gilt:

$$f(x) = 0 \quad \Leftrightarrow \quad x \cdot e^{-\frac{1}{2}x^2 + \frac{1}{2}} = 0 \quad \Leftrightarrow \quad x = 0$$

Somit hat f nur an der Stelle $x = 0$ den Funktionswert 0, also genau eine Nullstelle.

Der Grenzwert der Funktion f für $x \to \infty$ ist wegen der Dominanz der e-Funktion (und auch aufgrund der Abbildung 1) null. Es gilt also:

$$\lim_{x \to \infty} f(x) = 0$$

a4) Für das Bilden der Ableitungsfunktion von f kann man die Produktregel, in Kurzform: $f = u \cdot v \Rightarrow f' = u'v + uv'$, verwenden. Damit gilt:

$$f'(x) = (x \cdot e^{-\frac{1}{2}x^2 + \frac{1}{2}})' = 1 \cdot e^{-\frac{1}{2}x^2 + \frac{1}{2}} + x \cdot e^{-\frac{1}{2}x^2 + \frac{1}{2}} \cdot (-x)$$

Im letzten Summanden wurde die Kettenregel („innere mal äußere Ableitung“) benutzt:

$$(e^{-\frac{1}{2}x^2 + \frac{1}{2}})' = e^{-\frac{1}{2}x^2 + \frac{1}{2}} \cdot \left(-\frac{1}{2} \cdot 2x\right) = e^{-\frac{1}{2}x^2 + \frac{1}{2}} \cdot (-x)$$

Insgesamt ergibt sich nach Ausklammerung des Terms $e^{-\frac{1}{2}x^2+\frac{1}{2}}$ die in der Aufgabenstellung angegebene Ableitungsfunktion:

$$f'(x) = 1 \cdot e^{-\frac{1}{2}x^2+\frac{1}{2}} + x \cdot e^{-\frac{1}{2}x^2+\frac{1}{2}} \cdot (-x) = (1-x^2) \cdot e^{-\frac{1}{2}x^2+\frac{1}{2}}$$

a5) Aus den bisherigen Untersuchungen und der Abbildung 1 lässt sich schon vermuten, dass die Funktion f für $|x| \geq 1$ monoton fallend und für $|x| < 1$ monoton steigend ist. Das Monotonieverhalten kann gut mit der Ableitungsfunktion rechnerisch charakterisiert werden.

Die in der Ableitungsfunktion gegebene Teilfunktion $e^{-\frac{1}{2}x^2+\frac{1}{2}}$ ist stets positiv. Daher hängt das Monotonieverhalten von f nur vom Term $1-x^2$ ab. Es gilt:

$$f'(x) > 0 \;\Leftrightarrow\; (1-x^2) \cdot e^{-\frac{1}{2}x^2+\frac{1}{2}} > 0 \;\Leftrightarrow\; 1-x^2 > 0 \;\Leftrightarrow\; 1 > x^2 \;\Leftrightarrow\; 1 > |x|$$

$$f'(x) < 0 \;\Leftrightarrow\; (1-x^2) \cdot e^{-\frac{1}{2}x^2+\frac{1}{2}} < 0 \;\Leftrightarrow\; 1-x^2 < 0 \;\Leftrightarrow\; 1 < x^2 \;\Leftrightarrow\; 1 < |x|$$

Diese Ergebnisse bestätigen die obige Vermutung: Im Intervall [–1; 1] ist die Funktion (streng) monoton steigend, in den Bereichen $x \leq -1$ und $x \geq 1$ fällt sie jeweils (streng) monoton.

a6) Die gegebenen Informationen wie Symmetrie, Nullstellen, Grenzwertverhalten und $f(1) = 1$ ergeben die nebenstehende Ergänzung.

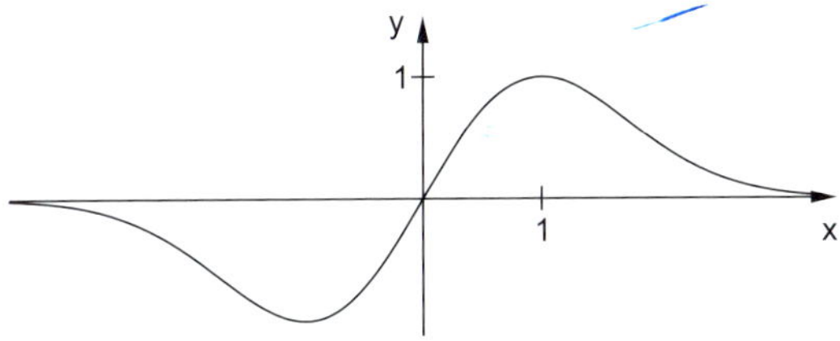

b) Geometrisch kann ein Integralausdruck $\int_a^b f(x)\,dx$ als Inhalt eines Flächenstücks interpretiert werden, welches durch den Graphen einer Funktion f und die x-Achse über dem Intervall [a; b] begrenzt wird.

In der vorliegenden Situation bedeutet dies, dass $\int_0^{2022} f(x)\,dx$ das in der nebenstehenden Abbildung grau getönte Flächenstück qualitativ beschreibt.

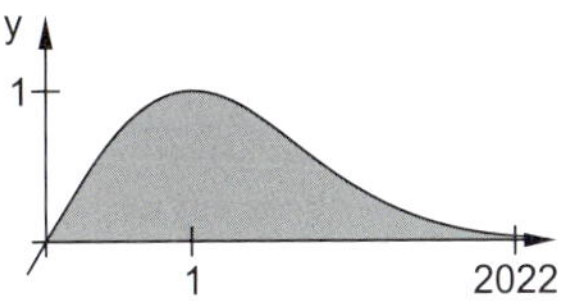

Für eine Stammfunktion F von f gilt dann nach dem Hauptsatz der Differenzial- und Integralrechnung:

$$\int_0^{2022} f(x)\,dx = F(2022) - F(0)$$

Der Ausdruck $F(w) - F(0)$ gibt für $w > 2022$ den ungefähren Flächeninhalt dieser grau getönten Fläche an.

c) Gegeben ist nun die Schar $f_a(x) = x \cdot e^{-\frac{1}{2}a \cdot x^2 + \frac{1}{2}}$ der auf ganz $\mathbb{R}$ definierten Funktionen f_a mit $a \in \mathbb{R}$.

c1) Damit der Punkt $(1 \mid 1)$ auf dem Graphen der Funktion f_a liegt, muss $f_a(1) = 1$ gelten. Es gilt damit:

$$
\begin{aligned}
f_a(1) = 1 \quad &\Leftrightarrow \quad 1 \cdot e^{-\frac{1}{2}a \cdot 1^2 + \frac{1}{2}} = 1 \\
&\Leftrightarrow \quad e^{-\frac{1}{2}a + \frac{1}{2}} = 1 \\
&\Leftrightarrow \quad \ln(e^{-\frac{1}{2}a + \frac{1}{2}}) = \ln(1) \\
&\Leftrightarrow \quad -\frac{1}{2}a + \frac{1}{2} = 0 \\
&\Leftrightarrow \quad a = 1
\end{aligned}
$$

Also liegt der Punkt $(1 \mid 1)$ nur auf dem Graphen von f_1.

c2) Für $a = 0$ ergibt sich die Gleichung $f_0(x) = x \cdot e^{-\frac{1}{2} \cdot 0 \cdot x^2 + \frac{1}{2}} = x \cdot e^{\frac{1}{2}}$. Offensichtlich handelt es sich hierbei um eine Gerade mit der Steigung $e^{\frac{1}{2}}$.

Um den Schnittpunkt mit der y-Achse zu berechnen, sucht man die Lösung der Gleichung $f_0(x) = 0$. Man erhält nacheinander

$$f_0(x) = 0 \quad \Leftrightarrow \quad x \cdot e^{\frac{1}{2}} = 0 \quad \Leftrightarrow \quad x = 0,$$

da die e-Funktion stets positive Funktionswerte hat. Die Funktion f_0 geht damit durch den Koordinatenursprung.

Zusatz: Alle Graphen der Funktionen f_a gehen durch den Koordinatenursprung.

c3) Seien nun reelle Zahlen a, a_1, a_2 gegeben.

Für die Graphen, die die Gleichung $f_a(0) = 0$ erfüllen, gilt, wie bereits in Teilaufgabe c2 erwähnt, dass alle Graphen der Schar durch den Koordinatenursprung verlaufen.

Für die Graphen, die die Gleichung $f_a'(0) = f_0'(0)$ erfüllen, gilt, dass alle Graphen der Schar dieselbe Steigung im Punkt $(0 \mid 0)$ haben wie die Funktion mit dem Parameter $a = 0$. Die Steigung ist hier $e^{\frac{1}{2}}$.

Für die Graphen, die die Bedingung bzw. Aussage

$$f_{a_1}(x) = f_{a_2}(x) \quad \Leftrightarrow \quad a_1 = a_2 \lor x = 0$$

erfüllen, gilt, dass alle Graphen der Schar nur an der Stelle $x = 0$ einen Punkt gemeinsam haben, nämlich $(0 \mid 0)$, und ansonsten verschieden sind. Das lässt sich auch gut an der „negierten" Aussage

$$f_{a_1}(x) \neq f_{a_2}(x) \quad \Leftrightarrow \quad a_1 \neq a_2 \land x \neq 0$$

ablesen.

d) Gegeben ist nun die Tatsache, dass die Extremstellen von f_a genau die Lösungen der Gleichung $a \cdot x^2 = 1$ sind. Diese erklärt sich sofort durch Betrachten der ersten Ableitung $f_a'(x) = (1 - ax^2) \cdot e^{-\frac{1}{2}a \cdot x^2 + \frac{1}{2}}$ und der Tatsache, dass die e-Funktion stets positiv ist.

Zusätzlich sind nun gemäß Abbildung 2 und Abbildung 3 die Graphen der Funktionen in zwei Gruppen unterteilt.

d1) Zur **Gruppe I** gehören alle Funktionen der Schar mit dem Parameter $a > 0$. Nur in diesem Fall haben die Graphen der Funktionen genau zwei verschiedene Extrempunkte.

Begründung: Wenn $a > 0$ ist, dann gilt für die Gleichung aller Extremstellen:

$$a \cdot x^2 = 1 \quad \Leftrightarrow \quad x^2 = \frac{1}{a} \quad \Leftrightarrow \quad |x| = \sqrt{\frac{1}{a}} \quad \Leftrightarrow \quad x = \sqrt{\frac{1}{a}} \text{ oder } x = - = \sqrt{\frac{1}{a}}$$

Diese Äquivalenzumformung zeigt die Behauptung.

Zur **Gruppe II** gehören alle Funktionen der Schar mit dem Parameter $a \leq 0$. Nur in diesem Fall haben die Graphen der Funktionen keine Extrempunkte.

Begründung: Wenn $a = 0$ ist, dann gilt für die Gleichung aller Extremstellen:

$$a \cdot x^2 = 1 \quad \Leftrightarrow \quad 0 \cdot x^2 = 1 \quad \Leftrightarrow \quad 0 = 1, \text{ ein Widerspruch}$$

Für $a < 0$ ergibt sich:

$$a \cdot x^2 = 1 \quad \Leftrightarrow \quad x^2 = \frac{1}{a} < 0, \text{ ein Widerspruch}$$

Damit hat die Gleichung im Fall $a \leq 0$ keine Lösungen und daher haben die Graphen der Funktionen f_a keine Extrempunkte.

d2) Die Lösungen der Gleichung $a \cdot x^2 = 1$ sind die x-Koordinaten der Extrempunkte von f_a für $a > 0$. Für den Parameter a ergibt sich wegen $x \neq 0$ die Äquivalenz:

$$a \cdot x^2 = 1 \quad \Leftrightarrow \quad a = \frac{1}{x^2}$$

Für diesen Parameter muss jeder Funktionswert mit x übereinstimmen. Die folgende Rechnung bestätigt dies:

$$f_{\frac{1}{x^2}}(x) = x \cdot e^{-\frac{1}{2} \cdot \frac{1}{x^2} \cdot x^2 + \frac{1}{2}} = x \cdot e^{-\frac{1}{2} + \frac{1}{2}} = x \cdot e^0 = x \cdot 1 = x$$

Also gilt für alle Graphen der Funktionen f_a mit $a > 0$ und $a = \frac{1}{x^2}$ die Gleichung $f_{\frac{1}{x^2}}(x) = x$, d. h., alle Extrempunkte liegen auf der Geraden durch den Ursprung mit Steigung 1.

Die folgende Skizze verdeutlicht dies.

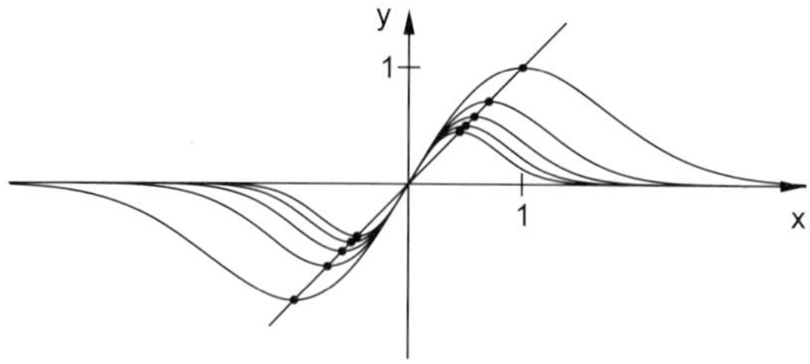

d3) Die nebenstehende Skizze zur Situation wird betrachtet. Die vier Punkte $A\left(0 \,\middle|\, \frac{2}{v}\right)$, $B(0|0)$, $C(v|0)$ und $D(v|f_a(v))$ bilden ein Viereck, welches offenbar ein Trapez ist oder aus einem Rechteck und einem anliegenden Dreieck besteht.

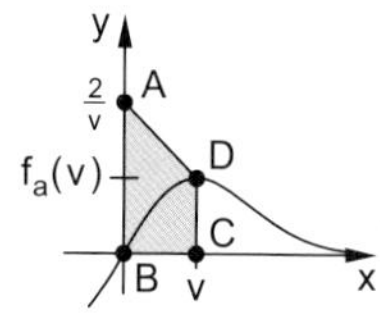

Für den Flächeninhalt A_T eines Trapezes ABCD mit Höhe h und den zueinander parallelen Seitenlängen $|\overline{AB}| = a$ und $|\overline{CD}| = c$ gilt die Formel:

$$A_T = \frac{1}{2} \cdot (a + c) \cdot h$$

Im vorliegenden Fall gilt für die Längen:

$$|\overline{AB}| = \frac{2}{v}; \quad |\overline{CD}| = f_a(v); \quad h = |\overline{BC}| = v$$

Da jeder Extrempunkt auf der Geraden durch den Ursprung mit Steigung 1 liegt, folgt für die Stelle $x = v$ der Funktionswert $f_a(v) = v$.

Eingesetzt in obige Formel ergibt sich:

$$A_T = \frac{1}{2} \cdot \left(\frac{2}{v} + f_a(v)\right) \cdot v = \frac{1}{2} \cdot \left(\frac{2}{v} + v\right) \cdot v = 1 + \frac{v^2}{2}$$

Nun soll für den Flächeninhalt $A_T = 49$ gelten, also:

$$1 + \frac{v^2}{2} = 49 \quad \Rightarrow \quad v^2 = 96$$

Damit ergibt sich der zugehörige Parameter a durch:

$$a \cdot v^2 = 1 \quad \Leftrightarrow \quad a = \frac{1}{v^2} = \frac{1}{96}$$

Schleswig-Holstein – Kernfach Mathematik
2022 – Aufgabe 2: Analysis

Mit ferngesteuerten Fahrzeugen, sogenannten Buggys, werden Rennen auf speziellen Fahrbahnen gefahren. Ein erster Fahrbahnabschnitt vom Startpunkt S zum Punkt P wird mithilfe einer Funktion f modelliert. An der Stelle x gibt f(x) die Höhe der Fahrbahn an. Auf beiden Achsen im zugehörigen Koordinatensystem entspricht eine Längeneinheit einem Meter in der Wirklichkeit.

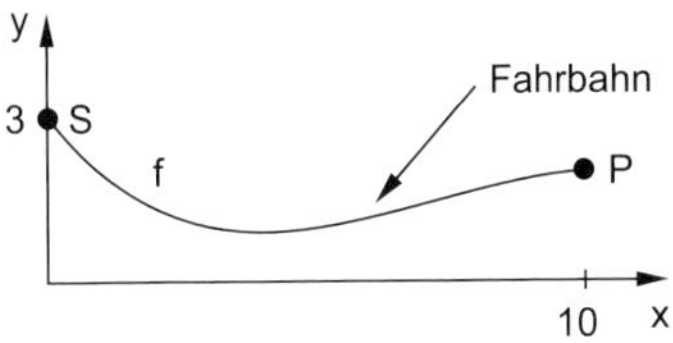

a) Auf dem Beiblatt ist der Graph der Funktion f größer dargestellt.

a1) Geben Sie mithilfe des Graphen die Höhe der Fahrbahn an der Stelle $x = 1$ an. 1 P

a2) Bestimmen Sie unter Verwendung geeigneter Hilfslinien in der Abbildung auf dem Beiblatt
- die Stellen, an denen die Fahrbahnhöhe 1,6 m beträgt, und
- die Steigung der Fahrbahn an der Stelle $x = 2$. 5 P

Verwenden Sie für den ersten Fahrbahnabschnitt im Folgenden
$f(x) = -0{,}01x^3 + 0{,}21x^2 - 1{,}2x + 3$ mit $x \in [0; 10]$.

Ein Buggy fährt von $S(0|3)$ nach $P(10|2)$. Während der Fahrt nimmt die Höhe der Fahrbahn zunächst ab, bis sie ihren Minimalwert erreicht, und nimmt anschließend wieder zu.

b) b1) Berechnen Sie die minimale Höhe der Fahrbahn. 4 P

b2) Berechnen Sie die maximale Steigung, die der Buggy während seiner Fahrt überwindet. 5 P

b3) Die Länge ℓ des Graphen der Funktion f über dem Intervall [a; b] kann durch $\ell = \int_a^b \sqrt{1 + (f'(x))^2}\, dx$ berechnet werden.

Berechnen Sie die Länge des Fahrbahnabschnitts. 3 P

Ein zweiter Fahrbahnabschnitt wird durch die Funktion g mit

$g(x) = 2 \cdot e^{-0,4 \cdot (x-10)^2}$ und $x \in [10; 14]$

modelliert. An der Stelle x gibt g(x) die Höhe der Fahrbahn an.

c) c1) Zeichnen Sie in die Abbildung auf dem Beiblatt den Graphen der Funktion g unter Verwendung der dort angegebenen Wertetabelle. 2 P

c2) Bestimmen Sie einen Term der ersten Ableitungsfunktion g' von g. 2 P

c3) Der Graph von g schließt im Punkt $P(10 | 2)$ an den Graphen von f an. Untersuchen Sie, ob dieser Anschluss knickfrei ist. 2 P

c4) Für jedes $a \in \mathbb{R}$ ist die Funktion g_a mit $g_a(x) = 2 \cdot e^{-a \cdot (x-10)^2}$ und $x \in [10; 14]$ gegeben.

- Weisen Sie nach, dass alle Funktionsgraphen der Schar durch den Punkt $P(10 | 2)$ verlaufen.
- Zeigen Sie, dass P der einzige Punkt ist, den je zwei verschiedene Graphen der Schar gemeinsam haben. 5 P

d) Ein Buggy fährt mit so hoher Geschwindigkeit, dass er am Übergang der beiden Fahrbahnabschnitte an der Stelle $x = 10$ den Kontakt zur Fahrbahn verliert und ein Stück fliegt, bis er auf der durch g modellierten Fahrbahn landet und weiterfährt.
Die Flugbahn lässt sich mithilfe einer Parabel beschreiben. Diese besitzt den Scheitelpunkt $P(10 | 2)$ und schneidet den Graphen von g an der Stelle $x = 12,3$.

d1) Leiten Sie einen Funktionsterm der Funktion h her, deren Graph diese Parabel ist.
[*Kontrolle:* $h(x) \approx -0,3325x^2 + 6,65x - 31,25$] 4 P

d2) Berechnen Sie die durchschnittliche Höhe der Flugbahn über der Fahrbahn. 3 P

d3) Im Allgemeinen hängen die Weite des Fluges und die Geschwindigkeit v des Buggys an der Stelle $x = 10$, an der dieser den Kontakt zur Fahrbahn verliert, voneinander ab. Die zugehörige Flugbahn wird für $v > 0$ beschrieben mithilfe einer Parabel mit dem Funktionsterm

$$h_v(x) = -\frac{5}{v^2}(x-10)^2 + 2.$$

Diese Parabel schneidet den Graphen von g an der Stelle $x = 10 + k$ mit $0 < k < 4$.

Zeigen Sie, dass $v = \sqrt{\frac{5k^2}{2 - 2 \cdot e^{-0,4k^2}}}$ gilt. 4 P

Beiblatt

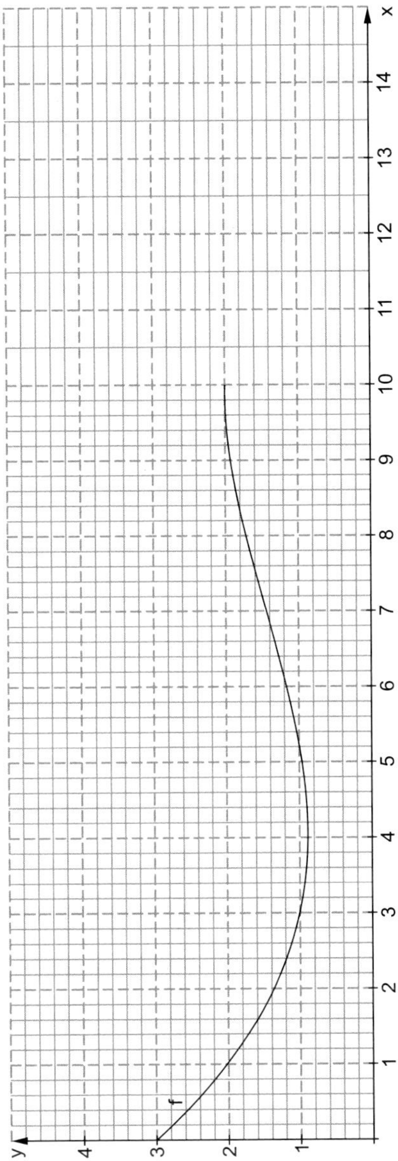

Wertetabelle zu Teilaufgabe c1)

x	10	10,5	11	11,5	12	12,5	13	13,5	14
g(x)	2,00	1,81	1,34	0,81	0,40	0,16	0,05	0,01	0,00

Hinweise und Tipps

Teilaufgabe a1

- Zeichen Sie geeignete Hilfslinien auf das Beiblatt ein.
- Bestimmen Sie somit den Punkt $(1\,|\,f(1))$.
- Lesen Sie nun den Funktionswert f(1) ab.

Teilaufgabe a2

- Die Werte für die Höhe der Fahrbahn sind auf der y-Achse zu finden.
- Zeichnen Sie eine Parallele zur x-Achse durch den Punkt $(0\,|\,1{,}6)$.
- Es ergeben sich zwei Schnittpunkte der Parallelen mit dem Graphen der Funktion f.
- Lesen Sie nun die x-Koordinaten der beiden Schnittpunkte ab.
- Zeichnen Sie „freihändig" eine Tangente an den Graphen von f im Punkt $(2\,|\,f(2)$.
- Lesen Sie nun die Schnittpunkte S_y und S_x der Tangente mit der y-Achse und der x-Achse ab.
- Der Quotient aus den entsprechenden Koordinaten von S_y und S_x gibt den (absoluten) Wert der Steigung an der Stelle $x=2$ an.
- Achtung: Welches Vorzeichen muss der Quotient (die Steigung) bei der Betrachtung des Graphen haben?

Teilaufgabe b1

- Lesen Sie den Vortext zur Teilaufgabe b sorgfältig durch.
- Sie dürfen die Informationen zum Fahrbahnverlauf aus dem Text benutzen.
- Sie wissen also bereits durch den Text, dass der Minimalwert zwischen dem Startpunkt S und dem Punkt P liegt.
- Bilden Sie die erste Ableitung von f nach den bekannten Regeln.
- Die notwendige Bedingung für eine Extremstelle von f lautet $f'(x)=0$.
- Sie erhalten zwei Lösungen für die obige Gleichung. Welche kommt nur infrage?
- Bestimmen Sie schließlich den Funktionswert an der Minimalstelle.

Teilaufgabe b2

- Es ist die maximale Steigung zu bestimmen, d. h., suchen Sie in der Abbildung die Stelle, an der der Buggy die größte Steigung überwinden muss.
- Vermuten Sie auch eine Stelle im hinteren Drittel? Das passt auch zum Vortext „… und nimmt anschließend wieder zu".
- Die erste Ableitungsfunktion f' von f gibt an jeder Stelle die Steigung der Funktion f an.
- Für die maximale Steigung benötigen Sie die zweite Ableitung von f.

- Setzen Sie $f''(x) = 0$, um mögliche Werte für die maximale Steigung zu erhalten.
- Bedenken Sie auch die Randstellen der Funktion, also die Steigung im Punkt S und im Punkt P.

Teilaufgabe b3

- Für die Berechnung der Länge des Fahrbahnabschnitts ist die „Formel“ gegeben.
- Die Intervallgrenzen lauten im vorliegenden Fall $a = 0$ und $b = 10$.
- Berechnen Sie nun mithilfe des Taschenrechners den Wert von:

$$\ell = \int_0^{10} \sqrt{1 + (-0{,}03x^2 + 0{,}42x - 1{,}2)^2}\, dx$$

Teilaufgabe c1

- Zeichnen Sie die gegebenen Punkte in das Koordinatensystem auf dem Beiblatt ein.
- Verbinden Sie die Punkte so, dass sich die Fahrbahn „in natürlicher Weise“ verlängert.

Teilaufgabe c2

- Beachten Sie die Kettenregel zur Bestimmung der ersten Ableitung von g.
- „Innere mal äußere Ableitung“
- Beachten Sie die Besonderheit der Ableitung der e-Funktion.
- Es gilt: $(e^x)' = e^x$

Teilaufgabe c3

- Damit ein knickfreier Fahrbahnübergang von der Funktion f zur Funktion g gewährleistet wird, müssen die beiden Funktionen im Punkt P dieselbe Steigung haben.
- Was bedeutet dies für die beiden Funktionen an der Stelle $x = 10$?
- Es muss $f'(10) = g'(10)$ gelten. Überprüfen Sie diese Bedingung.

Teilaufgabe c4

- Jetzt ist durch $g_a(x)$ für jede reelle Zahl a eine Kurvenschar gegeben.
- Damit alle Funktionsgraphen der Schar g_a durch den Punkt $(10 \mid 2)$ verlaufen, muss die Gleichung $g_a(10) = 2$ gelten.
- Überprüfen Sie die Richtigkeit der Gleichung, indem Sie die Zahl 10 in die Funktionsgleichung von g_a einsetzen und den Funktionswert ausrechnen.
- Bedenken Sie die Gleichheit $e^0 = 1$.
- Welche Bedingung muss man überprüfen, damit alle Graphen *nur* den Punkt P gemeinsam haben?
- Dann muss stets aus $a \neq b$ auch $g_a(x) \neq g_b(x)$ für alle x mit $10 < x \leq 14$ folgen.

- Oder „andersherum", man nennt dies die Kontraposition der Aussage: Aus $g_a(x) = g_b(x)$ muss dann stets $a = b$ folgen.
- Versuchen Sie, die Gleichung $g_a(x) = g_b(x)$ so lange äquivalent umzuformen, bis Sie das gewünschte Ergebnis $a = b$ erreicht haben.
- Denken Sie dabei an die Identität $\ln(e^x) = x$ beim Lösen von Exponentialgleichungen.
- An welcher Stelle der Umformungen geht eigentlich die Voraussetzung $x \neq 10$ ein?

Teilaufgabe d1

- Überlegen Sie sich, welche relevanten Angaben aus dem Vortext entnommen werden können.
- Es handelt sich bei der Flugbahn um eine nach unten geöffnete Parabel, die den Scheitelpunkt $P(10\,|\,2)$ besitzt und zusätzlich durch den Punkt $P(12{,}3\,|\,g(12{,}3))$ verläuft.
- Benutzen Sie die bekannte Scheitelpunktform für eine Parabel.
- Die allgemeine Scheitelpunktform mit dem Scheitel $(a\,|\,b)$ und einem Parameter c für eine Parabel p lautet: $p(x) = c \cdot (x - a)^2 + b$
- Darin sind a und b offensichtlich. Wie erhält man den Parameter c?
- Es gilt: $p(12{,}3) = g(12{,}3)$
- Sie erhalten die Gleichung: $g(12{,}3) = c \cdot (12{,}3 - 10)^2 + 2$
- Für $g(12{,}3)$ setzen Sie den Term $2 \cdot e^{-0{,}4 \cdot (12{,}3 - 10)^2}$ ein. Lösen Sie dann die Gleichung nach c auf.
- Insgesamt erhalten Sie für die Flugbahn h des Buggys die Parabel: $h(x) \approx -0{,}3325 \cdot (x - 10)^2 + 2$

Teilaufgabe d2

- Die durchschnittliche Höhe der Flugbahn bezieht sich auf das Intervall [10; 12,3].
- Wie können Sie die Höhe zwischen der Flug- und der Fahrbahn darstellen?
- Betrachten Sie die Differenzfunktion zwischen Flug- und Fahrbahn, also $h(x) - g(x)$.
- Die durchschnittliche Höhe auf dem Intervall [10; 12,3] gibt das Integral $\frac{1}{12{,}3 - 10} \cdot \int_{10}^{12{,}3} \ell(x)\,dx$ an, wobei hier $\ell = h - g$ ist.

Teilaufgabe d3

- Die Geschwindigkeit des Buggys sei nun mit v bezeichnet.
- Laut Aufgabenstellung hängt die Flugbahn auch von v ab.
- Was hilft Ihnen für den Ansatz die Aussage „Diese Parabel schneidet den Graphen von g an der Stelle $x = 10 + k$ mit $0 < k < 4$"?

- Damit gilt: Es muss immer eine Stelle zwischen 10 und 14 Metern geben, an der der Buggy auf die Fahrbahn trifft.
- Es gilt somit: Es gibt ein k mit $0 < k < 4$ und $h_v(10+k) = g(10+k)$.
- Schreiben Sie die daraus resultierende Gleichung auf.
- Nach einigen Umformungen sollten Sie zwei Ausdrücke für v in Abhängigkeit von k bekommen, von denen einer offenbar negativ ist.

Lösung

a1) Zeichnet man in der gegebenen Abbildung eine senkrechte Strecke zur x-Achse an der Stelle $x = 1$ und vom Schnittpunkt der Senkrechten mit dem Graphen eine weitere Senkrechte zur y-Achse, dann liest man den Funktionswert 2 auf der y-Achse ab. Also beträgt die Höhe der Fahrbahn etwa 2 Meter.

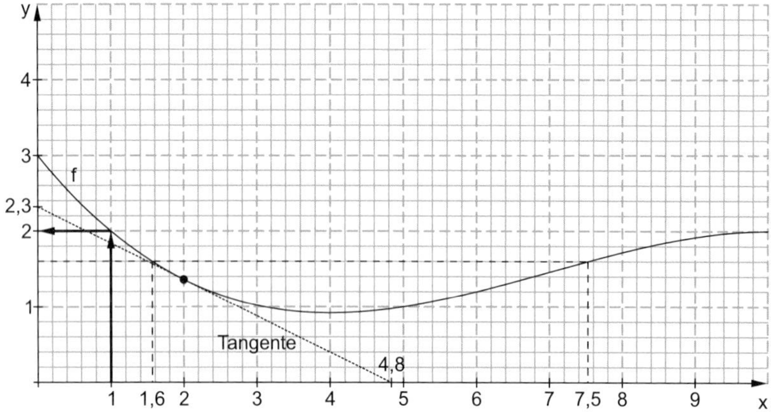

a2) Ähnlich wie in Teilaufgabe a1 kann man durch eine Parallele zur x-Achse durch den Punkt $(0 | 1{,}6)$ und deren Schnittpunkte mit dem Graphen von f (siehe Abbildung) die Stellen $x \approx 1{,}6$ und $x \approx 7{,}5$ ablesen, die zur Fahrbahnhöhe 1,6 m passen.

Für die Steigung der Fahrbahn an der Stelle $x = 2$ zeichnet man die Tangente an den Punkt $(2 | f(2))$ und erhält als Wert der Steigung an der Stelle $x = 2$ etwa:

$$-\frac{2{,}3}{4{,}8} \approx -0{,}48$$

b1) Es ist die minimale Höhe der Fahrbahn zu bestimmen. Laut Aufgabenstellung und der gegebenen Abbildung vermutet man sie etwa an der Stelle $x = 4$.

Zur Berechnung bildet man die erste Ableitung mit den bekannten Regeln:

$$f'(x) = (-0{,}01x^3 + 0{,}21x^2 - 1{,}2x + 3)' = -0{,}03x^2 + 0{,}42x - 1{,}2$$

Die notwendige Bedingung für die Existenz einer Extremstelle lautet $f'(x) = 0$. Damit erhält man:

$$\begin{aligned} f'(x) = 0 \quad &\Leftrightarrow \quad -0{,}03x^2 + 0{,}42x - 1{,}2 = 0 \\ &\Leftrightarrow \quad x^2 - 14x + 40 = 0 \\ &\Leftrightarrow \quad (x-4) \cdot (x-10) = 0 \quad \Leftrightarrow \quad x = 4 \ \vee x = 10 \end{aligned}$$

Aufgrund des beschriebenen Fahrbahnverlaufs zu Beginn der Teilaufgabe bestätigt sich die Vermutung: Die Minimalstelle liegt bei $x = 4$ und der Wert $x = 10$ scheidet aus.

Die zugehörige Fahrbahnhöhe berechnet sich durch:

$f(4) = -0{,}01 \cdot 4^3 + 0{,}21 \cdot 4^2 - 1{,}2 \cdot 4 + 3 = 0{,}92$

Die Fahrbahn ist an der minimalen Stelle also 0,92 m hoch.

b2) Die maximale Steigung, die der Buggy auf seiner Fahrt von S nach P überwindet, wird gemäß der Abbildung etwa im hinteren Drittel der Strecke sein.

Die „Steigungsfunktion" ist die erste Ableitungsfunktion, also:

$f'(x) = -0{,}03x^2 + 0{,}42x - 1{,}2$

Die maximale Steigung kann man nun mithilfe der Ableitungsfunktion von f', also der zweiten Ableitung von f bestimmen. Sie hat die Gleichung:

$f''(x) = -0{,}06x + 0{,}42$

Für die maximale Steigung muss nun die zweite Ableitung null gesetzt werden. Man erhält:

$f''(x) = 0 \quad \Leftrightarrow \quad -0{,}06x + 0{,}42 = 0 \quad \Leftrightarrow \quad x = 7$

An der Stelle $x = 7$ ergibt sich eine Steigung von $f'(7) = 0{,}27$. Am Startpunkt S und am Punkt P erhält man „geringere" Steigungen, nämlich $f'(0) = -1{,}2$ und $f'(10) = 0$.

Also hat der Buggy an der Stelle $x = 7$ tatsächlich die maximale Steigung von 0,27.

b3) Das Intervall lautet in diesem Fall [0; 10]. Zur Berechnung der Länge des Fahrbahnabschnitts muss daher der Wert des Integrals

$$\int_0^{10} \sqrt{1 + (-0{,}03x^2 + 0{,}42x - 1{,}2)^2}\, dx$$

berechnet werden. Der Taschenrechner liefert hier einen gerundeten Wert von 10,79. Der Abschnitt der Fahrbahn hat also eine Länge von etwa 10,79 m.

c1) Durch Einzeichnen der gegebenen Werte aus der Tabelle erhält man qualitativ die Funktion g:

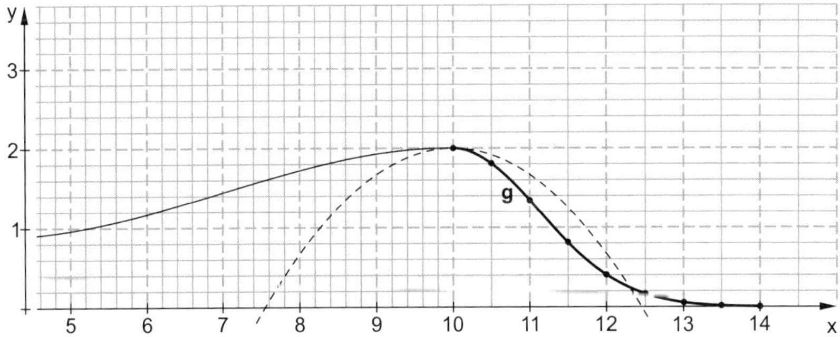

c2) Zur Bestimmung der ersten Ableitungsfunktion von g benutzt man u. a. die Kettenregel („innere mal äußere Ableitung“). Man bedenke stets die Besonderheit der e-Funktion: $(e^x)' = e^x$

Hiermit gilt:

$$g'(x) = (2 \cdot e^{-0,4 \cdot (x-10)^2})' = \underbrace{2 \cdot e^{-0,4 \cdot (x-10)^2}}_{\text{äußere Ableitung}} \cdot \underbrace{2 \cdot (-0,4) \cdot (x-10)}_{\text{innere Ableitung}}$$

Vereinfacht folgt daraus der gesuchte Term der ersten Ableitung von g:

$$g'(x) = -1,6 \cdot (x-10) \cdot e^{-0,4 \cdot (x-10)^2}$$

c3) Damit ein knickfreier Fahrbahnübergang von der Funktion f zur Funktion g gewährleistet wird, müssen die beiden Funktionen im Punkt P dieselbe Steigung haben.

Man erhält für die Funktion g ohne Rechenaufwand sofort $g'(10) = 0$, da ein Faktor im Produkt des Terms (siehe Teilaufgabe c2) null wird.

Ebenso folgt für f'(10) (siehe auch Teilaufgabe b1):

$$f'(x) = -0,03 \cdot 10^2 + 0,42 \cdot 10 - 1,2 = -3 + 4,2 - 1,2 = 0$$

Also liegt im Punkt P ein knickfreier Übergang von f zu g vor.

c4) Nun ist eine Kurvenschar mit dem reellen Parameter a durch die folgende Funktion als Verallgemeinerung von g auf demselben Intervall [10; 14] gegeben:

$$g_a(x) = 2 \cdot e^{-a \cdot (x-10)^2}$$

Für den Nachweis, dass alle Funktionsgraphen der Schar g_a durch den Punkt $(10 \mid 2)$ verlaufen, muss die Funktionsgleichung $g_a(10) = 2$ unabhängig von der Wahl von a gelten. Es ist:

$$g_a(10) = 2 \cdot e^{-a \cdot (10-10)^2} = 2 \cdot e^0 = 2$$

Damit ist der Nachweis erbracht.

Um zu zeigen, dass der Punkt P der einzige gemeinsame Punkt aller Funktionen der Schar g_a ist, wird gezeigt: Wenn $x \neq 10$, dann folgt aus $g_a(x) = g_b(x)$ die Gleichheit der Parameter, also $a = b$.

Beweis: Es gilt die folgende Äquivalenzumformung für $10 < x \leq 14$:

$$\begin{aligned}
g_a(x) = g_b(x) \quad &\Leftrightarrow \quad 2 \cdot e^{-a \cdot (x-10)^2} = 2 \cdot e^{-b \cdot (x-10)^2} \\
&\Leftrightarrow \quad e^{\;a \cdot (x-10)^2} = e^{-b \cdot (x-10)^2} \\
&\Leftrightarrow \quad \ln(e^{-a \cdot (x-10)^2}) = \ln(e^{-b \cdot (x-10)^2}) \\
&\Leftrightarrow \quad -a \cdot (x-10)^2 = -b \cdot (x-10)^2 \qquad [\text{Beachte: } x - 10 \neq 0] \\
&\Leftrightarrow \quad -a = -b \\
&\Leftrightarrow \quad a = b
\end{aligned}$$

Also ist P der einzige gemeinsame Punkt aller Graphen von g_a.

d1) Die mögliche Flugbahn des Buggys ist durch eine gestrichelte Parabel in der Lösung von Teilaufgabe c1 dargestellt. Die Gleichung der Parabel gilt es nach den gegebenen Informationen zu ermitteln.

Es gilt: Der Scheitelpunkt ist der Punkt $P(10 \mid 2)$, ein weiterer Punkt der gesuchten Parabel (Landepunkt) hat die Koordinaten $(12{,}3 \mid g(12{,}3))$. Aus dem Sachzusammenhang folgert man, dass die Parabel nach unten geöffnet ist.

Die allgemeine Scheitelpunktform mit dem Scheitel $(a \mid b)$ und einem Parameter c für eine Parabel p lautet:

$$p(x) = c \cdot (x-a)^2 + b$$

Übertragen auf diesen Fall ergibt sich zunächst:

$$h(x) = c \cdot (x-10)^2 + 2$$

Es gilt ferner $h(12{,}3) = g(12{,}3)$. Setzt man diese Bedingung, also die Koordinaten des zweiten Punktes $(12{,}3 \mid g(12{,}3))$ in die Gleichung ein, erhält man:

$$g(12{,}3) = c \cdot (12{,}3-10)^2 + 2 = 5{,}29 \cdot c + 2$$

Gemäß der Funktionsgleichung von g gilt:

$$g(12{,}3) = 2 \cdot e^{-0{,}4 \cdot (12{,}3-10)^2} = 2 \cdot e^{-2{,}116}$$

Zusammen ergibt sich:

$$5{,}29 \cdot c + 2 = 2 \cdot e^{-2{,}116} \quad \Rightarrow \quad c = \frac{2 \cdot e^{-2{,}116} - 2}{5{,}29} \approx -0{,}3325$$

Damit erhält man näherungsweise für die Flugbahn die Gleichung:

$$h(x) \approx -0{,}3325 \cdot (x-10)^2 + 2 = -0{,}3325x^2 + 6{,}65x - 31{,}25$$

d2) Die durchschnittliche Höhe der Flugbahn bezieht sich auf das Intervall [10; 12,3]. Die Differenzfunktion ℓ aus der Flugbahn h und der Fahrbahn g, also $\ell(x) = h(x) - g(x)$, gibt zu jedem x mit $10 \le x \le 12{,}3$ die zugehörige Höhe in Metern an. Im Sachzusammenhang gilt stets $\ell(x) \ge 0$.

Um die durchschnittliche Höhe zu errechnen, bestimmt man den Wert des Integrals mithilfe des Taschenrechners:

$$\frac{1}{12{,}3-10} \cdot \int_{10}^{12{,}3} \ell(x)\,dx \approx 0{,}244$$

Die durchschnittliche Flughöhe über der Fahrbahn beträgt ca. 0,244 m, also gut 24 cm.

d3) Die Geschwindigkeit des Buggys sei nun mit v bezeichnet. Die Flugbahn lässt sich in Abhängigkeit von der Geschwindigkeit $v > 0$ des Buggys mit der Parabel

$$h_v(x) = -\frac{5}{v^2} \cdot (x-10)^2 + 2$$

beschreiben. Es ist bekannt, dass diese Parabel den Graphen von g an der Stelle $x = 10 + k$ mit $0 < k < 4$ schneidet.

Zu zeigen ist:

$$v = \sqrt{\frac{5k^2}{2 - 2 \cdot e^{-0{,}4k^2}}}$$

Beweis: Da nach Voraussetzung die Graphen von h_v und g einen gemeinsamen Punkt über dem Intervall [10; 14] haben, muss es stets eine Lösung der Gleichung $h_v(10+k) = g(10+k)$ geben. Dafür gilt:

$$\begin{aligned} h_v(10+k) = g(10+k) \quad &\Leftrightarrow \quad -\frac{5}{v^2} \cdot (10+k-10)^2 + 2 = 2 \cdot e^{-0{,}4 \cdot (10+k-10)^2} \\ &\Leftrightarrow \quad -\frac{5}{v^2} \cdot k^2 + 2 = 2 \cdot e^{-0{,}4 \cdot k^2} \\ &\Leftrightarrow \quad -\frac{5}{v^2} \cdot k^2 = -2 + 2 \cdot e^{-0{,}4 \cdot k^2} \\ &\Leftrightarrow \quad \frac{5}{v^2} \cdot k^2 = 2 - 2 \cdot e^{-0{,}4 \cdot k^2} \\ &\Leftrightarrow \quad \frac{5k^2}{2 - 2 \cdot e^{-0{,}4 \cdot k^2}} = v^2 \end{aligned}$$

Wegen $v > 0$ folgt:

$$v = \sqrt{\frac{5k^2}{2 - 2 \cdot e^{-0{,}4k^2}}}$$

Damit ist die Behauptung gezeigt.

Schleswig-Holstein – Kernfach Mathematik
2022 – Aufgabe 3: Analytische Geometrie

Im Koordinatensystem ist der Streckenzug abgebildet, der aus den Strecken $\overline{AB}$, $\overline{BC}$ und $\overline{CD}$ besteht mit $A(11\,|\,11\,|\,0)$, $B(-11\,|\,11\,|\,28)$, $C(11\,|\,-11\,|\,28)$ und $D(-11\,|\,-11\,|\,0)$. Die Punkte A, B, C und D sind Eckpunkte eines Quaders, der gestrichelt dargestellt ist.

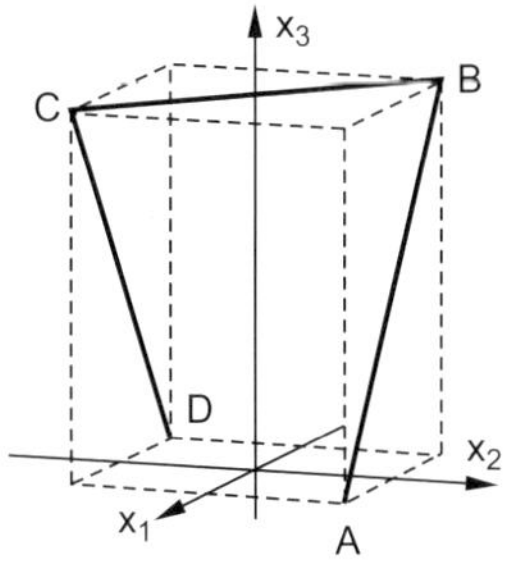

a) a1) Zeichnen Sie den Mittelpunkt M der Strecke $\overline{AB}$ in die obige Abbildung und geben Sie seine Koordinaten an. 2 P

a2) Prüfen Sie rechnerisch, ob der Punkt $N(-9\,|\,-11\,|\,3)$ auf der Strecke $\overline{CD}$ liegt. 5 P

a3) Berechnen Sie die Länge des abgebildeten Streckenzuges. 3 P

b) Die Ebene E enthält die Punkte A, B und C.

b1) Bestimmen Sie eine Gleichung von E in Koordinatenform.
[*Kontrolle:* $14x_1 + 14x_2 + 11x_3 = 308$] 4 P

b2) Der Abstand des Punktes D von der Ebene E wird mit d bezeichnet.
- Berechnen Sie den Wert von d.
- Begründen Sie, dass der Term $\frac{d}{6} \cdot \left|\overrightarrow{AB} \times \overrightarrow{BC}\right|$ das Volumen der Pyramide ABCD angibt. 6 P

b3) Berechnen Sie die Größe φ des Winkels, unter dem E die x_1x_2-Ebene schneidet. 4 P

c) Für jede reelle Zahl h wird der Punkt $P_h(0\,|\,0\,|\,h)$ betrachtet.

c1) Beschreiben Sie die Lage des Punktes P_h für $0 < h < 28$. 2 P

c2) Bestimmen Sie die beiden Werte von h, so dass ein Dreieck BP_hC mit rechtem Winkel bei P_h vorliegt, und geben Sie alle Werte von h an, für die sich ein stumpfwinkliges Dreieck BP_hC ergibt. 6 P c3) Im Folgenden liegt der Punkt P_h innerhalb des Quaders und hat von den drei Strecken $\overline{AB}$, $\overline{BC}$ und $\overline{CD}$ den gleichen Abstand. Das folgende Gleichungssystem liefert den Wert von h:

I. $\overrightarrow{OQ} = \begin{pmatrix} 11 \\ 11 \\ 0 \end{pmatrix} + t \cdot \begin{pmatrix} -22 \\ 0 \\ 28 \end{pmatrix}, t \in [0; 1]$

II. $\overrightarrow{P_hQ} \circ \overrightarrow{AB} = 0$

III. $\left|\overrightarrow{P_hQ}\right| = 28 - h$

Erläutern Sie die Überlegungen, die diesem Vorgehen zur Bestimmung des Werts von h zugrunde liegen. 4 P

d) Der Streckenzug wird schließlich zur Modellierung des abgebildeten Gebäudes verwendet.

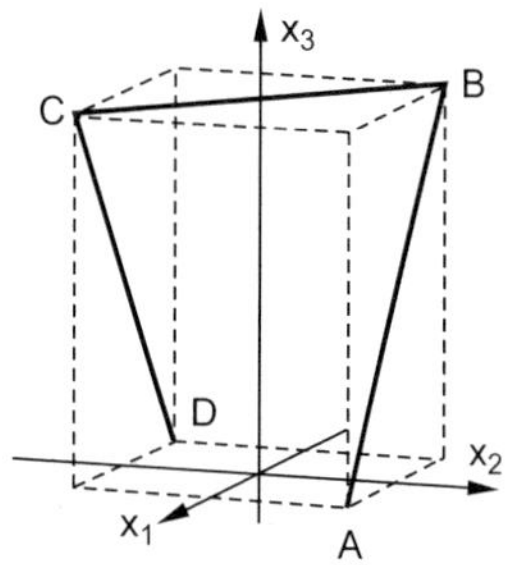

Das Gebäude wird mit verschiedenen Blickrichtungen betrachtet.

d1) Die folgenden Abbildungen stellen das Gebäude für zwei Blickrichtungen schematisch dar.

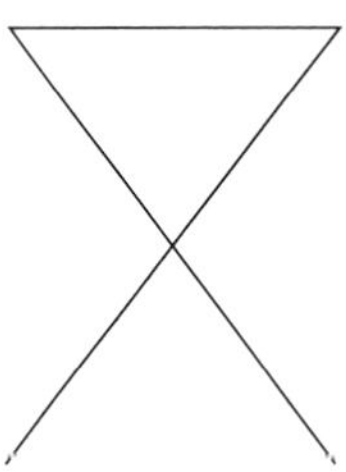

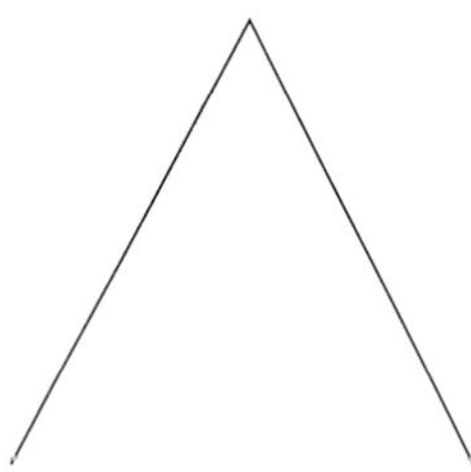

Geben Sie zu jeder der beiden Abbildungen einen möglichen Vektor an, der die zugehörige Blickrichtung beschreibt. 2 P

d2) Stellen Sie das Gebäude schematisch für eine Betrachtung von oben dar. 2 P

Hinweise und Tipps

Teilaufgabe a1

- Für den Mittelpunkt M einer Strecke $\overline{XY}$ mit $X(x_1 | x_2 | x_3)$ und $Y(y_1 | y_2 | y_3)$ gilt allgemein: $M\left(\frac{x_1+y_1}{2} \,\middle|\, \frac{x_2+y_2}{2} \,\middle|\, \frac{x_3+y_3}{2}\right)$
- Ermitteln Sie für die gegebenen Punkte A und B so diesen Mittelpunkt M.
- Zeichnen Sie anschließend diesen Punkt M in die Skizze; dazu brauchen Sie nicht messen.

Teilaufgabe a2

- In natürlicher Weise gibt es zu jeder Strecke $\overline{AB}$ eine zugehörige Gerade g, die die beiden Endpunkte A und B enthält, nämlich g: $\vec{x} = \overrightarrow{OA} + r \cdot \overrightarrow{AB}$ mit $r \in \mathbb{R}$.
- Damit ein Punkt P auf einer Geraden g mit der Gleichung g: $\vec{x} = \overrightarrow{OA} + r \cdot \overrightarrow{AB}$ liegt, muss es eine reelle Zahl r geben, für die $\overrightarrow{OP} = \overrightarrow{OA} + r \cdot \overrightarrow{AB}$ ist.
- Stellen Sie eine passende Gleichung auf.
- Insgesamt entstehen drei „Koordinatengleichungen“.
- Denken Sie daran, dass es nur genau eine reelle Zahl geben darf, für die alle drei Gleichungen erfüllt sind.

Teilaufgabe a3

- Identifizieren Sie den Streckenzug in der Abbildung.
- Berechnen Sie die Summe $|\overrightarrow{AB}| + |\overrightarrow{BC}| + |\overrightarrow{CD}|$ aus den einzelnen drei Streckenlängen, wobei man $|\overrightarrow{AB}| = |\overrightarrow{CD}| > |\overrightarrow{BC}|$ schon aus der Zeichnung erwarten kann.
- Bestimmen Sie dazu zunächst die einzelnen Vektoren.
- Für die Länge eines Vektors $\vec{a}$ mit den reellen Koordinaten a_1, a_2, a_3 gilt allgemein:

$$|\vec{a}| = \left|\begin{pmatrix} a_1 \\ a_2 \\ a_3 \end{pmatrix}\right| = \sqrt{a_1^2 + a_2^2 + a_3^2}$$

- Wenden Sie diesen Ausdruck auf jeden der drei Vektoren an.

Teilaufgabe b1

- Eine Ebene E enthält die drei Eckpunkte A, B und C. Was bedeutet dies?
- Sie können davon ausgehen, dass die drei Punkte nicht auf einer Geraden liegen.
- Zum Aufstellen einer Koordinatenform ist ein zur Ebene E senkrecht stehender Normalenvektor nützlich.
- Bilden Sie einen Normalenvektor $\vec{n}$ zur Ebene E durch Anwendung des Kreuzproduktes.

- Es gilt allgemein:
$$\vec{n} = \vec{a} \times \vec{b} = \begin{pmatrix} a_1 \\ a_2 \\ a_3 \end{pmatrix} \times \begin{pmatrix} b_1 \\ b_2 \\ b_3 \end{pmatrix} = \begin{pmatrix} a_2 b_3 - a_3 b_2 \\ a_3 b_1 - a_1 b_3 \\ a_1 b_2 - a_2 b_1 \end{pmatrix}$$
- Wählen Sie zwei linear unabhängige Richtungsvektoren, die die Ebene E aufspannen.
- Nutzen Sie das Kreuzprodukt aus den die Ebene aufspannenden Vektoren $\overrightarrow{AB}$ und $\overrightarrow{BC}$.
- Vereinfachen Sie ggf. den Normalenvektor $\vec{n}$ für E.
- Zum Aufstellen einer Koordinatengleichung nutzen Sie schließlich die Form $\vec{n} \circ \vec{x} = \vec{n} \circ \overrightarrow{OA}$.
- Sie können sich dabei einen Punkt der Ebene E aussuchen.

Teilaufgabe b2

- Sei d der Abstand des Punktes Q von der Ebene E: $\vec{n} \circ \vec{x} = \vec{n} \circ \overrightarrow{OP}$.
- Für den Abstand d(Q, E) gilt $d(Q, E) = |(\vec{q} - \vec{p}) \circ \vec{n}_0|$ mit dem Normaleneinheitsvektor $\vec{n}_0$.
- Bilden Sie den Normaleneinheitsvektor $\vec{n}_0$.
- Es gilt: $\vec{n}_0 = \frac{1}{|\vec{n}|} \cdot \vec{n}$
- Berechnen Sie nun z. B. mithilfe von $d(D, E) = |(\overrightarrow{OD} - \overrightarrow{OA}) \circ \vec{n}_0|$ den Abstand des Punktes D von der Ebene durch die drei Punkte A, B und C.
- Zur Überprüfung des gegebenen Terms interpretieren Sie die allgemeine Formel zur Berechnung des Volumens V einer Pyramide mit Grundfläche G und Höhe h.
- Es gilt: $V = \frac{1}{3} \cdot G \cdot h$
- Was können Sie als Grundfläche verwenden?
- Sie können das Dreieck durch A, B und C als Grundfläche nehmen.
- Für den Flächeninhalt des Dreiecks können Sie ein „halbes Parallelogramm" verwenden.
- Berechnen Sie für diesen Flächeninhalt: $\frac{1}{2} \cdot |\overrightarrow{AB} \times \overrightarrow{BC}|$
- Die zugehörige Länge der Höhe haben Sie gerade ausgerechnet; sie ist d.

Teilaufgabe b3

- Um die Größe des Winkels, unter dem die Ebene E die x_1x_2-Ebene schneidet, zu berechnen, können Sie sich die jeweiligen Normalenvektoren wählen. Dabei haben Sie einen schon, nämlich den Normalenvektor $\vec{n}$ der Ebene E.
- Wählen Sie als zweiten Normalenvektor der x_1x_2-Ebene einfach den Vektor $\vec{m} = \begin{pmatrix} m_1 \\ m_2 \\ m_3 \end{pmatrix} = \begin{pmatrix} 0 \\ 0 \\ 1 \end{pmatrix}$.

Mit diesen Normalenvektoren $\vec{n}$ und $\vec{m}$ gilt allgemein für den Schnittwinkel φ:

$$\cos(\varphi) = \frac{|\vec{n} \circ \vec{m}|}{|\vec{n}| \cdot |\vec{m}|}$$

Damit erhalten Sie nun die gesuchte Winkelgröße.

Teilaufgabe c1

Betrachten Sie für die Ortsangabe des Punktes P_h seine drei Koordinaten.

Was bedeutet es, wenn eine Koordinate den Wert null hat?

Liegt der Punkt P_h innerhalb oder außerhalb des Quaders?

Teilaufgabe c2

Stellen Sie mithilfe einer Skizze die Situation dar.

Verdeutlichen Sie sich das Dreieck für verschiedene Lagen des Punktes P_h auf der x_3-Achse.

Zum Beispiel ist im Koordinatenursprung ein spitzer Winkel im Punkt P_h, der sich bei Verschieben des Punktes in Richtung der positiven x_3-Achse immer weiter öffnet, bis er schließlich an einer Stelle den Wert 90° einnimmt. Danach vergrößert sich die Winkelgröße, bis sie schließlich wieder immer kleiner wird und dabei ein zweites Mal die Winkelgröße von 90° erreicht.

Es gibt also offenbar zwei Fälle, für die sich beim Punkt P_h ein rechter Winkel zu den beiden Seiten des Dreiecks ergibt.

Für die Charakterisierung der rechten Winkel ist die obige Bemerkung hilfreich.

Bedenken Sie nur eine kleine Ausnahme, hier ein Tipp: In einem Fall der Verschiebung des Punktes P_h liegt er auf der Seite $\overline{BC}$.

In diesem Fall ist der Winkel 180° groß. Solch einen Winkel nennt man einen gestreckten Winkel.

Teilaufgabe c3

Bedenken Sie bei dieser Teilaufgabe stets, dass der Punkt P_h auf der x_3-Achse liegt.

Seine dritte Koordinate, also der reelle Parameter h, gibt dabei stets den Abstand vom Koordinatenursprung an.

Andererseits gibt der Term $28 - h$ den Abstand von P_h von der Seite $\overline{BC}$ oder genauer vom Mittelpunkt der Seite $\overline{BC}$ an, da die Seite $\overline{BC}$ parallel zur x_1x_2-Ebene ist.

Schauen Sie sich die Gleichung I an, insbesondere die Einschränkung des reellen Parameters t.

Welche Bedeutung haben $t = 0$ und $t = 1$?

Der Punkt Q ist damit offenbar ein Punkt der Strecke $\overline{AB}$.

- In Gleichung II ist offenbar ein Skalarprodukt aus zwei Vektoren zu erkennen, welches den Wert 0 hat.
- Offenbar zeigt dieses Skalarprodukt eine Bedingung dafür, dass der Punkt Q derjenige Punkt auf $\overline{AB}$ ist, welcher den Abstand $\left|\overrightarrow{P_hQ}\right|$ bedingt.
- Gleichung III stellt die beiden obigen Aspekte zusammen, sie liefert einen Wert für h.

Teilaufgabe d1

- Das Gebäude besteht aus zwei schräg nach oben verlaufenden „Stockwerken" (von A nach B und von D nach C) und einer waagerecht oben liegenden „Etage" (von B nach C).
- Stellen Sie sich vor, dass Sie mit einer Drohne um das Gebäude herumfliegen.
- Versuchen Sie sich vorzustellen, was Sie bei Ihrem Flug tatsächlich vom Gebäude sehen können.
- In der linken Abbildung sehen Sie die obere Etage und die beiden schräg verlaufenden Stockwerke, die zudem symmetrisch zueinander sind.
- In der rechten Abbildung „verschwindet" die obere Etage, die Punkte B und C liegen sozusagen genau hintereinander.

Teilaufgabe d2

- Was bedeutet die Blickrichtung „von oben"?
- Eine Interpretation ist, dass Ihre Drohne auf einem Punkt auf der x_3-Achse mit Blick von oben auf das Gebäude steht.
- Es sind bei dieser Aufgabenstellung viele passende Darstellungen möglich.

Lösung

a1) Für den Mittelpunkt M der Strecke $\overline{AB}$ gilt mithilfe der Koordinaten von A und B:

$$M\left(\frac{11+(-11)}{2}\,\middle|\,\frac{11+11}{2}\,\middle|\,\frac{0+28}{2}\right)=M(0|11|14)$$

Dieser Punkt M ist in der nebenstehenden Abbildung eingezeichnet.

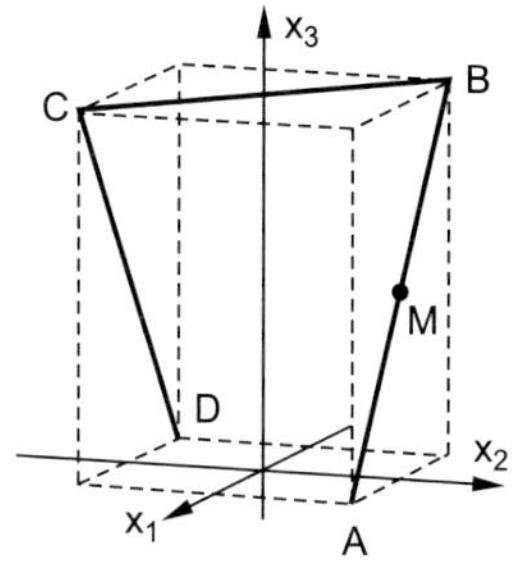

a2) Zunächst bildet man die zur Strecke $\overline{CD}$ gehörige Gerade g. Eine Gleichung für g ist zum Beispiel g: $\vec{x}=\overrightarrow{OC}+r\cdot\overrightarrow{CD}$ mit $r\in\mathbb{R}$.

Den Richtungsvektor $\overrightarrow{CD}$ dieser Geraden erhält man durch:

$$\overrightarrow{CD}=\begin{pmatrix}-11\\-11\\0\end{pmatrix}-\begin{pmatrix}11\\-11\\28\end{pmatrix}=\begin{pmatrix}-22\\0\\-28\end{pmatrix}$$

Damit ergibt sich eine Gleichung für g durch:

$$g\colon\ \vec{x}=\begin{pmatrix}11\\-11\\28\end{pmatrix}+r\cdot\begin{pmatrix}-22\\0\\-28\end{pmatrix}\text{ mit } r\in\mathbb{R}$$

Um zu überprüfen, ob N auf der Geraden g liegt, ist eine reelle Zahl r zu suchen, sodass die Gleichung

$$\overrightarrow{ON}=\begin{pmatrix}-9\\-11\\3\end{pmatrix}=\begin{pmatrix}11\\-11\\28\end{pmatrix}+r\cdot\begin{pmatrix}-22\\0\\-28\end{pmatrix}$$

gilt. Angenommen, es gibt so eine reelle Zahl r. Dann folgt aus der ersten Koordinatengleichung $-20=-22r$ und aus der dritten $-25=-28r$. Somit folgt:

$$r=\frac{20}{22}\approx 0{,}91\ \text{ und }\ r=\frac{25}{28}\approx 0{,}89,\ \text{ ein Widerspruch}$$

Daher liegt der Punkt N nicht auf der Geraden g und somit insbesondere nicht auf der Strecke $\overline{CD}$.

a3) Zur Bestimmung der Länge des Streckenzuges $A\to B\to C\to D$ berechnet man die Längen der einzelnen drei Teilstrecken bzw. der zugehörigen Vektoren und addiert anschließend die Beträge, bildet also $|\overrightarrow{AB}|+|\overrightarrow{BC}|+|\overrightarrow{CD}|$.

Man erhält nacheinander für die Vektoren:

$$\overrightarrow{AB} = \begin{pmatrix} -11 \\ 11 \\ 28 \end{pmatrix} - \begin{pmatrix} 11 \\ 11 \\ 0 \end{pmatrix} = \begin{pmatrix} -22 \\ 0 \\ 28 \end{pmatrix}$$

$$\overrightarrow{BC} = \begin{pmatrix} 11 \\ -11 \\ 28 \end{pmatrix} - \begin{pmatrix} -11 \\ 11 \\ 28 \end{pmatrix} = \begin{pmatrix} 22 \\ -22 \\ 0 \end{pmatrix}$$

$$\overrightarrow{CD} = \begin{pmatrix} -11 \\ -11 \\ 0 \end{pmatrix} - \begin{pmatrix} 11 \\ -11 \\ 28 \end{pmatrix} = \begin{pmatrix} -22 \\ 0 \\ -28 \end{pmatrix}$$

Für die Länge eines Vektors $\vec{a}$ mit den reellen Koordinaten a_1, a_2, a_3 gilt allgemein:

$$|\vec{a}| = \left| \begin{pmatrix} a_1 \\ a_2 \\ a_3 \end{pmatrix} \right| = \sqrt{a_1^2 + a_2^2 + a_3^2}$$

Hier ergibt sich:

$$|\overrightarrow{AB}| = \sqrt{(-22)^2 + 0^2 + 28^2} = \sqrt{1268} \approx 35{,}61$$

$$|\overrightarrow{BC}| = \sqrt{22^2 + (-22)^2 + 0^2} = \sqrt{968} \approx 31{,}11$$

$$|\overrightarrow{CD}| = \sqrt{(-22)^2 + 0^2 + (-28)^2} = \sqrt{1268} \approx 35{,}61$$

Für die Länge des Streckenzugs erhält man:

$$|\overrightarrow{AB}| + |\overrightarrow{BC}| + |\overrightarrow{CD}| \approx 102{,}33$$

b1) Da die drei (nicht auf einer Geraden liegenden) Punkte A, B und C in der Ebene E liegen sollen, bildet man aus diesen Punkten zunächst einen senkrecht zur Ebene E stehenden Normalenvektor. Hierfür kann man das Kreuzprodukt aus den die Ebene aufspannenden Vektoren $\overrightarrow{AB}$ und $\overrightarrow{BC}$ nutzen. Es gilt:

$$\overrightarrow{AB} \times \overrightarrow{BC} = \begin{pmatrix} -22 \\ 0 \\ 28 \end{pmatrix} \times \begin{pmatrix} 22 \\ -22 \\ 0 \end{pmatrix} = \begin{pmatrix} 0 - 28 \cdot (-22) \\ 28 \cdot 22 - 0 \\ (-22) \cdot (-22) - 0 \end{pmatrix} = \begin{pmatrix} 28 \cdot 22 \\ 28 \cdot 22 \\ 22 \cdot 22 \end{pmatrix} = 44 \cdot \begin{pmatrix} 14 \\ 14 \\ 11 \end{pmatrix}$$

Dies ergibt als Normalenvektor $\vec{n}$ für E:

$$\vec{n} = \begin{pmatrix} 14 \\ 14 \\ 11 \end{pmatrix}$$

Zum Aufstellen einer Koordinatengleichung nutzt man schließlich die Form $\vec{n} \circ \vec{x} = \vec{n} \circ \overrightarrow{OA}$, wobei hier „irgendein" Punkt (hier A) bzw. der zugehörige Ortsvektor des Punktes der Ebene genutzt werden kann. Mit

$$\vec{n} \circ \overrightarrow{OA} = \begin{pmatrix} 14 \\ 14 \\ 11 \end{pmatrix} \circ \begin{pmatrix} 11 \\ 11 \\ 0 \end{pmatrix} = 154 + 154 + 0 = 308$$

erhält man: $n_1x_1 + n_2x_2 + n_3x_3 = 14x_1 + 14x_2 + 11x_3 = 308$

Also ist die zur Kontrolle gegebene Gleichung von E in Koordinatenform gefunden durch:
E: $14x_1 + 14x_2 + 11x_3 = 308$

b2) Sei d der Abstand des Punktes Q von einer Ebene E: $\vec{n} \circ \vec{x} = \vec{n} \circ \overrightarrow{OP}$.
Für den Abstand d(Q, E) gilt
$d(Q, E) = |(\vec{q} - \vec{p}) \circ \vec{n}_0|$
mit dem Normaleneinheitsvektor:

$$\vec{n}_0 = \frac{1}{|\vec{n}|} \cdot \vec{n} = \frac{1}{\sqrt{14^2 + 14^2 + 11^2}} \cdot \begin{pmatrix} 14 \\ 14 \\ 11 \end{pmatrix} = \frac{1}{\sqrt{513}} \cdot \begin{pmatrix} 14 \\ 14 \\ 11 \end{pmatrix}$$

Setzt man für Q den Punkt D und für P den Punkt A ein, erhält man für den gesuchten Abstand:

$$d = d(D, E) = |(\overrightarrow{OD} - \overrightarrow{OA}) \circ \vec{n}_0|$$
$$= \frac{1}{\sqrt{513}} \cdot \left| \left(\begin{pmatrix} -11 \\ -11 \\ 0 \end{pmatrix} - \begin{pmatrix} 11 \\ 11 \\ 0 \end{pmatrix} \right) \circ \begin{pmatrix} 14 \\ 14 \\ 11 \end{pmatrix} \right| = \frac{1}{\sqrt{513}} \cdot \left| \begin{pmatrix} -22 \\ -22 \\ 0 \end{pmatrix} \circ \begin{pmatrix} 14 \\ 14 \\ 11 \end{pmatrix} \right|$$
$$= \frac{1}{\sqrt{513}} \cdot |(-22) \cdot 14 + (-22) \cdot 14 + 0| = \frac{616}{\sqrt{513}} \approx 27{,}20$$

Für das Volumen V einer dreiseitigen Pyramide mit Grundfläche G und Höhe h gilt die Volumenformel: $V = \frac{1}{3} \cdot G \cdot h$
Als Grundfläche G der Pyramide kann das Dreieck, das durch die drei Punkte A, B und C bestimmt ist, gewählt werden. Als die zu dieser Grundfläche gehörige Höhe h kann man den eben ausgerechneten Abstand d verwenden. Für den Flächeninhalt des Dreiecks kann man wieder das Kreuzprodukt $\overrightarrow{AB} \times \overrightarrow{BC}$ verwenden, dessen Betrag den Flächeninhalt des durch die beiden Vektoren aufgespannten Parallelogramms darstellt. Offenbar entspricht der Hälfte dieses Betrages der Flächeninhalt des Dreiecks, also der Grundfläche.

Es ergibt sich insgesamt:

$$V = \frac{1}{3} \cdot G \cdot h = \frac{1}{3} \cdot \frac{|\overrightarrow{AB} \times \overrightarrow{BC}|}{2} \cdot d$$

Damit erhält man den gesuchten Term $\frac{d}{6} \cdot |\overrightarrow{AB} \times \overrightarrow{BC}|$ für das Volumen der Pyramide ABCD mit Spitze D.

b3) Um den Schnittwinkel φ, unter dem die Ebene E die x_1x_2-Ebene schneidet, zu berechnen, kann man die beiden zugehörigen Normalenvektoren nutzen.

Für die x_1x_2-Ebene bietet sich der Normalenvektor $\vec{m} = \begin{pmatrix} m_1 \\ m_2 \\ m_3 \end{pmatrix} = \begin{pmatrix} 0 \\ 0 \\ 1 \end{pmatrix}$ an.

Mit dem Normalenvektor $\vec{n}$ der Ebene E ergibt sich mit der bekannten Formel:

$$\cos(\varphi) = \frac{|\vec{n} \circ \vec{m}|}{|\vec{n}| \cdot |\vec{m}|}$$

Dafür gilt:

$$\cos(\varphi) = \frac{\left|\begin{pmatrix}14\\14\\11\end{pmatrix} \circ \begin{pmatrix}0\\0\\1\end{pmatrix}\right|}{\left|\begin{pmatrix}14\\14\\11\end{pmatrix}\right| \cdot \left|\begin{pmatrix}0\\0\\1\end{pmatrix}\right|} = \frac{|0+0+11|}{\sqrt{14^2+14^2+11^2} \cdot \sqrt{0^2+0^2+1^2}} = \frac{|11|}{\sqrt{513} \cdot \sqrt{1}} = \frac{11}{\sqrt{513}}$$

Also beträgt der Winkel:

$$\varphi = \arccos\left(\frac{11}{\sqrt{513}}\right) \approx 60{,}94°$$

c1) Da die beiden ersten Koordinaten jeweils den Wert null besitzen, liegt der Punkt P_h offenbar auf der x_3-Achse. Da für seine dritte Koordinate die Einschränkung $0 < h < 28$ gilt, liegt der Punkt zwischen der x_1x_2-Ebene und dem Mittelpunkt der Strecke $\overline{CB}$, also insbesondere im Inneren des Quaders.

c2) Die nebenstehende Skizze, in der die Fälle P_3 und P_{16} eingezeichnet sind, verdeutlicht die Situation.

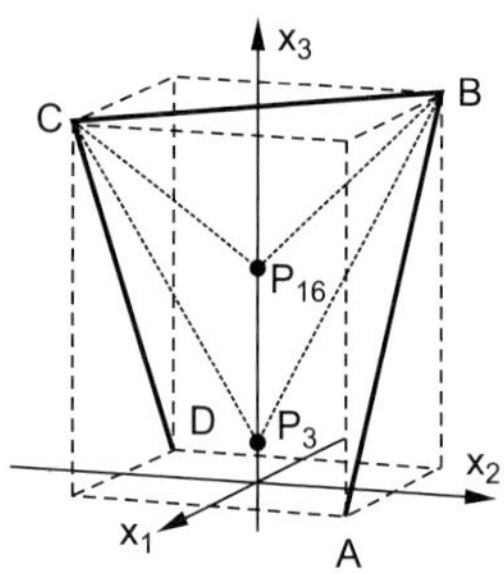

Damit das aus den drei Punkten gebildete Dreieck BP_hC rechtwinklig ist, muss das Skalarprodukt der beiden Richtungsvektoren, die zu den Seiten $\overline{BP_h}$ und $\overline{CP_h}$ gehören, den Wert null ergeben. Die beiden Richtungsvektoren lauten dann $\overrightarrow{BP_h}$ und $\overrightarrow{CP_h}$.

Es gilt die Äquivalenzumformung:

$$\begin{aligned}
\overrightarrow{BP_h} \circ \overrightarrow{CP_h} = 0 \quad &\Leftrightarrow \quad \begin{pmatrix}11\\-11\\h-28\end{pmatrix} \circ \begin{pmatrix}-11\\11\\h-28\end{pmatrix} = 0 \\
&\Leftrightarrow \quad -11^2 - 11^2 + (h-28)^2 = 0 \\
&\Leftrightarrow \quad (h-28)^2 = 2 \cdot 11^2 \\
&\Leftrightarrow \quad |h-28| = 11\sqrt{2} \\
&\Leftrightarrow \quad h = 28 + 11\sqrt{2} \ \vee \ h = 28 - 11\sqrt{2}
\end{aligned}$$

Hinweis: Beim rechtwinkligen Dreieck $BCP_{28+11\sqrt{2}}$ liegt der rechte Winkel „oberhalb“ des Quaders.

Für stumpfwinklige Dreiecke muss der Winkel am Punkt P_h größer als 90° sein. Dazu muss der Parameter h innerhalb des reellen Intervalls $]28-11\sqrt{2}; 28+11\sqrt{2}[$ liegen. Nur den Wert $h = 28$ sollte er nicht annehmen, da dann die drei Punkte B, C und P_{28} auf einer Geraden liegen und man dann nicht von einem Dreieck sprechen kann.

c3) Im Folgenden gilt für den Punkt P_h wieder die Parameter-Einschränkung $0 < h < 28$. Zusätzlich besagt der Aufgabentext, dass dieser Punkt von den drei Strecken $\overline{AB}$, $\overline{BC}$ und $\overline{CD}$ denselben Abstand hat. Durch das Gleichungssystem I, II, III wird insgesamt diejenige reelle Zahl h ermittelt, welche diese Abstandsbedingung erfüllt.

Dabei gibt die Gleichung I die Koordinaten eines jeden Punktes Q (bzw. den Ortsvektor eines solchen Punktes) auf der Strecke $\overline{AB}$ an, und zwar ist $Q = A$ für $t = 0$ und $Q = B$ für $t = 1$.

Durch die Lösung der Gleichung II erhält man denjenigen Punkt Q, für den der Vektor $\overrightarrow{P_hQ}$ senkrecht zum „Richtungsvektor" $\overrightarrow{AB}$ der Strecke $\overline{AB}$ ist. Damit ist $|\overrightarrow{P_hQ}|$ der Abstand von P_h zur Strecke $\overline{AB}$. Da der Punkt P_h zu jeder der drei Strecken denselben Abstand $|\overrightarrow{P_hQ}|$ hat und auf der x_3-Achse liegt, hat er damit zur Strecke $\overline{BC}$ den Abstand $28 - h$.

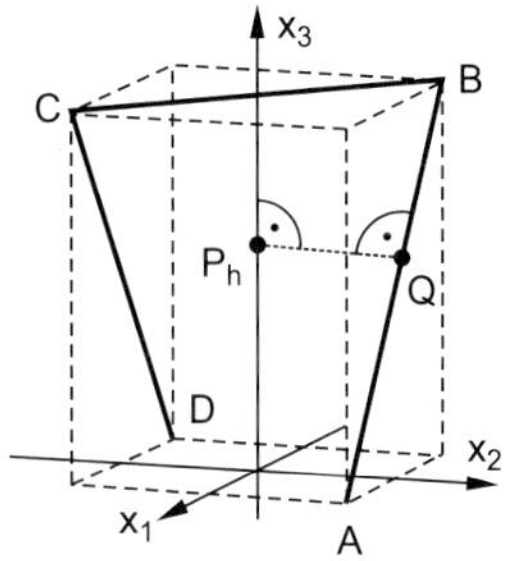

Daher folgt aus Gleichung III, nämlich $|\overrightarrow{P_hQ}| = 28 - h$, nun der konkrete Wert von h.

d) Der Streckenzug im Koordinatensystem stellt nun eine Modellierung des abgebildeten realen Gebäudes dar. Das Gebäude besteht aus zwei schräg nach oben verlaufenden „Stockwerken" (von A nach B und von D nach C) und aus einer waagerecht oben liegenden „Etage" (B nach C).

d1) Bei der ersten Abbildung erkennt man offenbar die beiden nach oben verlaufenden „Stockwerke" und die waagerechte „Etage". Man sucht eine Blickrichtung, bei der die beiden Stockwerke „übereinander liegen" und zudem „symmetrisch" sind. Dieses Bild ist nur dann zu sehen, wenn man in Blickrichtung der x_2-Achse schaut. Als möglicher Vektor kommt daher $\begin{pmatrix} 0 \\ s \\ 0 \end{pmatrix}$ mit $s \in \mathbb{R}$ und $s \neq 0$ infrage.

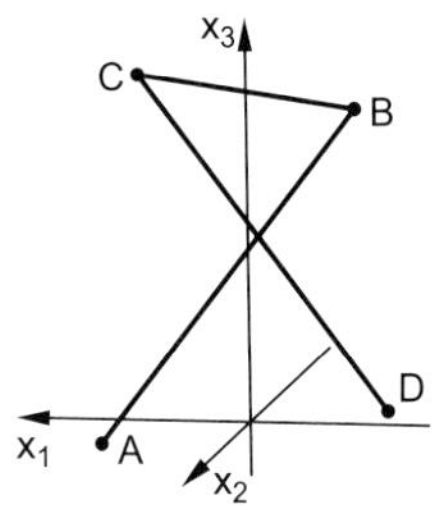

Bei der zweiten Abbildung ist nun die waagerecht liegende „Etage" gar nicht zu sehen. Dies kann nur dann der Fall sein, wenn man entlang dieser Richtung schaut. Die Punkte B und C müssten sich „zur Deckung" bringen. Der Vektor $\overrightarrow{BC}$ als Blickrichtung kann zum Vektor $\begin{pmatrix} t \\ -t \\ 0 \end{pmatrix}$ mit $t \in \mathbb{R}$ und $t \neq 0$ verallgemeinert werden.

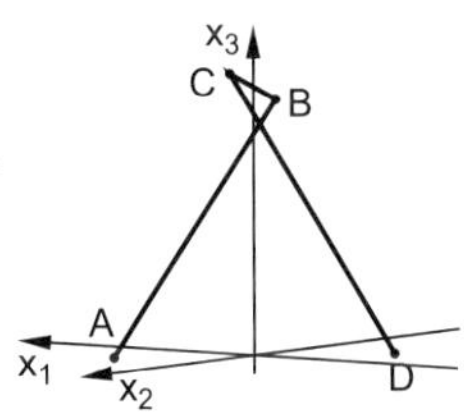

Hinweis: Die Abbildungen zeigen in beiden Fällen bewusst „nicht ganz" die geforderte Blickrichtung, damit man sich die Situation besser vorstellen kann.

d2) Nun soll man das Gebäude oder den Streckenzug „von oben“ darstellen. Die Richtung „von oben“ wird so interpretiert, dass man sich auf der x_3-Achse etwa im Punkt $(0|0|40)$ befindet und zum Gebäude herunterschaut. Nun gibt es eine Vielzahl von möglichen schematischen Darstellungen, eine könnte so ausschauen:

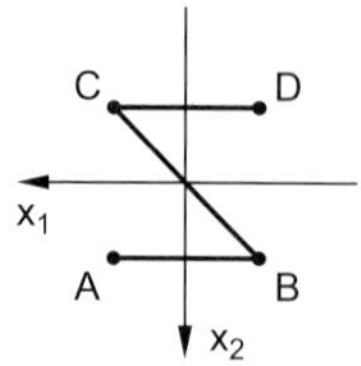

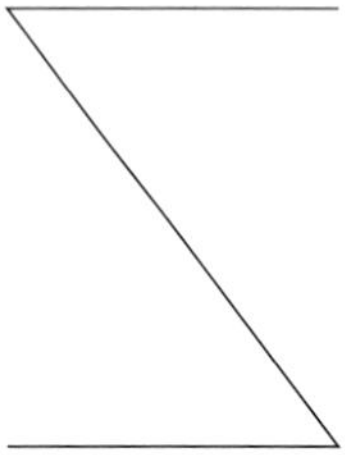

Aber auch solche Darstellungen wären möglich, auch hier ist die Blickrichtung „von oben“.

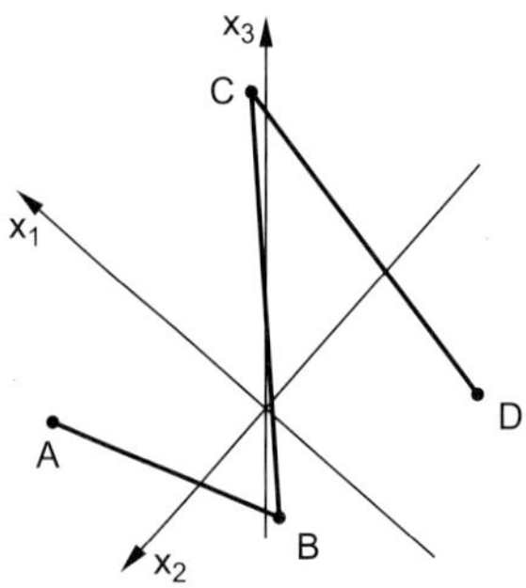

Schleswig-Holstein – Kernfach Mathematik
2022 – Aufgabe 4: Stochastik

Vorbemerkung: Alle in Ihren Lösungen verwendeten Zufallsgrößen müssen explizit eingeführt werden. Machen Sie auch Angaben über die Verteilung der jeweiligen Zufallsgrößen.

a) Unter den Versicherten eines Krankenversicherungsunternehmens haben 59 % Datenschutzbedenken (D). Einige der Versicherten nutzen ein Fitnessarmband (F). Von den Versicherten mit Datenschutzbedenken nutzen 23 % ein Fitnessarmband. 19 % aller Versicherten haben keine Datenschutzbedenken und nutzen ein Fitnessarmband.

a1) Stellen Sie den Sachverhalt in einem beschrifteten Baumdiagramm dar. 3 P

a2) Unter allen Versicherten wird eine Person zufällig ausgewählt. Bestimmen Sie die Wahrscheinlichkeit dafür, dass sie kein Fitnessarmband nutzt und Datenschutzbedenken hat. 2 P

a3) Eine unter allen Versicherten zufällig ausgewählte Person nutzt ein Fitnessarmband.
Bestimmen Sie die Wahrscheinlichkeit dafür, dass sie Datenschutzbedenken hat. 3 P

a4) Die Zahl 0,23 und der Term $0{,}59 \cdot 0{,}23 + 0{,}19$ geben Wahrscheinlichkeiten im Sachzusammenhang an. Es gilt $0{,}23 \neq 0{,}59 \cdot 0{,}23 + 0{,}19$.
Begründen Sie damit, dass die Ereignisse „Eine unter allen Versicherten zufällig ausgewählte Person hat Datenschutzbedenken." und „Eine unter allen Versicherten zufällig ausgewählte Person nutzt ein Fitnessarmband." stochastisch abhängig sind. 3 P

100 Versicherte des Unternehmens werden zufällig ausgewählt.

a5) Berechnen Sie die Wahrscheinlichkeit dafür, dass
- höchstens 70 der ausgewählten Versicherten Datenschutzbedenken haben;
- mehr als 50 % der ausgewählten Versicherten Datenschutzbedenken haben;
- mindestens 54 und höchstens 64 der ausgewählten Versicherten Datenschutzbedenken haben. 6 P

a6) Ersetzt man die Platzhalter a und b in geeigneter Weise, so kann mit dem Term

$$1-\sum_{k=51}^{100}\binom{100}{k}\cdot 0{,}59^{k}\cdot a^{b}$$

die Wahrscheinlichkeit eines Ereignisses im Sachzusammenhang berechnet werden.
Geben Sie an, wodurch die Platzhalter zu ersetzen sind, und beschreiben Sie das zugehörige Ereignis. 3 P

b) Eine Händlerin bezieht Fitnessarmbänder von einer Firma. Die Armbänder werden in Kartons geliefert. Ein Karton enthält 36 Schachteln mit jeweils einem Armband. Insgesamt sind 12 weiße, 12 rote und 12 blaue Armbänder in einem Karton.

b1) Aus einem vollständig gefüllten Karton werden zufällig und ohne Zurücklegen drei Schachteln entnommen.
- Geben Sie ein Ereignis mit der Wahrscheinlichkeit $\frac{12}{36}\cdot\frac{11}{35}\cdot\frac{10}{34}$ an.
- Berechnen Sie die Wahrscheinlichkeit dafür, dass mindestens zwei der drei Schachteln ein weißes Armband enthalten. 5 P

b2) Die Händlerin besitzt zwei Kartons der Firma. Einer dieser Kartons ist noch vollständig gefüllt, der andere Karton enthält nur noch 30 Schachteln, denn aus diesem sind 6 Schachteln mit weißen Armbändern verkauft worden.
Die Händlerin wählt einen der zwei Kartons zufällig aus, dann entnimmt sie aus diesem Karton zufällig eine Schachtel.
Bestimmen Sie die Wahrscheinlichkeit dafür, dass die Händlerin
- kein weißes Armband erhält;
- zufällig den vollständigen Karton ausgewählt hat, wenn sie ein weißes Armband erhält. 7 P

c) Ein Händler ist im Internet auf die Information gestoßen, dass 7 % der produzierten Fitnessarmbänder fehlerhaft seien. Der Händler vermutet, dass weniger Armbänder fehlerhaft sind. Um dies zu überprüfen, führt er einen Signifikanztest mit der Nullhypothese „Der Anteil der fehlerhaften Armbänder beträgt mindestens 7 %." durch.

c1) Beschreiben Sie den Fehler erster Art im Sachzusammenhang. 2 P

Für diesen Test gilt:

(1) Die Nullhypothese wird abgelehnt, wenn höchstens vier Armbänder fehlerhaft sind.

(2) Der Abbildung kann die Wahrscheinlichkeit w für den Fehler erster Art in Abhängigkeit vom Anteil p fehlerhafter Armbänder entnommen werden.

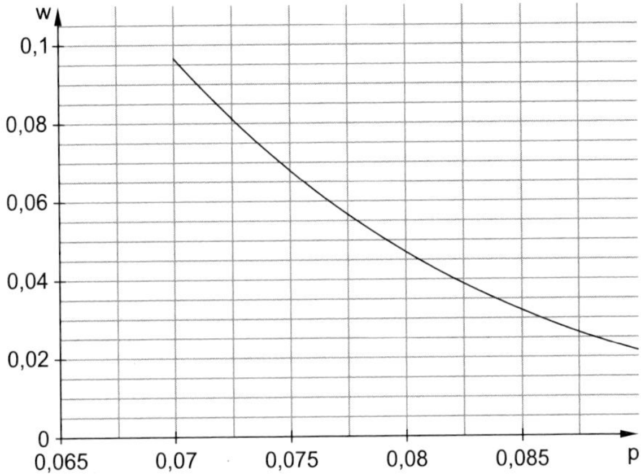

c2) Begründen Sie anhand der Abbildung, dass das Signifikanzniveau nicht 9 % ist. 2 P

c3) Ermitteln Sie den Umfang der für den Test verwendeten Stichprobe. 4 P

Hinweise und Tipps

Teilaufgabe a1

- Erstellen Sie ein zweistufiges Baumdiagramm. Auf der ersten Stufe unterscheiden Sie zwischen D und $\overline{D}$.
- Sie können aus der Aufgabenstellung drei Wahrscheinlichkeiten an die Äste bzw. Pfade des Baumdiagramms übernehmen.
- Danach können Sie die fehlenden Werte durch Berechnung ergänzen. Nutzen Sie die Pfadregeln.

Teilaufgabe a2

- Zu bestimmen ist die Wahrscheinlichkeit $P(D \cap \overline{F})$.
- Sie kann mithilfe der Pfadregel bestimmt werden.

Teilaufgabe a3

- Zu bestimmen ist hier eine bedingte Wahrscheinlichkeit, nämlich $P_F(D)$.
- Es gilt: $P_F(D) = \dfrac{P(D \cap F)}{P(F)}$
- $P(F)$ können Sie über die Summe der Pfadwahrscheinlichkeiten $P(F \cap \overline{D})$ und $P(F \cap D)$ ermitteln.

Teilaufgabe a4

- Überlegen Sie zunächst, welche Wahrscheinlichkeiten im Sachzusammenhang die genannten Werte haben.
- Begründen Sie, dass $P(F) = 0{,}59 \cdot 0{,}23 + 0{,}19$ gilt.
- Zwei Ereignisse A und B sind stochastisch abhängig, wenn $P_B(A) \neq P(A)$ gilt. Wenden Sie diese Definition auf den Sachzusammenhang an.

Teilaufgabe a5

- Betrachten Sie die Zufallsgröße X: „Anzahl der Versicherten mit Datenschutzbedenken unter den 100 Ausgewählten".
- Machen Sie sich klar, dass X binomialverteilt ist, und geben Sie die Parameter der Verteilung an.
- Es gilt für natürliche Zahlen a, b mit $0 \leq a \leq b \leq 100$:
  $P(X > a) = 1 - P(X \leq a)$ und $P(a \leq X \leq b) = P(X \leq b) - P(X \leq a-1)$

Teilaufgabe a6

Der Term stellt bei geeigneter Wahl von a und b die Differenz von 1 und der binomialen Wahrscheinlichkeit $P(51 \leq X \leq 100)$ dar.

Dazu muss $0{,}59 + a = 1$ und $k + b = 100$ gelten.

Es gilt dann: $1 - P(51 \leq X \leq 100) = P(X \leq \ldots)$

Teilaufgabe b1

Stellen Sie sich die Ziehung in einem Baumdiagramm dargestellt vor. Beachten Sie, dass nicht zurückgelegt wird.

Betrachten Sie die Zufallsgröße Y: „Anzahl der gezogenen Schachteln mit weißen Armbändern".

Dann ist Y hypergeometrisch verteilt.

$P(Y = a) = \frac{\binom{12}{a} \cdot \binom{24}{3-a}}{\binom{36}{3}}$ ist die Wahrscheinlichkeit, genau a Schachteln mit weißen Armbändern zu ziehen.

Teilaufgabe b2

Stellen Sie das Auswählen eines Kartons und das anschließende Ziehen einer Schachtel in einem zweistufigen Baumdiagramm dar.

Benutzen Sie dabei die Ereignisse V: „Es wird der vollständige Karton ausgewählt" und W: „Es wird eine Schachtel mit einem weißen Armband entnommen".

Berechnen Sie dann die Wahrscheinlichkeit P(W) über die Summe von zwei Pfadwahrscheinlichkeiten.

Die Wahrscheinlichkeit, dass die Händlerin zufällig den vollständigen Karton ausgewählt hat, wenn sie ein weißes Armband erhalten hat, ist eine bedingte Wahrscheinlichkeit.

Zu bestimmen ist hier die bedingte Wahrscheinlichkeit:

$$P_W(V) = \frac{P(V \cap W)}{P(W)}$$

Teilaufgabe c1

Der Fehler 1. Art wird begangen, wenn die Nullhypothese verworfen wird, obwohl diese wahr ist.

Interpretieren Sie dies im Sachzusammenhang.

Teilaufgabe c2

Das Signifikanzniveau ist eine Obergrenze für die Wahrscheinlichkeit des Fehlers 1. Art.

Begründen Sie unter Verwendung der Grafik, dass der Fehler 1. Art auch größer als 9 % sein kann.

Teilaufgabe c3

- Betrachten Sie die Zufallsgröße X_n, die die Anzahl der fehlerhaften Armbänder bei einem Stichprobenumfang der Länge n beschreibt.
- X_n ist binomialverteilt mit den Parametern n und $p = 0{,}07$.
- Aus der Abbildung können Sie den Zusammenhang $P(X_n \leq 4) \approx \ldots$ entnehmen und aus dieser Bedingung n ermitteln.

Lösung

a1)

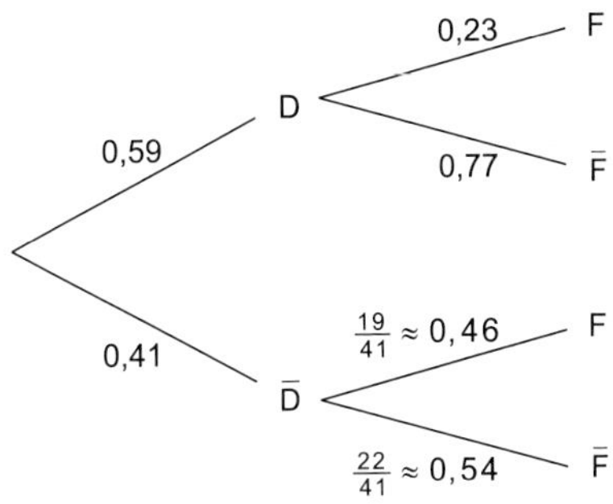

a2) $P(D \cap \overline{F}) = 0{,}59 \cdot 0{,}77 = 0{,}4543 \approx 45\ \%$

a3) $P_F(D) = \dfrac{P(D \cap F)}{P(F)} = \dfrac{0{,}59 \cdot 0{,}23}{0{,}59 \cdot 0{,}23 + 0{,}19} \approx 0{,}4166 \approx 42\ \%$

a4) Da unter den Versicherten mit Datenschutzbedenken 23 % ein Fitnessarmband nutzen, folgt $P_D(F) = 0{,}23$.

Der Term $0{,}59 \cdot 0{,}23 + 0{,}19$ beschreibt den Anteil der Versicherten, die ein Fitnessarmband nutzen, unter allen Versicherten; also folgt:
$P(F) = 0{,}59 \cdot 0{,}23 + 0{,}19$

Daher ist $P_D(F) \neq P(F)$. Somit sind die Ereignisse D und F stochastisch abhängig.

a5) X: „Anzahl der Versicherten mit Datenschutzbedenken"

X ist binomialverteilt mit den Parametern $n = 100$ und $p = 0{,}59$.

- $P(X \leq 70) \approx 0{,}9913 \approx 99\ \%$
- $P(X > 50) = 1 - P(X \leq 50) \approx 1 - 0{,}0428 = 0{,}9572 \approx 96\ \%$
- $P(54 \leq X \leq 64) = P(X \leq 64) - P(X \leq 53) \approx 0{,}8687 - 0{,}1320 = 0{,}7367 \approx 74\ \%$

a6) Für $a = 0{,}41$ und $b = 100 - k$ ist das zugehörige Ereignis „Höchstens die Hälfte der ausgewählten Versicherten hat Datenschutzbedenken".

b1) Mögliches Ereignis: „Es werden drei weiße Armbänder gezogen."

Die Zufallsgröße Y beschreibt die Anzahl der gezogenen Schachteln mit weißen Armbändern. Y ist hypergeometrisch verteilt.

$$P(Y = 2) + P(Y = 3) = \frac{\binom{12}{2} \cdot \binom{24}{1}}{\binom{36}{3}} + \frac{\binom{12}{3} \cdot \binom{24}{0}}{\binom{36}{3}} = \frac{451}{1785} \approx 0{,}2527 \approx 25\ \%$$

b2) V: „Es wird der vollständige Karton ausgewählt."
W: „Es wird eine Schachtel mit weißem Armband entnommen."

Die Wahrscheinlichkeit für das Ereignis „Es wurde der vollständige Karton ausgewählt und dann eine Schachtel, die kein weißes Armband enthält, entnommen." ist $\frac{1}{2} \cdot \frac{24}{36} = \frac{1}{3}$.

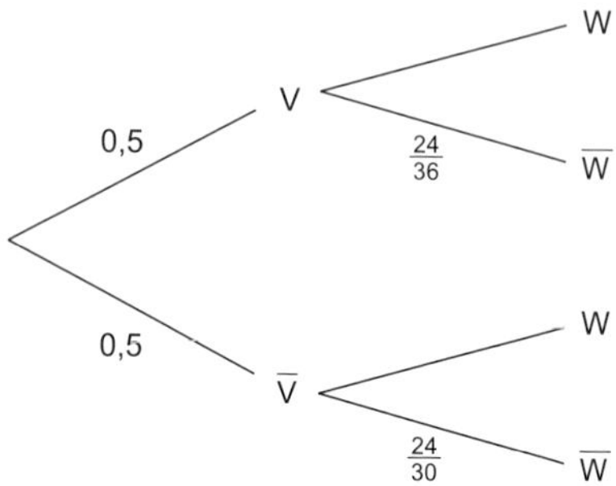

Die Wahrscheinlichkeit für das Ereignis „Es wurde der unvollständige Karton ausgewählt und dann eine Schachtel, die kein weißes Armband enthält, entnommen." beträgt $\frac{1}{2} \cdot \frac{24}{30} = \frac{2}{5}$.

Die Wahrscheinlichkeit dafür, keine Schachtel mit weißem Armband zu ziehen, beträgt daher $\frac{1}{3} + \frac{2}{5} = \frac{11}{15} \approx 73\ \%$.

$$P_W(V) = \frac{P(V \cap W)}{P(W)} = \frac{P(V \cap W)}{P(V \cap W) + P(\overline{V} \cap W)} = \frac{\frac{1}{2} \cdot \frac{12}{36}}{\frac{1}{2} \cdot \frac{12}{36} + \frac{1}{2} \cdot \frac{6}{30}} = \frac{5}{8} = 62{,}5\ \%$$

c1) Der Fehler 1. Art liegt vor, wenn die Nullhypothese verworfen wird, also von einem Anteil fehlerhafter Armbänder von unter 7 % ausgegangen wird, obwohl die Nullhypothese wahr ist, d. h., die Wahrscheinlichkeit für fehlerhafte Armbänder größer oder gleich 7 % ist.

c2) Aus der Abbildung kann für den Fehler 1. Art für $p = 0{,}07$ eine Wahrscheinlichkeit von etwa 9,7 % entnommen werden.

Da die Wahrscheinlichkeit des Fehlers 1. Art immer kleiner oder gleich dem Signifikanzniveau ist, ist 9 % als Signifikanzniveau nicht möglich.

c3) Die Zufallsgröße X_n beschreibt die Anzahl der fehlerhaften Armbänder und ist binomialverteilt mit den Parametern n und $p = 0{,}07$.

Aus der Abbildung ergibt sich $P(X_n \leq 4) \approx 0{,}097$.

Systematisches Probieren führt auf:

n	112	113
$P(X_n \leq 4)$	0,1007	0,0966

Daher beträgt der Stichprobenumfang $n = 113$.

Schleswig-Holstein – Kernfach Mathematik
2022 – Aufgabe 1: Analysis (CAS)

Gegeben ist die Schar der in $\mathbb{R}$ definierten Funktionen f_a mit
$f_a(x) = x \cdot e^{-\frac{1}{2}a \cdot x^2 + \frac{1}{2}}$ und $a \in \mathbb{R}$. Die zugehörigen Graphen sind symmetrisch bezüglich des Koordinatenursprungs.

a) Zunächst werden einzelne Funktionen der Schar betrachtet.

a1) Berechnen Sie die Koordinaten des Hochpunktes des Graphen von f_1. 4 P

a2) Weisen Sie nach, dass f_1 genau eine Nullstelle hat, und geben Sie den Grenzwert von f_1 für $x \to +\infty$ an. 2 P

a3) Die Abbildung 1 zeigt den Graphen von f_1 ohne das zugrunde liegende Koordinatensystem. Ergänzen Sie die Koordinatenachsen und skalieren Sie diese passend. 2 P

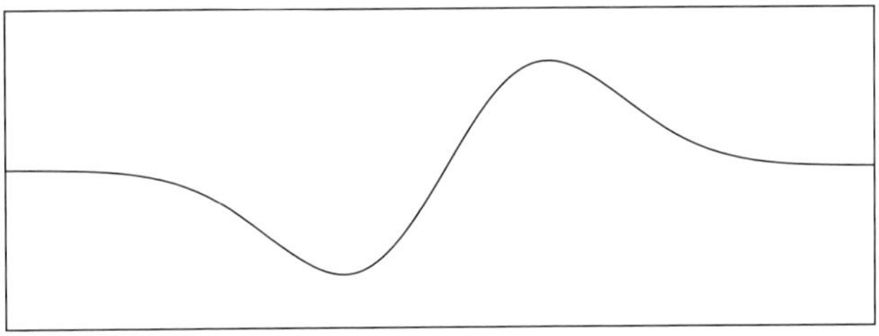

Abbildung 1

a4) Interpretieren Sie den folgenden Sachverhalt geometrisch:
Für jede Stammfunktion F_1 von f_1 und für jede reelle Zahl $u > 2022$ gilt

$$F_1(u) - F_1(0) \approx \int_0^{2022} f_1(x)\,dx.$$ 3 P

a5) Der Graph von f_0 ist eine Gerade. Geben Sie die Steigung dieser Gerade und die Koordinaten ihres Schnittpunkts mit der y-Achse an. 2 P

a6) Für einen Wert von a liegt der Punkt $P(1\,|\,e)$ auf dem Graphen von f_a. Berechnen Sie für diesen Wert von a die Größe des Winkels, den der Graph von f_a mit der Parallele zur x-Achse durch den Punkt P einschließt. 4 P a7) Begründen Sie unter Verwendung der Abbildung 2, dass $\int_{-0,5}^{1} f_{-1}(x)\,dx = \int_{0,5}^{1} f_{-1}(x)\,dx$ gilt. 2 P

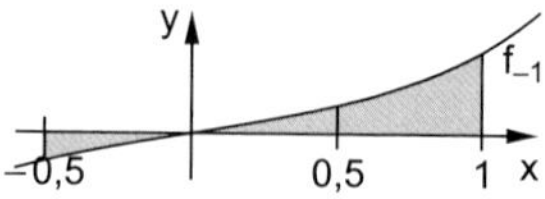

Abbildung 2

Nun werden alle Funktionen der gegebenen Schar betrachtet.

b) b1) Die folgenden Aussagen gelten für alle reellen Zahlen a, a_1 und a_2:

- $f_a(0)=0$
- $f_a'(0)=f_0'(0)$
- $f_{a_1}(x)=f_{a_2}(x) \;\Leftrightarrow\; a_1=a_2 \vee x=0$

Geben Sie an, was sich aus diesen Aussagen hinsichtlich des Verlaufs der Graphen der Schar folgern lässt. 3 P

b2) Zeigen Sie, dass die folgende Aussage für jeden Wert von a richtig ist:
Wird der Graph von f_a mit dem gleichen Faktor $k>0$ sowohl in x-Richtung als auch in y-Richtung gestreckt, so stellt der dadurch entstehende Graph ebenfalls eine Funktion der Schar dar. 3 P

b3) Für jedes $a \in \mathbb{R} \setminus \{0\}$ sind die Wendestellen von f_a genau die Lösungen der Gleichung $(a \cdot x^2 - 3) \cdot x = 0$.
Geben Sie für alle Werte von $a \in \mathbb{R}$ die Anzahl der Wendestellen von f_a an und begründen Sie Ihre Angabe. 5 P

c) c1) Zeigen Sie, dass alle Extrempunkte der Graphen der Schar auf der Gerade mit der Gleichung $y=x$ liegen. 5 P

c2) Für jeden positiven Wert von a bilden der Hochpunkt $(v\,|\,f_a(v))$ des Graphen von f_a, der Punkt $(0\,|\,2)$, der Koordinatenursprung und der Punkt $(v\,|\,0)$ die Eckpunkte eines Vierecks.
Bestimmen Sie ausgehend von einer geeigneten Skizze denjenigen Wert von a, für den das Viereck den Flächeninhalt 144 hat. 5 P

Hinweise und Tipps

Teilaufgabe a1

- Notwendig für eine lokale Extremstelle x von f_1 ist $f_1'(x) = 0$.
- Prüfen Sie mit einer hinreichenden Bedingung für lokale Maximalstellen, an welchen Stellen tatsächlich Hochpunkte des Graphen von f_1 vorliegen.
- Berechnen Sie auch die Funktionswerte von f_1 an diesen Stellen.

Teilaufgabe a2

- Setzen Sie den Funktionsterm gleich null, um die Nullstellen zu bestimmen.
- Das Produkt wird genau dann null, wenn einer der Faktoren null ist.
- Die Exponentialfunktion hat nur positive Werte.
- Untersuchen Sie, wie sich die Faktoren im Produkt $x \cdot e^{-\frac{1}{2}a \cdot x^2 + \frac{1}{2}}$ für $x \to \infty$ verhalten.

Teilaufgabe a3

- Nutzen Sie zur Ergänzung der Zeichnung die Ergebnisse aus den Teilaufgaben a1 und a2.

Teilaufgabe a4

- Interpretieren Sie sowohl den Term rechts als auch den Term links vom ≈-Zeichen als Flächeninhalte.
- Denken Sie an den Hauptsatz der Integralrechnung.

Teilaufgabe a5

- Setzen Sie $a = 0$ und betrachten Sie den sich ergebenden Funktionsterm für f_0.
- *Oder:* Berechnen Sie $f_0'(x)$ und $f_0(0)$.

Teilaufgabe a6

- Bestimmen Sie den Wert von a aus der Bedingung $f_a(1) = e$.
- Der zu bestimmende Winkel α ist der Steigungswinkel der Tangente an den Graphen von f_a an der Stelle 1.
- Die Steigung m dieser Tangente bestimmen Sie über die erste Ableitung von f_a an dieser Stelle.
- Es gilt $\tan(\alpha) = m$.

Teilaufgabe a7

- Beachten Sie, dass Integrale auch negative Werte haben können.
- Beachten Sie die Orientierung der Teilflächen in der Abbildung.

Teilaufgabe b1

- Beachten Sie, dass die Aussagen für alle reellen Zahlen a, a_1 und a_2 gelten sollen.

Teilaufgabe b2

- Wenn Sie den Graphen einer Funktion g mit dem Funktionsterm g(x) mit dem Faktor k in y-Richtung strecken, so erhalten Sie einen Graphen, der zu der Funktion mit dem Funktionsterm $k \cdot g(x)$ gehört.
- Wenn Sie den Graphen einer Funktion g mit dem Funktionsterm g(x) mit dem Faktor k in x-Richtung strecken, so erhalten Sie einen Graphen, der zu der Funktion mit dem Funktionsterm $g(\frac{1}{k} \cdot x)$ gehört.
- Bestimmen Sie den Funktionsterm $k \cdot f_a(\frac{1}{k} \cdot x)$.
- Zeigen Sie, dass es ein b gibt, sodass $f_b(x) = k \cdot f_a(\frac{1}{k} \cdot x)$ ist.

Teilaufgabe b3

- Untersuchen Sie die Fälle $a = 0$ und $a \neq 0$.
- Untersuchen Sie im Fall $a \neq 0$, wie viele Lösungen die in der Aufgabe genannte Gleichung hat.
- Hier müssen Sie die Fälle $a > 0$ und $a < 0$ unterscheiden.

Teilaufgabe c1

- Notwendig für eine lokale Extremstelle x von f_a ist $f_a'(x) = 0$.
- Prüfen Sie mit einer hinreichenden Bedingung, an welchen Stellen tatsächlich Hoch- bzw. Tiefpunkte des Graphen von f_a vorliegen.
- Berechnen Sie die Koordinaten der Extrempunkte und zeigen Sie, dass die x- und y-Koordinaten übereinstimmen.

Teilaufgabe c2

- Nutzen Sie bei der Skizze ggf. die Erkenntnisse aus Teilaufgabe c1.
- Das Viereck ist ein besonderes Viereck.
- Stellen Sie einen Term für den Flächeninhalt des entstandenen Trapezes in Abhängigkeit von a auf.
- Untersuchen Sie dann, für welches a der Term den Wert 144 annimmt.

Lösung

a1) Notwendig für eine lokale Extremstelle x von f_1 ist $f_1'(x) = 0$.

Es gilt:

$f_1'(x) = 0 \quad \Leftrightarrow \quad x = 1 \lor x = -1$

Mit $f_1''(1) = -2 < 0$ und $f_1(1) = 1$ folgt, dass der Graph von f_1 den Hochpunkt H mit den Koordinaten $(1 \mid 1)$ besitzt.

Hinweis: Der Graph von f_1 besitzt außerdem einen Tiefpunkt mit den Koordinaten $(-1 \mid -1)$.

$f(a,x):=x\cdot e^{\frac{-1}{2}\cdot a\cdot x^2+\frac{1}{2}}$	*Fertig*
$f1(a,x):=\frac{d}{dx}(f(a,x))$	*Fertig*
$f2(a,x):=\frac{d}{dx}(f1(a,x))$	*Fertig*
solve$(f1(1,x)=0,x)$	$x=-1$ or $x=1$
$f2(1,-1)$	2
$f2(1,1)$	-2
$f(1,1)$	1

a2) Aus $f_1(x) = 0 \Leftrightarrow x = 0$ folgt, dass f_1 genau eine Nullstelle hat.

Es ist:

$\lim\limits_{x \to +\infty} f_1(x) = 0$

solve$(f(1,x)=0,x)$	$x=0$
$\lim\limits_{x \to \infty}(f(1,x))$	0

a3)

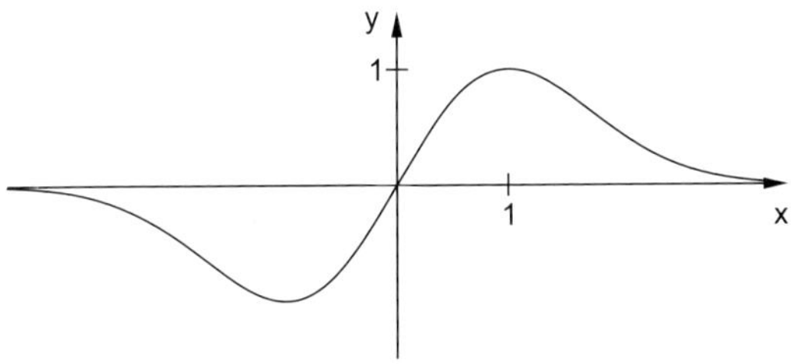

a4) Für jede reelle Zahl $u > 2022$ stimmt der Inhalt des Flächenstückes zwischen dem Graphen von f_1 und der x-Achse über dem Intervall $[0;\, u]$ ungefähr mit dem Inhalt des Flächenstückes überein, das zwischen dem Graphen von f_1 und der x-Achse über dem Intervall $[0;\, 2022]$ liegt.

a5) $f_0(x) = e^{\frac{1}{2}} \cdot x$

Die Steigung dieser Geraden ist $e^{\frac{1}{2}}$.

Der Schnittpunkt mit der y-Achse hat die Koordinaten $(0 \mid 0)$.

$f(0,x)$	$e^{\frac{1}{2}}\cdot x$
$f(0,0)$	0

a6) $f_a(1) = e \;\Leftrightarrow\; a = -1$

Für die Größe des Winkels φ gilt $\tan(\varphi) = f'_{-1}(1) = 2e$, also folgt $\varphi \approx 80°$.

$\text{solve}\left(f(a,1)=e^{1},a\right)$	$a=-1$
$f1(-1,1)$	$2\cdot e$
$\tan^{-1}(2\cdot e)$	79.5775

a7) Da die beiden Flächenstücke zwischen dem Graphen von f_{-1} und der x-Achse über dem Intervall [–0,5; 0] bzw. [0; 0,5] gleich groß und unterschiedlich orientiert sind, ist:

$$\int_{-0,5}^{0,5} f_{-1}(x)\,dx = 0$$

Daraus folgt:

$$\int_{-0,5}^{1} f_{-1}(x)\,dx = \underbrace{\int_{-0,5}^{0,5} f_{-1}(x)\,dx}_{=0} + \int_{0,5}^{1} f_{-1}(x)\,dx = \int_{0,5}^{1} f_{-1}(x)\,dx$$

b1) Alle Graphen der Schar verlaufen durch den Koordinatenursprung.

An der Stelle $x = 0$ besitzen alle Graphen der Schar dieselbe Steigung.

Je zwei verschiedene Graphen der Schar schneiden sich nur an der Stelle $x = 0$.

b2) Wird der Graph der Funktion f_a mit dem Faktor $k > 0$ in x- und y-Richtung gestreckt, ergibt sich der zugehörige Funktionsterm durch:

$$k \cdot f_a\left(\frac{1}{k} \cdot x\right) = x \cdot e^{-\frac{a \cdot x^2}{2 \cdot k^2} + \frac{1}{2}} = f_{\frac{a}{k^2}}(x)$$

Der entsprechende Graph stellt die Funktion $f_{\frac{a}{k^2}}$ der Schar dar.

⚠ $k\cdot f\left(a,\frac{1}{k}\cdot x\right)$	$x\cdot e^{\frac{1}{2}-\frac{a\cdot x^2}{2\cdot k^2}}$
$f\left(\frac{a}{k^2},x\right)$	$x\cdot e^{\frac{1}{2}-\frac{a\cdot x^2}{2\cdot k^2}}$

b3) Für $a = 0$ ist der Graph von f_a eine Gerade, also hat f_a keine Wendestelle.

Für $a \neq 0$ gilt:

$$(a \cdot x^2 - 3) \cdot x = 0 \;\Leftrightarrow\; x = 0 \lor x^2 = \frac{3}{a}$$

$\text{solve}\left((a\cdot x^2-3)\cdot x=0,x\right)$
$x=\frac{-\sqrt{3}}{\sqrt{a}}$ and $\frac{1}{a}\geq 0$ or $x=\frac{\sqrt{3}}{\sqrt{a}}$ and $\frac{1}{a}\geq 0$ or $x=0$

Damit ergibt sich:

Für $a < 0$ hat die vorgegebene Gleichung genau eine Lösung, also hat f_a genau eine Wendestelle.

Für $a > 0$ hat die vorgegebene Gleichung genau drei Lösungen, also hat f_a genau drei Wendestellen.

c1) Notwendig für eine lokale Extremstelle x von f_a ist $f_a'(x) = 0$.

Lösungen existieren nur für $a > 0$:

$$f_a'(x) = 0 \quad \Leftrightarrow \quad x = \frac{-1}{\sqrt{a}} \ \vee \ x = \frac{1}{\sqrt{a}}$$

Da zusätzlich

$$f_a''\left(\frac{-1}{\sqrt{a}}\right) = 2\sqrt{a} > 0 \text{ und}$$

$$f_a''\left(\frac{1}{\sqrt{a}}\right) = -2\sqrt{a} < 0$$

gilt, liegt an der Stelle $\frac{-1}{\sqrt{a}}$ der einzige Tiefpunkt des Graphen der Funktion f_a und an der Stelle $\frac{1}{\sqrt{a}}$ der einzige Hochpunkt des Graphen der Funktion f_a vor.

$$\text{solve}(f1(a,x)=0,x) \qquad x=\frac{-1}{\sqrt{a}} \text{ and } \frac{1}{a}\geq 0 \text{ or } x=\frac{1}{\sqrt{a}} \text{ and } \frac{1}{a}\geq 0$$

$$f2\left(a,\frac{-1}{\sqrt{a}}\right) \qquad 2\cdot\sqrt{a}$$

$$f2\left(a,\frac{1}{\sqrt{a}}\right) \qquad -2\cdot\sqrt{a}$$

$$f\left(a,\frac{-1}{\sqrt{a}}\right) \qquad \frac{-1}{\sqrt{a}}$$

$$f\left(a,\frac{1}{\sqrt{a}}\right) \qquad \frac{1}{\sqrt{a}}$$

Da

$$f_a\left(\frac{-1}{\sqrt{a}}\right) = \frac{-1}{\sqrt{a}} \text{ und } f_a\left(\frac{1}{\sqrt{a}}\right) = \frac{1}{\sqrt{a}}$$

gilt, stimmen die x-Koordinate und die y-Koordinate jedes Extrempunktes jeweils überein. Somit liegen die Extrempunkte aller Graphen der Funktionen f_a auf der Gerade mit der Gleichung $y = x$.

c2) Der Hochpunkt des Graphen von f_a hat für $a > 0$ die Koordinaten $\left(\frac{1}{\sqrt{a}} \middle| \frac{1}{\sqrt{a}}\right)$.

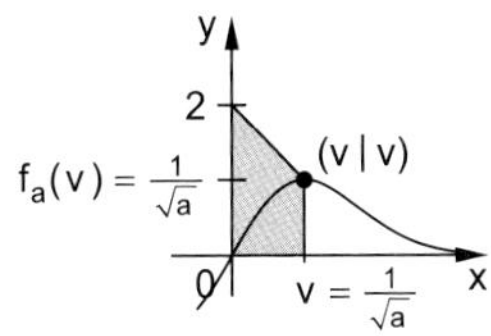

Das beschriebene Flächenstück ist daher ein Trapez mit dem Flächeninhalt:

$$\frac{1}{2}\cdot\left(2+\frac{1}{\sqrt{a}}\right)\cdot\frac{1}{\sqrt{a}}$$

Aus der Bedingung

$$\frac{1}{2}\cdot\left(2+\frac{1}{\sqrt{a}}\right)\cdot\frac{1}{\sqrt{a}} = 144$$

folgt, dass $a = \frac{1}{256}$ ist.

$$\frac{1}{2}\cdot\left(2+f\left(a,\frac{1}{\sqrt{a}}\right)\right)\cdot\frac{1}{\sqrt{a}}=144 \qquad \frac{2\cdot\sqrt{a}+1}{2\cdot a}=144$$

$$\text{solve}\left(\frac{2\cdot\sqrt{a}+1}{2\cdot a}=144,a\right) \qquad a=\frac{1}{256}$$

Eine dekorativ geschwungene Gehwegplatte wird untersucht. Wird die Gehwegplatte von oben betrachtet, hat sie die in der Abbildung dargestellte Form. Diese Form ist symmetrisch bezüglich der x-Achse des eingezeichneten Koordinatensystems.

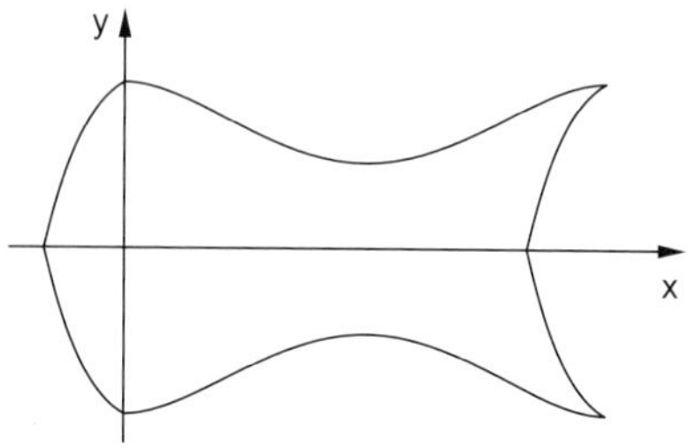

Der obere Rand der Form wird beschrieben mithilfe des Graphen der Funktion f mit

$$f(x) = -\frac{3}{250} \cdot x^4 + \frac{18}{125} \cdot x^3 - \frac{54}{125} \cdot x^2 + 2 \text{ und } 0 \le x \le 6.$$

Eine Längeneinheit entspricht einem Dezimeter in der Wirklichkeit.

a) a1) Berechnen Sie die Koordinaten des Tiefpunktes des Graphen von f. 4 P

a2) Zeichnen Sie den Graphen von f in die Abbildung 1 auf dem Beiblatt. 3 P

a3) Die Breite der Form an jeder Stelle x mit $x \in [0; 6]$ ist $2 \cdot f(x)$. Es gibt zwei Stellen $x \in [0; 6]$, an denen die Form eine Breite von 3 Längeneinheiten aufweist.
Bestimmen Sie den Abstand dieser beiden Stellen voneinander. 3 P

Der linke Rand der Form wird oberhalb der x-Achse modelliert mithilfe des Graphen der Funktion ℓ mit

$\ell(x) = 2 \cdot (x+1) \cdot e^{-0{,}73 \cdot x}$ und $-1 \le x \le 0$.

b) Der rechte Rand der Form wird mithilfe einer Funktion r modelliert. Der Graph von r ergibt sich durch eine Verschiebung des Graphen von ℓ entlang der x-Achse und ist über dem Intervall [5; 6] in der Abbildung 1 auf dem Beiblatt dargestellt.

b1) Leiten Sie einen Funktionsterm von r her. 2 P

b2) Begründen Sie, dass der Flächeninhalt der Form mit dem Term

$2 \cdot \int_0^6 f(x)\,dx$ berechnet werden kann. 3 P

b3) Ein Kubikdezimeter des zur Herstellung der Gehwegplatten verwendeten Materials hat eine Masse von 1,76 kg.
Berechnen Sie die Masse einer Gehwegplatte mit einer Plattendicke von einem halben Dezimeter. 4 P

b4) Die Bogenlänge L des Graphen einer differenzierbaren Funktion h über einem Intervall [a; b] lässt sich berechnen durch

$$L = \int_a^b \sqrt{1 + (h'(x))^2}\, dx.$$

Berechnen Sie mithilfe dieser Formel den Umfang der Form. 4 P

c) c1) Der linke und der obere Rand der Form treffen im Punkt $(0|2)$ in einem Winkel α aufeinander. Die Situation ist in der Abbildung 2 auf dem Beiblatt dargestellt.
Berechnen Sie α. 3 P

c2) Die Gerade g verläuft durch den Punkt $P(0|2)$ und ist orthogonal zur Tangente an den Graphen von ℓ im Punkt P.
Berechnen Sie den Schnittpunkt von g mit der x-Achse. 4 P

d) Betrachtet wird nun die Schar der in $\mathbb{R}$ definierten Funktionen f_k mit

$$f_k(x) = -\frac{1}{100}k \cdot x^4 + \frac{3}{25}k \cdot x^3 - \frac{9}{25}k \cdot x^2 + 2 \quad \text{und} \quad k \neq 0.$$

d1) Berechnen Sie den Wert k, für den $f_k(x) = f(x)$ ist. 2 P

d2) Bestimmen Sie für jedes $k \neq 0$ die Wendestellen von f_k.
[*Kontrolle:* $x = -\sqrt{3} + 3 \ \vee \ x = \sqrt{3} + 3$] 4 P

d3) Die Wendepunkte der Graphen der Funktionen f_k liegen oberhalb, unterhalb bzw. auf der x-Achse.
Untersuchen Sie diesbezüglich die Lage der Wendepunkte in Abhängigkeit von k. 4 P

Beiblatt
zu den Teilaufgaben a2), b1) und c1)

Abbildung 1:

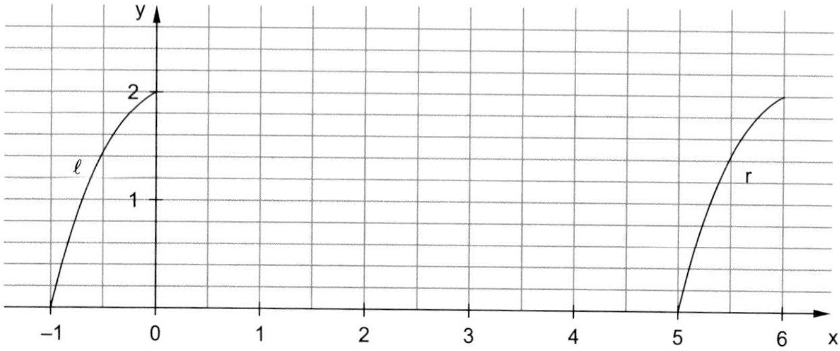

Abbildung 2:

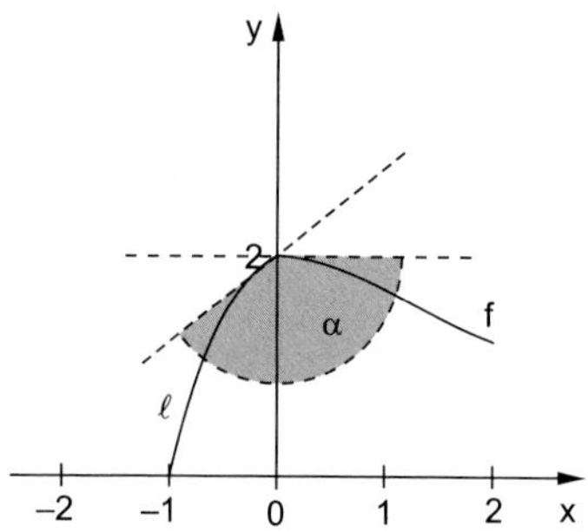

Hinweise und Tipps

Teilaufgabe a1

- Notwendig für eine Extremstelle x mit $0 < x < 6$ von f ist $f'(x) = 0$.
- Prüfen Sie mit einer hinreichenden Bedingung, an welcher Stelle tatsächlich ein Tiefpunkt vorliegt.
- Bestimmen Sie an dieser Stelle den Funktionswert von f.

Teilaufgabe a2

- Nutzen Sie die Ergebnisse aus Teilaufgabe a1.

Teilaufgabe a3

- Bestimmen Sie zunächst die Stellen, an denen die Breite den Wert 3 LE hat.
- Beachten Sie den Definitionsbereich und bestimmen Sie dann den Abstand der Stellen über eine Differenz.

Teilaufgabe b1

- Ist eine Funktion f mit dem Funktionsterm f(x) und dem Graphen G_f gegeben, so geht der Graph der Funktion mit dem Funktionsterm $f(x-a)$ aus dem Graphen G_f durch Verschiebung um a Einheiten in positive x-Richtung hervor.

Teilaufgabe b2

- Geben Sie einen Term für den Flächeninhalt an, indem Sie geeignete Integrale summieren.
- Beachten Sie, dass der Graph von r durch Verschiebung aus dem Graphen von ℓ entstanden ist.
- Daher gilt:

$$\int_{-1}^{0} \ell(x)\,dx = \int_{5}^{6} r(x)\,dx$$

Teilaufgabe b3

- Berechnen Sie zunächst den Flächeninhalt der Platte, dann ihr Volumen. Nutzen Sie die Angaben bzw. Ergebnisse von Teilaufgabe b2.
- Bestimmen Sie dann die Masse der Platte.

Teilaufgabe b4

- Berechnen Sie den Umfang der Form abschnittsweise und summieren Sie dann auf.

Teilaufgabe c1

- Über die Steigungswinkel der Tangenten können Sie den Winkel α ermitteln.
- Bestimmen Sie zunächst die Steigungen der Tangenten an die Graphen von ℓ und f an der Stelle 0.
- Aus der Steigung m können Sie dann jeweils den Steigungswinkel β bestimmen; es gilt: $\tan(\beta) = m$

Teilaufgabe c2

- Für die Steigungen $m_1 \neq 0$ und $m_2 \neq 0$ zweier zueinander orthogonaler Geraden gilt $m_1 \cdot m_2 = -1$.
- Die Gerade mit Steigung m durch den Punkt $P(x_0 \mid y_0)$ hat die Gleichung $y = m(x - x_0) + y_0$.

Teilaufgabe d1

- Lösen Sie die Gleichung $f(x) = f_k(x)$ nach k oder vergleichen Sie die Funktionsterme von f und f_k.

Teilaufgabe d2

- Notwendig für eine Wendestelle x von f_k ist $f_k''(x) = 0$.
- Prüfen Sie mit einer hinreichenden Bedingung, an welchen Stellen tatsächlich Wendestellen vorliegen.

Teilaufgabe d3

- Bestimmen Sie die y-Koordinaten der Wendepunkte in Abhängigkeit von k.
- Untersuchen Sie, für welche k diese Koordinaten positiv, negativ oder null sind.

Lösung

a1) Notwendig für eine Extremstelle x mit $0 < x < 6$ von f ist $f'(x) = 0$.

Es gilt:

$f'(x) = 0 \quad \Leftrightarrow \quad x = 0 \ \vee \ x = 3 \ \vee \ x = 6$

Da zusätzlich $f''(3) = \frac{54}{125} > 0$ und $f(3) = 1{,}028$ gilt, ist an der Stelle 3 der Tiefpunkt mit den Koordinaten $(3 \mid 1{,}028)$.

$f(x):=\frac{-3}{250}\cdot x^4+\frac{18}{125}\cdot x^3-\frac{54}{125}\cdot x^2+2$	*Fertig*
$f1(x):=\frac{d}{dx}(f(x))$	*Fertig*
$f2(x):=\frac{d}{dx}(f1(x))$	*Fertig*
solve$(f1(x)=0,x)$	$x=0$ or $x=3$ or $x=6$

$f2(0)$	$\frac{-108}{125}$
$f2(3)$	$\frac{54}{125}$
$f2(6)$	$\frac{-108}{125}$
$f(3)$	$\frac{257}{250}$
$f(3)$	1.028

a2)

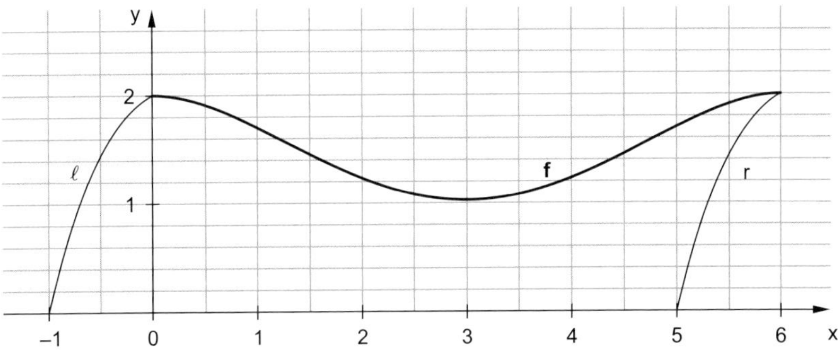

a3) $2 \cdot f(x) = 3$ ergibt $x \approx 1{,}4047 \vee x \approx 4{,}5953$.
Wegen $4{,}5953 - 1{,}4047 = 3{,}1906$ liegen die Stellen etwa 3,19 Längeneinheiten voneinander entfernt.

solve$(2\cdot f(x)=3,x)$	
$x=-0.931281$ or $x=1.40469$ or $x=4.59531$ or	
4.59531−1.40469	3.19062

b1) Der Graph von r ergibt sich durch eine Verschiebung des Graphen von ℓ um 6 Längeneinheiten nach rechts, sodass
$r(x) = \ell(x-6) = 2 \cdot (x-5) \cdot e^{-0{,}73 \cdot (x-6)}$
gilt (was man direkt ohne CAS erhält).

$l(x):=2\cdot(x+1)\cdot e^{-0.73\cdot x}$	*Fertig*
$r(x):=l(x-6)$	*Fertig*
$r(x)$	$2\cdot(x-5)\cdot e^{\frac{219}{50}-\frac{73\cdot x}{100}}$

b2) Da der Graph von r durch eine Verschiebung des Graphen von ℓ entstanden ist, gilt:

$$\int_{-1}^{0} \ell(x)\,dx = \int_{5}^{6} r(x)\,dx$$

Aufgrund der Symmetrie der Form bezüglich der x-Achse gilt für ihren Flächeninhalt:

$$A = 2\cdot\left(\int_{-1}^{0} \ell(x)\,dx + \int_{0}^{6} f(x)\,dx - \int_{5}^{6} r(x)\,dx\right) = 2\cdot\int_{0}^{6} f(x)\,dx$$

b3) Mit

$$A = 2\cdot\int_{0}^{6} f(x)\,dx = 17{,}7792$$

gilt für das Volumen der Gehwegplatte
$V = 17{,}7792\ \text{dm}^2 \cdot 0{,}5\ \text{dm} = 8{,}8896\ \text{dm}^3$.

Die Masse ist dann ungefähr

$8{,}8896\ \text{dm}^3 \cdot 1{,}76\,\frac{\text{kg}}{\text{dm}^3} \approx 15{,}65\ \text{kg}$.

$2\cdot\int_{0}^{6} f(x)\,dx$	$\frac{11112}{625}$
$2\cdot\int_{0}^{6} f(x)\,dx$	17.7792
17.7792· 0.5	8.8896
8.8896· 1.76	15.6457

b4) Mithilfe der Formel ergibt sich für den Umfang U der Form:

$$U = 2\cdot\left(\int_{-1}^{0} \sqrt{1+(\ell'(x))^2}\,dx + \int_{0}^{6} \sqrt{1+(f'(x))^2}\,dx + \int_{5}^{6} \sqrt{1+(r'(x))^2}\,dx\right)$$

$$= 2\cdot\left(2\cdot\int_{-1}^{0} \sqrt{1+(\ell'(x))^2}\,dx + \int_{0}^{6} \sqrt{1+(f'(x))^2}\,dx\right) \approx 21{,}89$$

$l1(x):=\frac{d}{dx}(l(x))$	*Fertig*
$r1(x):=\frac{d}{dx}(r(x))$	*Fertig*
$2\cdot\left(\int_{-1}^{0}\sqrt{1+(l1(x))^2}\,dx+\int_{0}^{6}\sqrt{1+(f1(x))^2}\,dx+\int_{5}^{6}\sqrt{1+(r1(x))^2}\,dx\right)$	21.8932
$2\cdot\left(2\cdot\int_{-1}^{0}\sqrt{1+(l1(x))^2}\,dx+\int_{0}^{6}\sqrt{1+(f1(x))^2}\,dx\right)$	21.8932

c1) Mit $f'(0)=0$ und $\ell'(0)=\tan(\alpha_1)$ folgt:

$$\alpha = 180° - \alpha_1 = 180° - \arctan(\ell'(0))$$
$$= 180° - \arctan\left(\frac{27}{50}\right) \approx 151{,}63°$$

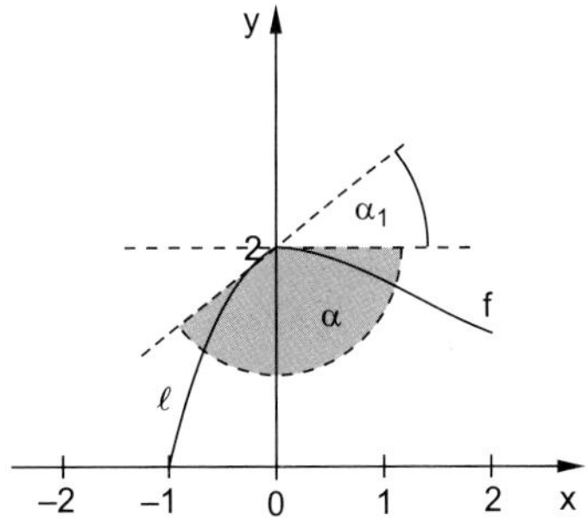

$l1(0)$	$\frac{27}{50}$
$\tan^{-1}\left(\frac{27}{50}\right)$	28.369
180−28.369046293279	151.631

c2) Die Gerade g kann durch die Gleichung

$$g(x) = -\frac{1}{\ell'(0)} \cdot x + \ell(0) = -\frac{50}{27} \cdot x + 2$$

beschrieben werden.

Für die Schnittstelle mit der x-Achse gilt dann $g(x)=0 \Leftrightarrow x = \frac{27}{25}$.

Der Schnittpunkt von g mit der x-Achse hat damit die Koordinaten $\left(\frac{27}{25} \,\middle|\, 0\right)$.

$g(x):=\frac{-1}{l1(0)}\cdot x+l(0)$	*Fertig*
$g(x)$	$2-\frac{50\cdot x}{27}$
solve$(g(x)=0,x)$	$x=\frac{27}{25}$

d1) $f(x)=f_k(x) \;\Leftrightarrow\; k=1{,}2$

$f(k,x):=\frac{-1}{100}\cdot k\cdot x^4+\frac{3}{25}\cdot k\cdot x^3-\frac{9}{25}\cdot k\cdot x^2+2$	*Fertig*
solve$\left(f(k,x)=\frac{-3}{250}\cdot x^4+\frac{18}{125}\cdot x^3-\frac{54}{125}\cdot x^2+2,\blacktriangleright\right.$	$k=\frac{6}{5}$

d2) Notwendig für eine Wendestelle x von f_k ist $f_k''(x)=0$.

Es gilt:

$$f_k''(x)=0 \;\Leftrightarrow\; x=-\sqrt{3}+3 \;\vee\; x=\sqrt{3}+3$$

$f1(k,x):=\frac{d}{dx}(f(k,x))$	*Fertig*
$f2(k,x):=\frac{d}{dx}(f1(k,x))$	*Fertig*
$f3(k,x):=\frac{d}{dx}(f2(k,x))$	*Fertig*
solve$(f2(k,x)=0,x)$	$x=-(\sqrt{3}-3)$ or $x=\sqrt{3}+3$ or $k=0$

Da zusätzlich

$$f_k'''(-\sqrt{3}+3) = \frac{6k}{25} \cdot \sqrt{3} \neq 0 \text{ und}$$

$$f_k'''(\sqrt{3}+3) = -\frac{6k}{25} \cdot \sqrt{3} \neq 0$$

gilt, sind die Stellen $-\sqrt{3}+3$ und $\sqrt{3}+3$ Wendestellen von f_k.

$f3(k,-(\sqrt{3}-3))$	$\frac{6\cdot k\cdot\sqrt{3}}{25}$
$f3(k,\sqrt{3}+3)$	$\frac{-6\cdot k\cdot\sqrt{3}}{25}$

d3) Mit $f_k(-\sqrt{3}+3) = 2-\frac{9k}{25} = f_k(\sqrt{3}+3)$ haben die Wendepunkte die Koordinaten $\left(-\sqrt{3}+3 \,\middle|\, 2-\frac{9k}{25}\right)$ und $\left(\sqrt{3}+3 \,\middle|\, 2-\frac{9k}{25}\right)$.

Da $2-\frac{9k}{25} < 0 \Leftrightarrow k > \frac{50}{9}$ gilt, liegen beide Wendepunkte des Graphen von f_k für $k > \frac{50}{9}$ unterhalb der x-Achse.

Da $2-\frac{9k}{25} = 0 \Leftrightarrow k = \frac{50}{9}$ gilt, liegen beide Wendepunkte des Graphen von f_k für $k = \frac{50}{9}$ auf der x-Achse und für $k < \frac{50}{9}$ oberhalb der x-Achse.

$f(k,-(\sqrt{3}-3))$	$2-\frac{9\cdot k}{25}$
$f(k,\sqrt{3}+3)$	$2-\frac{9\cdot k}{25}$
$\text{solve}\left(2-\frac{9\cdot k}{25}<0,k\right)$	$k>\frac{50}{9}$
$\text{solve}\left(2-\frac{9\cdot k}{25}>0,k\right)$	$k<\frac{50}{9}$
$\text{solve}\left(2-\frac{9\cdot k}{25}=0,k\right)$	$k=\frac{50}{9}$

Schleswig-Holstein – Kernfach Mathematik
2023

Um Ihnen die Prüfung 2023 schnellstmöglich zur Verfügung stellen zu können, bringen wir sie in digitaler Form heraus.

Sobald die Original-Prüfungsaufgaben 2023 freigegeben sind, können sie als PDF auf der Plattform **MyStark** heruntergeladen werden (Zugangscode siehe Umschlaginnenseite).

Aktuelle Prüfung

www.stark-verlag.de/mystark